面向新工科的高等学校应用型人才培养规划教材

信息技术导论

何元清　张中浩　周　敏◎主　编

潘　磊　罗银辉◎副主编

傅　强　李廷元　陈华英◎主　审

中国铁道出版社有限公司
CHINA RAILWAY PUBLISHING HOUSE CO., LTD.

内 容 简 介

　　"信息技术导论"作为掌握信息技术知识的基础课程，是本科生的通识教育课程，无论学习什么专业，从事何种工作，计算机信息技术都会是学习和工作中不可缺少的伙伴和助手。"信息技术导论"以培养信息文化素养和计算思维能力为核心，以提高学生信息处理能力为目标，实现信息技术赋能教育。

　　全书共分为 8 章，融思想性、科学性与知识性于一体，内容深入浅出、新颖实用、材料充实，图文并茂。本书前 4 章分别对计算机系统的组成、数值基础、数据编码、算法和程序设计进行了主要介绍。第 5～7 章分别对信息处理工具、互联网+应用基础、数据库与大数据进行了全面介绍，并用各种民航案例生动地说明大数据分析的重要性。第 8 章融入了人工智能应用基础知识等内容，用案例激发学生计算思维方面的创新能力。

　　本书适合作为民用航空行业相关大学非计算机专业的计算机信息技术公共基础课的教材，也可作为各类从事民用航空行业工作的计算机信息技术培训教材和自学参考书。

图书在版编目（CIP）数据

信息技术导论/何元清，张中浩，周敏主编. —北京：
中国铁道出版社有限公司，2020.8（2022.7重印）
面向新工科的高等学校应用型人才培养规划教材
ISBN 978-7-113-27094-0

Ⅰ.①信… Ⅱ.①何…②张…③周… Ⅲ.①电子计算机-
高等学校-教材 Ⅳ.①TP3

中国版本图书馆 CIP 数据核字（2020）第 132332 号

书　　名：信息技术导论
作　　者：何元清　张中浩　周　敏

策　　划：周海燕　　　　　　　　　　　编辑部电话：（010）63549501
责任编辑：周海燕　许　璐
封面设计：刘　莎
责任校对：张玉华
责任印制：樊启鹏

出版发行：中国铁道出版社有限公司（100054，北京市西城区右安门西街 8 号）
网　　址：http://www.tdpress.com/51eds/
印　　刷：三河市宏盛印务有限公司
版　　次：2020 年 8 月第 1 版　2022 年 7 月第 3 次印刷
开　　本：787 mm×1 092 mm　1/16　印张：14.75　字数：371 千
书　　号：ISBN 978-7-113-27094-0
定　　价：39.00 元

版权所有　侵权必究

凡购买铁道版图书，如有印制质量问题，请与本社教材图书营销部联系调换。电话：（010）63550836
打击盗版举报电话：（010）63549461

　　当今以计算机和网络技术为核心的现代信息技术正在飞速地发展，信息技术改变了人们的生活生产方式，给人们的生活带来很大的便利。知识的爆炸和科技的发展，对人才的需求提出了更高的要求，信息的选取、分析、加工、利用的能力与传统的听、说、读、写、算等方面的知识技能同样重要，这些能力是学习型、创造型人才培养最基本的要求。

　　培养学生的信息素养和信息能力有助于提高学生的探究、创新能力，因此在信息时代，培养学生掌握信息技术对高等教育来说也越来越重要。现在部分学生在高中甚至中小学阶段已经开始学习信息技术，但他们中仍然存在对信息技术认识不足，信息能力不足，信息技术与其他学科的整合不足等问题。大学教学过程中，计算机信息技术已越来越多地融入到专业课的教学中，信息技术对学生的知识结构、信息与专业结合的应用、创新的能力、素质的培养等变得越来越重要，开展信息化教学，培养学生的信息意识和信息能力，提高学生的信息技术应用水平已成为当前高等教育中的重要方面。

　　"信息技术导论"是掌握信息技术基础知识的第一层次课程，也是本科生的通识教育课程，更是 21 世纪人人都需要掌握的一种信息文化，无论你在学习什么专业，也无论你将来从事何种工作，计算机信息技术都会是你学习和工作中不可缺少的伙伴和助手。了解它、掌握它、驾御它，一定会给你未来的工作和研究带来无限的便利。

　　"信息技术导论"以培养信息文化素养和计算思维能力为核心，以培养学生掌握信息技术的基础知识，提高学生信息处理的能力为目标，实现信息技术赋能教育。全书共分为 8 章，融思想性、科学性与知识性于一体，内容深入浅出、新颖实用、材料充实、图文并茂。本书从培养计算思维的角度出发，前 4 章分别对计算机系统的组成、数值基础、数据编码、算法和程序设计进行了主要介绍。另外，为了提高学生计算机操作能力、网络使用能力和数据分析能力，"信息技术导论"第 5～7 章分别对信息处理工具、互联网+应用基础、数据库与大数据进行了全面介绍，并用各种民航案例生动地说明大数据分析的重要性。人类正在迈入"智能时代"，作为当代大学生，有必要对人工智能的内涵和应用有所了解，本书第 8 章融入了人工智能应用基础知识等内容，用案例激发学生的计算思维和创新能力。

　　本书由中国民用航空飞行学院何元清、张中浩、周敏任主编；由潘磊、罗银辉任副主编；全书由何元清、周敏统稿、定稿；由傅强、李廷元、陈华英主审。本书适合作为民用航空行业相关大学非计算机专业的计算机信息技术公共基础课的教材，也可作为各类从事民用航空行业工作的计算机信息技术培训教材和自学参考书。

　　本书在编写过程中得到中国民用航空飞行学院各级领导和同行专家的大力支持和帮助，中国民用航空飞行学院计算机学院的魏哲、张欢、戴蓉、马婷、付茂洺、刘晓东、华漫、王欣、刘光志、徐国标、张娅岚、宋海军、路晶、戴敏、高大鹏、宋劲、朱建刚、袁小珂、钟晓、张建学、赵林静、张选芳等在资料收集和整理方面付出了辛勤的劳动。在本书出版过程中，中国民用航空飞行学院教务处也给予了大力的支持，在此一并表示衷心的感谢。

　　由于编者水平有限，书中难免存在疏漏和不足之处，敬请读者批评指正。

编　者

2020 年 5 月

目　录

第 1 章　计算机系统概述

本章导读

计算机作为 20 世纪最伟大的发明之一，开启了第三次工业革命，不仅极大地推进了人类社会的发展，而且影响了人们的生活方式与思维方式。本章将简要介绍计算机的发展历史，计算机的组成原理及计算机的特点与应用，并对未来计算机的发展做出简要介绍及展望。

学习目标

- 了解计算机的发展历史；
- 理解计算机的组成原理；
- 了解计算机的特点与应用。

1.1　计算机发展简史

计算机（Computer）俗称电脑，是用于高速计算的电子计算机器，可以进行数值计算，也可以进行逻辑计算，还具有存储记忆功能。

计算机的发展并不是一蹴而就的，在电子计算机出现以前，人类对计算的执著追求就促使一系列计算工具相继出现。从最古老的计算工具算筹到最著名的计算工具算盘，都出自东方大地，而其后的各种机械计算工具则出现于西欧大陆，随着电子技术的发展，其集大成者——电子计算机，于 20 世纪中叶被发明出来了。

1.1.1　机械计算机时代

第一台机械计算机于 1623 年出现于德国*。1642 年，法国科学家帕斯卡（B. Pascal）发明了著名的帕斯卡机械计算机，首次确立了计算机器的概念。1674 年，莱布尼茨改进了帕斯卡机械计算机，使之能连续计算，并提出了"二进制"的概念。1725 年，"穿孔纸带"的构想被提出，这个构想影响了其后计算机的发展。

1822 年，英国科学家巴贝奇（C. Babbage）制造出了第一台差分机，计算精度达到六位小数。其后，巴贝奇提出了分析机的概念，该机器包含了运算器、控制器与堆栈的概念；而他的助手阿达（Ada Augusta）女士，则凭空为分析机编制了人类历史上的第一批计算机程序。然而，由于他们的理念过于超前，分析机并没有被制造出来。但是他们的思想为后来计算机的出现奠定了坚实的基础。

---

*注：当时德国并不作为一个政治实体存在。

1868 年，沿用至今的 QWERT 键盘在美国出现；1886 年，美国人制造了第一台按键操作的计算器；1890 年，统计学家霍列瑞斯（H. Hollerith）发明了制表机并用于人口普查，完成了人类历史上第一次大规模数据处理。

ENIAC–EDSAC–EDVAC

1.1.2　电子管计算机时代

1895 年，电子管在英国被发明；1913 年，美国麻省理工学院教授布什（V. Bush）领导制造了模拟计算机"微分分析仪"，机器采用了一系列电机驱动。

由霍列瑞斯创办的制表机公司几经演变，最终更名为国际商用机器公司（International Business Machines Corporation，IBM），于 1935 年制造了 IBM601 穿孔卡片式计算机，该计算机能在一秒内完成一次乘法运算。1938 年，德国人楚泽制造了机械可编程计算机 Z1，该机器采用二进制进行运算，理论基础为布尔代数。

1937 年，贝尔实验室制造了电磁式数字计算机"Model-K"；1941 年，楚泽研制了计算机 Z3，这是第一台可编程电子计算机；1942 年，阿塔拉索夫和贝瑞组装了计算机 ABC（Atanasoff–Berry Computer），这是世界上第一台具有现代计算机雏形的计算机。

1946 年 2 月，第一台真正意义上的数字电子计算机"埃尼阿克"（Electronic Numerical Integrator and Calculator，ENIAC）问世，如图 1-1 所示。它使用了 17 468 个真空电子管，耗电 150 kW，占地 170 m²，重达 30 t，每秒可进行 5 000 次加法运算。尽管以现代人的眼光来看，ENIAC 笨重且缓慢，但是，它却标志着计算机的发展进入新的纪元。其后十多年使用电子管制造的计算机，我们将其称为第一代计算机。

图 1-1　数字电子计算机"埃尼阿克"

1946 年，冯·诺依曼提出了"存储程序"的通用计算机设计方案。存储程序的设计思想是：将计算机要执行的指令和要处理的数据都采用二进制表示，将要执行的指令和要处理的数据按照顺序编写出程序，存储到计算机内部并让它自动执行。采用"存储程序"思想设计的离散变量自动电子计算机（Electronic Discrete Variable Automatic Computer，EDVAC）解决了程序的内部存储和自动运行两大难题。从 EDVAC 问世的 1952 年直到今天，计算机的基本体系结构采用的都是冯·诺依曼提出的"存储程序"设计思想，因此称为冯·诺依曼体系结构，冯·诺依曼也被称为"电子计算机之父"。

1.1.3　晶体管计算机时代

1947 年末，晶体管出现。1953 年，世界上第一台晶体管计算机"催迪克"（Transistorized Airborne Digital Computer，TRADIC）诞生于贝尔实验室。第二代计算机出现。

然而，1959 年集成电路问世，使得计算机迅速进入集成电路时代（第三代计算机）。1965 年，摩尔提出了著名的"摩尔定律"，集成电路的发展按此预测狂奔 50 余年。其中，从 20 世纪 70 年代开始至今，由于集成度的提高，大规模和超大规模集成电路出现，其后生产的计算机一般称为第四代计算机。而出现于 1981 年的 IBM PC 则宣布了微机时代的来临。

随着计算机所采用的电子元器件的演变以及软件的发展，计算机的发展经历了 4 个阶段，见表 1-1。

表 1-1　计算机的发展阶段

阶段 特征	第一阶段 （1946—1958 年）	第二阶段 （1958—1964 年）	第三阶段 （1964—1970 年）	第四阶段 （1970 年至今）
所用元器件	真空电子管	晶体管	中小规模集成电路，开始采用半导体存储器	大规模和超大规模集成电路
计算机特点	体积较庞大，造价高昂，可靠性低，存储设备为水银延迟线、磁鼓、磁心	体积小、重量轻、可靠性大大提高，主存采用磁心，外存为磁带、磁盘	体积大大缩小，重量更轻，成本更低，可靠性更高	出现了影响深远的微处理器，计算机向巨型机和微型机两极发展，运算速度极大提高
运算速度	每秒几千至几万次，运算速度慢	每秒几万至几十万次	每秒几十万至几百万次	微型机每秒几百万至几千万次，巨型机每秒上亿至千万亿次
软件系统	没有系统软件，使用机器语言编程	汇编语言、高级语言开始出现，如 FORTRAN、ALGOL 等	高级语言进一步发展，开始使用操作系统	多种高级语言深入发展，操作系统多样化，软件配置更加丰富和完善，软件系统工程化、理论化，程序设计部分自动化
应用领域	科学计算	科学计算、数据处理、事务管理、工业工程控制	广泛应用于各个领域并走向系列化、通用化和标准化	社会、生产、军事和生活的各个方面，计算机网络化
典型代表	ENIAC、EDVAC、UNIVAC-I、IBM 650/701/702/704/705	IBM7040/7070/7090、UNIVAC-LARC、CDC6600	IBM360、PDP-II、NOVA1200	VAX-II、IBM PC、APPLE、ILLIAC-IV

目前，由于晶体管制造技术逼近极限，摩尔定律注定将失效。然而，摩尔定律的失效并不是计算机硬件技术的终结，新一代计算机，即量子计算机即将闪亮登场。

1.1.4　中国计算机发展简史

1952 年，我国就成立了电子计算机科研小组，由数学研究所所长华罗庚负责。1956 年，发展我国科学的 12 年远景规划把开创我国的计算技术事业等项目列为四大紧急措施之一。

1958 年，原七机部高级工程师张梓昌成功研制出 103 计算机，运算速度达到每秒 3 000 次。1959 年，张效祥教授成功研制出 104 计算机，每秒运行 1 万次，在原子弹的研制过程中发挥了重要作用。

1960 年，夏培肃院士带队设计的 107 计算机研制成功。107 计算机是新中国第一台自主设计的计算机，标志着中国的计算机从模仿到自主设计的跨越。

20 世纪 60 年代至 80 年代初，在西方国家对我国的经济与技术封锁下，中国只能走自主设计、自主生产的发展路线。在此期间，中国在诸多领域获得了极大的进展。完全自主研发的"康鹏电路"问世，中国开始量产晶体管，并于 1964 年成功研制出新中国第一台全晶体管计算机441B-I。1964 年，吴几康成功研制 119 计算机，该计算机运算能力为每秒 5 万次。1965 年，109 计算机研制成功，该机由 2 万多支晶体管、3 万多支二极管组成，稳定运行 15 年。109 和 119 计算机在我国研制氢弹的历程中立下汗马功劳，被誉为研制氢弹的"功勋机"。

1965 年，中国自主研制的第一块集成电路在上海诞生。1972 年，自主研制的大规模集成电路在四川永川半导体研究所诞生，实现了从中小集成电路发展到大规模集成电路的跨越。

在这个时期，虽然西方技术突飞猛进，但中国在局部领域也追平西方，比如上海无线电十四厂于 1975 年成功开发出的 1 024 位移位存储器，就基本达到国外同期水平；1979 年研制的HDS-9 计算机每秒运算 500 万次；中国科学院上海冶金研究所还独立发展了制造集成电路所需要的离子注入机，并出口到日本。

截至 20 世纪 70 年代末，中国科研人员和产业工人发扬自力更生、自强不息的精神，建成了中国自己的半导体工业，掌握了从单晶制备、设备制造、集成电路制造的全过程技术。

在 20 世纪 80 年代，中国半导体产业技术研发进入低谷期。20 世纪 90 年代初，为了彻底打破国外对高性能计算机的垄断，我国决心自主研发高性能计算机。

1993 年，中国高性能计算机曙光一号并行机终于研制成功。2004 年，曙光公司研发出 4000A，成为国内首台每秒运算超过 10 万亿次的超级计算机，并代表中国首次进入全球超级计算机 TOP 500 排行榜，位列第十位。2009 年，第一台国产千万亿次超级计算机天河一号问世（见图 1-2）。2010 年，国防科技大学对天河 1 号进行了升级，成为当时世界上最快的超级计算机。

图 1-2　天河一号千万亿次超级计算机

2012 年，神威蓝光超级计算机（简称"超算"）投入使用。它使用了 8 704 片"申威 1600"处理器，搭载神威睿思操作系统，是中国在"市场换技术"之后，首次实现了超算 CPU 和操作系统的全部国产化。2013 年，国防科技大学成功研制出天河 2 号，其高达 55 P Flops（1 P=215；Flops：Floating Point Operations Per Second，即每秒所执行的浮点运算次数）的性能使其傲视群雄，六度蝉联 TOP500 排行榜首位。2016 年新超算"神威·太湖之光"登顶 TOP500 排行榜，该机实现了 CPU、操作系统、高速互联网络等核心软硬件的全面国产化。这不仅彻底扭转了中国在超算领域技术和信息安全上受制于人的局面，还在技术上实现了对西方国家的逆袭。

从超算数量来看，中国 2004 年进入 TOP500 排行榜，2016 年底追平美国。2019 年 11 月 18日发布的榜单中，中国拥有 227 台超算，美国拥有 118 台超算。

1.1.5　计算机发展趋势

计算机技术是世界上发展最快的科学技术之一，产品不断升级换代。当前计算机正朝着巨型化、微型化、智能化、网络化等方向发展。

1．巨型化

巨型化是指运算速度极快、存储容量极大的功能强大的超级计算机。巨型计算机的技术水平既是衡量一个国家科学技术和工业发展水平的重要标志，又能为国防科研和企业应用提供超强的计算能力。因此，工业发达国家都十分重视巨型计算机的研制。

但是超算的研制与使用也是极其昂贵的，以神威·太湖之光为例，投资达 18 亿元。如果不能实现对产业的辐射和支撑，没有相应的应用场景，那将是巨大的浪费。中国超算的崛起是伴随着中国工业的崛起而崛起的。目前中国工业总产值已经超过美日德三国工业总产值之和。TOP500 排行榜中，中国的超算数量也超过美日德三国之和。

2．微型化

微型化是指发展体积更小、功能更强，可靠性更高、携带更方便、价格更便宜、适用人群更广泛的计算机系统。

20 世纪 70 年代以来，由于大规模和超大规模集成电路的飞速发展，计算机的体积越来越小，性能越来越强。从计算机刚刚发明时的庞大体积，到微型机进入千家万户，再到手机几乎人手一台，完美地展示了这一趋势。那么计算机还能做到更小吗？当然能够！现在的可穿戴设备已经变得更小了，还有各种嵌入式设备会嵌入到各种常见物品中悄悄进入家庭，让你根本不会意识到你的身边充满了计算节点。

3．智能化

计算机智能化就是要求计算机能够模拟人的感觉能力和思维能力，一般也称为人工智能（AI）。智能化的研究包括模式识别、图像识别、自然语言的生成和理解、博弈、定理自动证明、自动程序设计、专家系统、学习系统和智能机器人等。

4．网络化

网络化是指利用通信技术和计算机技术，把分布在不同地点的计算机及各类电子终端设备互联起来，按照一定的网络协议相互通信，以达到所有用户都可以共享软件、硬件和数据资源的目的。

现在的网络化还仅仅是机器的互联，而即将到来的物联网时代将是一个万物互联的时代。

1.1.6　新型计算机

基于集成电路的计算机短期内还不会退出历史舞台，但一些新的计算机正在抓紧研究。未来的计算机将是微电子技术、光学技术、超导技术和电子仿生技术相结合的产物，这些计算机包括超导计算机、纳米计算机、光计算机、DNA 计算机和量子计算机等。

1．超导计算机

超导计算机是将超导技术应用到现代计算机上。由于超导的电气特性，超导计算机可通过将时钟速度提高 150 倍来极大地提高性能，其运算速度比现在的电子计算机快很多，而电能消耗量少很多，其综合运行效能提高了 10 万倍。

但是超导计算机面临两个极大的问题。一是它必须在极低温度（低于-150℃）条件下才能正常工作，而保持这种低温环境需要付出极大的冷却成本。这个问题在专门的环境中还可以解决，但是另一个问题更需要解决，即超导芯片比标准芯片大得多。例如，代表业界最高水准的华为公司的麒麟 990 系列芯片已经可以集成超过 100 亿个晶体管，而超导芯片较大尺寸的特征限制了每个芯片所带结数（约瑟夫森结，由两个或多个超导体耦合的器件通过弱连接耦合，可用于单电子晶体管）少于 10 万个。

2．纳米计算机

纳米计算机是使用纳米技术制造的微型计算机，它把传感器、电动机和各种处理器都放在一个硅芯片上，构成一个系统。

以现在的技术来说，要制作出米粒大小的计算机已并非难事，但尽管做得出来，却并不实用。然而，若能建造出与灰尘相同大小，可以侦测周遭环境，有计算、沟通以及自己充电的"智慧微尘"，那将会是大幅的进步。

3．光计算机

与传统硅芯片计算机不同，光计算机用光束代替电子进行计算和存储：它以不同波长的光代表不同的数据，以大量的透镜、棱镜和反射镜将数据从一个芯片传送到另一个芯片。

研制光计算机的设想早在 20 世纪 50 年代后期就已提出。1986 年，贝尔实验室的戴维·米勒研制成功小型光开关，为同实验室的艾伦·黄研制光处理器提供了必要的元件。1990 年 1 月，贝尔实验室开始用光计算机工作。

光计算机有全光学型和光电混合型。上述贝尔实验室的光计算机就采用了混合型结构。相比之下，全光学型计算机可以达到更高的运算速度。研制光计算机，需要开发出可用一条光束控制另一条光束变化的光学"晶体管"。现有的光学"晶体管"庞大而笨拙，若用它们制造台式计算机将有一辆汽车那么大。因此，要在短期内使光学计算机实用化还很困难。

4．DNA 计算机

1994 年 11 月，美国南加州大学的阿德勒曼博士用 DNA 碱基对序列作为信息编码的载体，在试管内控制酶的作用下，使 DNA 碱基对序列发生反应，以此实现数据运算。阿德勒曼在《科学》上公布了 DNA 计算机的理论，引起了各国学者的广泛关注。阿德勒曼计算机的计算与传统的计算机不同，不再是简单的物理性质的加减操作，而是增添了化学性质的切割、复制、粘贴、插入和删除等种种方式。

DNA 计算机的最大优点在于其惊人的存储容量和运算速度：$1 cm^3$ 的 DNA 存储的信息比一万亿张光盘存储的还多；十几个小时的 DNA 计算，就相当于所有计算机问世以来的总运算量。更重要的是，它的能耗非常低，只有电子计算机的一百亿分之一。

与传统的"看得见、摸得着"的计算机不同，目前的 DNA 计算机还是躺在试管里的液体。它离开发、实际应用还有相当的距离，许多现实的技术性问题尚待解决。

5．量子计算机

量子计算机以处于量子状态的原子作为中央处理器和内存，利用原子的量子特性进行信息处理。

由于原子具有在同一时间处于两个不同位置的奇妙特性，即处于量子位的原子既可以代表 0 或 1，也能同时代表 0 和 1 以及 0 和 1 之间的中间值，故无论从数据存储还是处理的角度，量子位的能力都是晶体管电子位的两倍。

量子计算机在外形上有较大差异，它没有盒式外壳；看起来像是一个被其他物质包围的巨大磁场；它不能利用硬盘实现信息的长期存储；但高效的运算能力使量子计算机具有广阔的应用前景。

如何实现量子计算，方案并不少，问题是在实验上实现对微观量子态的操纵确实太困难了。这些计算机异常敏感，哪怕是最小的干扰，比如一束从旁边经过的宇宙射线，也会改变机器内计算原子的方向，从而导致错误的结果。目前，量子计算机只能利用大约数十个原子做最简单的计算。要想做任何有意义的工作都必须使用数百万个原子。

1.2　计算机系统

1.2.1　计算机系统的基本组成

一个完整的计算机系统是由硬件系统和软件系统两部分组成的，如图 1-3 所示。

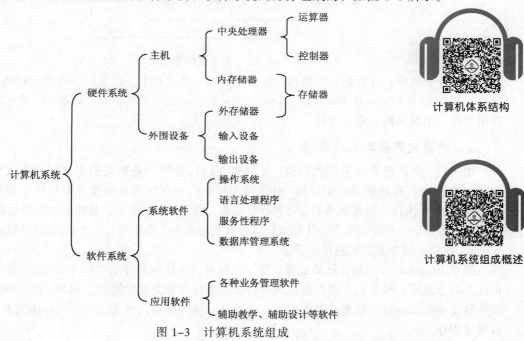

计算机体系结构

计算机系统组成概述

图 1-3　计算机系统组成

硬件系统简称"硬件"，是指构成计算机的物理设备，是计算机系统的物质基础，它由运算器、控制器、存储器、输入设备、输出设备五大部分组成。

软件系统简称"软件"，是为运行、管理和维护计算机而编制的各种程序、数据文档的总称。

没有软件支持的计算机称为"裸机"，是无法实现任何数据处理任务的。反之，只有软件而没有硬件设备的支持，软件也根本无法运行。计算机系统的实现是建立在硬件系统和软件系统的综合基础之上的。

1.　冯·诺依曼体系结构

冯·诺依曼体系结构如图 1-4 所示，又称冯·诺依曼模型，被认为是现代计算机的基础。冯·诺依曼体系结构定义了计算机内部的结构，主要可以归纳为以下 3 点。

（1）计算机有 5 个组成部分，分别是运算器、控制器、存储器、输入设备和输出设备。

（2）计算机程序和程序运行所需要的数据以二进制形式存放在计算机的存储器中。

（3）计算机根据程序的指令序列进行执行，即"存储程序"的思想。

在冯·诺依曼体系结构中，控制器作为计算机的核心，对计算机的所有部件实施控制，协调整个系统有条不紊地工作。输入设备输入数据和程序，输入的数据和程序被存放到存储器（Memory）中。处理功能由运算器完成，运算器是执行算术和逻辑运算的部件，又称算术逻辑单元（Arithmetic Logic Unit，ALU）。程序的执行结果被输出设备输出。

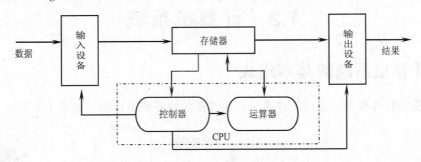

图 1-4　冯·诺依曼体系结构

现代计算机中，往往把运算器和控制器集成在一块芯片上，形成一个功能相对独立的逻辑器件，称为 CPU（Central Processing Unit，中央处理单元，又称中央处理器）。把 CPU、存储器组装在一个箱体内，称为主机。

2．计算机的基本工作原理

按照冯·诺依曼存储程序的原理，计算机在执行程序时必须先把要执行的相关程序和数据放入内存中，在执行程序时 CPU 根据程序包含的指令序列取出指令并执行，然后再取出下一条指令并执行，如此循环下去直到程序结束。因此，在了解了计算机的 5 个组成部分以后，还必须了解指令与程序的概念，才能真正对计算机的基本工作原理有一个比较清楚的认识。

1）指令、指令系统和程序的概念

指令（Instruction）是计算机能够识别、并且可以执行的各种基本操作命令。一条指令通常由两个部分组成：操作码、操作数。操作码指明该指令要完成的操作，如加、减、乘、除等；操作数是指参加运算的数据或者数据所在的地址。指令的不同组合方式，可以构成不同的计算机处理程序。

指令系统（Instruction System）是一台计算机的所有指令的集合。指令系统反映了计算机的基本功能，不同的计算机其指令系统不尽相同。指令系统功能是否强大，种类是否丰富，决定了计算机解决问题的能力。

程序（Program）是为解决某一问题而选用的一条条有序指令的集合。程序具有目的性、分步性、有限性、有序性、分支性等特性。

2）计算机执行指令的过程

将要执行的指令从内存调入 CPU，由 CPU 对该条指令进行分析译码，判断该指令所要执行的操作，然后向相应部件发出完成操作的控制信号，从而完成该指令的功能。

3）程序的执行过程

CPU 从内存中读取一条指令到 CPU 内执行，该指令执行完后，再从内存读取下一条指令到

CPU 内执行。CPU 不断地读取指令、分析指令、执行指令、取下一条指令，直至执行完所有的指令。整个过程就是计算机的基本工作原理。

1.2.2　计算机硬件系统

计算机硬件系统由运算器、控制器、存储器、输入设备和输出设备 5 部分组成。

1. 运算器

运算器是计算机的执行部件，是对信息进行加工、运算的部件，它的主要功能是对二进制代码进行算术运算（如加、减、乘、除）和逻辑运算（如与、或、非、异或）。运算器一般包括算术逻辑单元（Arithmetic and Logic Unit，ALU）和寄存器组，如图 2-3 所示。

1）ALU

ALU 负责进行算术和逻辑运算。不同处理器 ALU 的运算能力是不同的。一般算术运算有加、减、乘、除和加 1、减 1 计算等；逻辑运算有与、或、非及异或等。

几乎来自于存储器的所有数据都要经过 ALU，即使不进行计算的数据传送操作（指令），如形成一个程序的转移地址的指令，也需要通过 ALU 把地址数据送到所指定的内部寄存器或存储器。运算器从技术实现的角度分为两部分：定点运算器和浮点运算器。

2）寄存器组

寄存器组（Register Set）用来临时存放参与 ALU 运算的各种数据，它是具有存储特性的内部高速单元。寄存器主要有数据寄存器、指令寄存器和程序计数器等。

数据寄存器（Memory Data Register，MDR）用来存放需要临时存放的数据，如图 1-5 中的 R1 ~ R3。数据寄存器的数据存取速度比存储器的数据存取速度快得多。

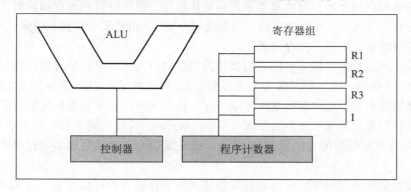

图 1-5　运算器和控制器

指令寄存器（Instruction Register，IR）存放程序的指令代码（图 1-5 中寄存器组中的 I），它存放从存储器中取来的指令码，经由控制器，产生控制各个部件的工作信号和各种输出控制信号。

程序计数器（Program Counter，PC）是一个具有计数功能的寄存器，也称指令地址寄存器。程序计数器存放当前所执行的指令的存储器地址。当前指令执行完，程序计数器自动增量，或根据当前指令修改计数器的内容，形成下一条指令的内存地址，在控制器的信号作用下，ALU 将从该存储器地址中取下一条指令执行。

2．控制器

控制器（Control Unit，CU）是整个硬件系统的控制中心（见图 1-4），其他各部分都是在它的协调控制下工作。对存储器进行数据的存取、让运算器进行各种运算、数据的输入和输出都是在控制器的统一指挥下进行的。控制器的基本功能是取出指令、识别翻译指令、安排操作次序。

程序的每一条指令依次存放在存储器中。每一条指令都要经过取出指令、解释指令、执行指令这一过程。每取出一条指令，由程序计数器计数，增加 1 并指出下一条指令的地址。在取出的指令被执行期间，这条指令暂时存放在指令寄存器中。取出的指令要交给指令译码器分析、解释，以决定这条指令的操作性质，一旦当前指令执行完毕，下一条指令又被取出了。执行一个程序只要将其第一条指令存放的地址置入程序计数器，余下的工作便可自动完成。

执行一条指令所需的时间称为指令周期。在一个指令周期内，控制器要依次发出取出指令、解释指令、执行指令并为取出下一条指令做准备的控制命令。这些命令要求自动协调地产生，这就需要一个时序控制电路，使得指令的功能能按时间顺序、按步骤加以实现。时序控制电路是由晶振电路发出的脉冲控制工作的，晶振频率越高，计算机的工作节拍就越快，这种节拍称为 CPU 的工作主频。

3．存储器

存储器是计算机系统中的记忆设备，用来存放程序和数据。计算机中的全部信息，包括输入的原始数据、计算机程序、中间运行结果和最终运行结果都保存在存储器中。计算机系统中的存储器不是由单一器件或单一装置构成，而是由不同材料、不同特性、不同管理方式的存储器类型构成的一个存储器系统。

构成存储器的存储介质，目前主要采用半导体器件、磁性材料和光存储材料。存储器中最小的存储单位是存储元，它可存储一位二进制代码 0 或 1。由若干个存储元组成一个存储单元，然后再由许多存储单元组成一个存储器。

在存储器中有大量的存储元，把它们按相同的位划分为组，组内所有的存储元同时进行读出或写入操作，这样的一组存储元称为一个存储单元。存储单元是 CPU 访问存储器的基本单位。一般地，存储器以 8 位二进制组成基本存储单元，称为字节。以字节为单位组成的可以被 CPU 一次存取或运行的最长数据长度称为字长（Word Length）。计算机的字长一般为字节的整数倍，用来描述 CPU 的数据存取能力。如 32 位机器，就是指 CPU 一次从存储器中存取的数据长度是 32 位。

一个存储器中所有存储单元可存放数据的总和称为存储器的存储容量。以 32 位机器为例，其存储器的内存地址由 32 位二进制数，即 $0 \sim (2^{32}-1)$ 组成，每个存储单元存放一个字节，其总存储容量为 4 GB（$2^{32}=4 \times 2^{30}$）。容量的常用单位有 KB、MB、GB 等。

计算机技术的发展使存储器的地位不断得到提升，计算机系统由最初的以运算器为核心逐渐转变成以存储器为核心。这就对存储器技术提出了更高的要求，不仅要求存储器具有更高的性能，而且能通过硬件、软件或软硬件结合的方式将不同类型的存储器组合在一起来获得更高的性价比，这就是存储器系统。该系统的组成如图 1-6 所示。

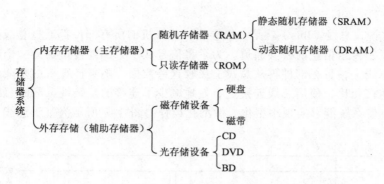

图 1-6　存储器系统组成

为了提高计算机系统的性能，要求存储器具有尽可能高的存取速度、尽可能大的存储容量和尽可能低的价格。但是，这 3 个性能指标是相互矛盾的。为了获得更高的性价比，就形成了存储器系统的层次结构。

按照与 CPU 的接近程度，存储器分为内存储器与外存储器，简称内存与外存。内存储器又称为主存储器（简称主存），属于主机的组成部分；外存储器又称为辅助存储器（简称辅存），属于外围设备。CPU 不能像访问内存那样直接访问外存，外存要与 CPU 或输入/输出设备进行数据传输，必须通过内存进行。

主存速度快、容量小、价格高；辅存速度慢、容量大、价格低，因此它们之间具有极好的互补性。从经济学的角度，大量使用低成本的辅助存储器可以降低计算机的价格。主存储器和 CPU 直接进行数据交换。辅助存储器通过电缆与主机连接，在协调控制机构的作用下，主存和辅存交换数据。

从计算机执行程序的角度看，主存空间越大越有利于程序的快速执行。但从性能和价格方面综合考虑，往往速度快的存储器价格不菲，因此需要在容量和速度之间寻找二者矛盾的解决方法。主-辅存储器结构很好地解决了计算机的性能与价格统筹的问题。

4．输入/输出设备

输入/输出（Input and Output，I/O）设备又称外围设备（Peripheral Equipment），它由两部分构成：接口和相应的输入/输出设备。

1）接口

输入/输出设备有许多种的类型，它们的功能也千差万别。输入/输出设备的工作许多是基于机械的，其工作速度比以电子速度运行的 CPU 和存储器慢了许多，为此必须进行设计使得外设能够和 CPU 及存储器协同工作，这个协同设计就是接口（Interface），接口位于 I/O 设备和 CPU、存储器之间，如图 1-7 所示。

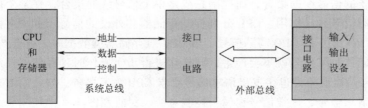

图 1-7　接口示意图

2）总线

从物理上来说，总线（Bus）就是一组导线，计算机的所有部件都通过总线连接。从逻辑上来看，总线就是传送信息的公共通道。为了将信号从一个部件传送到另一个部件，源部件先将数据送到总线上，目标部件再从总线上接收这些数据。随着计算机的复杂性的增加，和部件之间直接连接相比，使用总线连接更有效地减少了连接的复杂性，同时总线还减少了电路的使用空间，使系统能够实现小型化、微型化设计。图 1-8 所示为基于总线结构的计算机系统示意图。

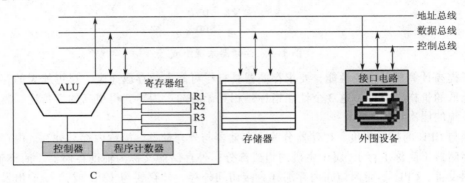

图 1-8　基于总线结构的计算机系统

根据总线上传送的信息的不同，可以把总线分为地址总线、数据总线和控制总线 3 种。

（1）地址总线（Address Bus）。地址总线传送的是 CPU 对存储器和外设进行数据读写的地址信息，其包含的地址线的条数决定了计算机系统的寻址空间大小，包括内存空间和可连接的外设端口数量。每条地址线对应 CPU 的一条地址引脚，不同 CPU 的地址线其条数不同，如奔腾级 CPU 芯片有 32 条地址线，其最大内存寻址空间可达 2^{32} B=4 GB。地址总线传送的地址信息是单向的，它总是接收来自 CPU 发出的地址信息（请注意图 1-8 中地址总线的方向）。

（2）数据总线（Data Bus）。数据是通过数据总线传送的。当 CPU 需要对存储器和外设进行数据操作时，先通过地址总线选择被操作的存储器单元或外设接口，再将数据放到总线上或者从数据总线上读取数据。数据总线具有双向性，即在 CPU、存储器和外设之间可以双向传输数据。数据总线的宽度是计算机处理能力的重要指标。一般 16 位 CPU 就是指数据总线有 16 位；64 位 CPU 就是数据总线有 64 位。显然，一次从存储器或者外设存取的数据越多，说明 CPU 的处理能力越强。

（3）控制总线（Control Bus）。控制总线和前面两种总线都不同，它是由 CPU 根据指令操作的类型，发出不同的控制信号，控制地址总线、数据总线或其他 I/O 部件。地址总线、数据总线是一组相同性质的信号线的集合，而控制总线是单个信号线的集合，在某个操作发生时，只有一个或几个控制信号线起作用。CPU 分别控制存储器和外设的信号，如"存储器读"和"存储器写"信号，"I/O 读"和"I/O 写"信号，当 CPU 对存储器读数据时，就会产生"存储器读"信号，此时"存储器写"信号就不会产生，同样在进行 I/O 操作时，存储器控制信号也不会产生。另一方面，存储器或外设也会发出请求信号要求 CPU 为其服务，如中断方式时外设或接口发出的"中断"请求信号，这类信号也属于控制总线。尽管在图 1-8 中控制总线的方向是双向的，但对每一个信号而言则是单一方向的。

根据总线的位置和功能，可以把总线分为 3 个层次。第一层为处理器级总线，也称前端总线，从 CPU 引脚上引出，用来实现 CPU 与控制芯片（包括主存、高速缓冲存储器等）之间的连接。第二层为系统级总线，因为该总线是用来连接计算机各功能部件而构成一个完整系统的，因此称为系统总线，一般用于 CPU 与接口卡的连接。系统总线上传送的信息包括数据信息、地址信息、控制信息，因此，系统总线包含 3 种不同功能的总线，即数据总线、地址总线和控制总线。最后一层为外设（I/O）总线，用来连接外设控制芯片，如主板上的 I/O 控制器和键盘控制器，实际上是一种外设的接口标准。常用的 I/O 总线有 ISA/EISA 总线、PCI 总线、AGP 总线等。

3）输入设备

输入设备是用来输入程序和数据的部件，它由两部分构成：输入接口电路和输入装置。输入装置不能与 CPU 直接交换信息，必须通过接口电路进行。常见的输入装置有很多，如键盘、鼠标、扫描仪、磁盘驱动器和光盘驱动器等。它们的物理性能不同，各有各的工作特点。

4）输出设备

输出设备是用来输出处理结果的部件。输出设备同样包括两部分：输出接口电路和输出装置。输出装置只有通过输出接口电路才能与 CPU 交换信息。常见的输出装置有显示器、打印机、绘图仪和磁盘驱动器等。

1.2.3　计算机软件系统

1. 概述

计算机软件是指计算机程序及其相关文档的总和。与传统观念不同的是，程序≠软件，软件的定义更加强调文档的重要性，文档为软件的设计、开发、维护提供了重要的依据和支持。

计算机软件是计算机系统重要的组成部分，如果把计算机硬件看成是计算机的躯体，那么计算机软件就是计算机系统的灵魂。没有软件支持的计算机称为"裸机"，只是一些物理设备的堆砌，几乎是不能工作的。计算机软件、硬件和用户之间的关系如图 1-9 所示。

图 1-9　计算机软件、硬件和用户之间的关系

2. 计算机软件的发展

计算机软件的发展大致经历了 3 个阶段。

第一阶段（20 世纪 40 年代到 50 年代中期），软件开发采用低级语言，效率低下，应用领域基本局限于科学和工程的数值计算。人们不重视软件文档的编制，注重考虑代码的编写。

第二阶段（20 世纪 50 年代中期到 60 年代后期），相继诞生了大量的高级语言，程序开发的效率显著提高，并产生了成熟的操作系统和数据库管理系统。在后期，由于软件规模不断扩大，复杂度大幅提高，产生了"软件危机"，也出现了有针对性地进行软件开发方法的理论研究和实践。

第三阶段（20 世纪 70 年代至今），软件应用领域和规模持续扩大，大型软件的开发成为一项工程性的任务，由此产生了"软件工程"并得到长足发展。同时，软件开发技术继续发展，并逐步转向智能化、自动化、集成化、并行化和开发化。

3. 计算机软件的分类

根据功能不同，计算机软件可以分为系统软件和应用软件两大类。

1）系统软件

负责管理、控制、维护、开发计算机的软硬件资源，给用户提供一个便利的操作界面，也提供编制应用软件的资源环境。系统软件主要包括操作系统，另外还有程序设计语言及其处理程序和数据库管理系统等。

（1）操作系统（Operating System，OS）。

① 操作系统的概念：计算机系统中最重要的系统软件，负责管理计算机系统中的硬件资源和软件资源，提高资源利用率，同时为计算机用户提供各种强有力的使用功能和方便的服务界面。只有在操作系统的支持下，计算机系统才能正常运行，如果操作系统遭到破坏，计算机系统就无法正常工作。

② 操作系统的功能：操作系统主要提供 5 方面的功能：处理机管理、存储管理、文件管理、设备管理和用户接口。

- 处理机管理：在多道程序系统中，多个程序同时执行。如何把 CPU 的时间合理地分配给各个程序是处理机管理要解决的问题，它主要解决 CPU 的分配策略、实施方法以及资源的分配和回收问题。

- 存储管理：主要解决多道程序在内存中的分配，保证各道程序间互不冲突，并且通过对内外存的联合管理来扩大存储空间。

- 文件管理：计算机中的各种程序和数据均为计算机的软件资源，它们都以文件形式存放在外存中。文件管理的基本功能是实现对文件的存取和检索，为用户提供灵活方便的操作命令以及实现文件共享、安全、保密等措施。

- 设备管理：现代计算机系统都配备多种 I/O 设备，它们具有各不相同的操作性能。设备管理的功能是根据一定的分配原则把设备分配给请求 I/O 的作业，并且为用户使用各种I/O 设备提供简单方便的命令。

- 用户接口：为了方便用户使用操作系统，操作系统向用户提供了"用户与操作系统的接口"。该接口分成两种，一种是作业级接口，它提供一组键盘命令，供用户组织和控制作业的运行；另一种是程序级接口，它提供一组系统调用，供其他程序调用。

③ 操作系统的类型：目前的操作系统种类繁多，很难用单一标准进行统一分类。

- 根据管理的用户数量可分为单用户操作系统和多用户操作系统。

- 根据运行环境的不同可分为批处理操作系统、分时操作系统、实时操作系统、网络操作系统和分布式操行系统等。

④ 常见的操作系统：Windows、UNIX、Linux、Mac OS 等。

（2）程序设计语言及其处理程序。

① 程序设计语言。程序设计语言是用户用来编写程序的语言，是人与计算机交换信息的工具。程序设计语言按其级别可以分为机器语言、汇编语言和高级语言三大类，如 BASIC、Python、C、C++、Java、C#等都是高级语言。

② 语言处理程序。除了机器语言外，任何其他语言编写的程序都不能直接在计算机上执行，需要先对它们进行适当的变换，而这个任务就是由语言处理程序承担。语言处理程序通常都包含一个翻译程序，它把一种语言的程序翻译成等价的另一种语言的程序。被翻译的语言和程序称为源语言和源程序，翻译生成的语言和程序则称为目标语言和目标程序。按照不同的翻译处理方法，翻译程序分为汇编程序、解释程序、编译程序三大类。

（3）系统服务程序。系统服务程序又称实用程序（Utilities），指一些工具软件或支撑软件，它们或者包含在操作系统之内，或者可以被操作系统调用，如系统诊断程序、测试程序、调试程序等。

（4）数据库管理系统。数据库管理系统（DBMS）也是十分重要的一个系统软件，因为大量的应用软件都需要数据库的支持，如信息管理系统、电子商务系统等。目前比较流行的数据库管理系统中，中小型的有 MySQL、Microsoft Access 和 Informix 等，大型的有 Oracle、DB2 和 Microsoft SQL Server 等。

2）应用软件

应用软件是为解决各种实际问题而编制的应用程序及有关资料的总称。其可购买，也可自己开发。常用的应用软件：文字处理软件，如 WPS、Word、PageMaker 等；电子表格软件，如 Excel 等；绘图软件，如 Photoshop、AutoCAD、CorelDRAW 等；课件制作软件，如 PowerPoint、Authorware、ToolBook 等。除了以上典型的应用软件外，教育培训软件、娱乐软件、财务管理软件等也都属于应用软件的范畴。

1.2.4　移动计算平台

移动计算是随着移动通信、互联网、数据库、分布式计算等技术的发展而兴起的新技术，它使计算机或其他信息智能终端设备在无线环境下实现数据传输及资源共享，将有用、准确、及时的信息提供给任何时间、任何地点的任何用户，这将极大地改变人们的生活方式和工作方式。

移动计算平台指在上述环境中使用的各种移动终端设备，其侧重的是移动性。作为传统移动终端的笔记本式计算机，无论是重量还是体积已无法完全满足这方面的要求。随着微电子技术的迅猛发展，各种更适应移动计算的新兴平台，如平板电脑、超级本等产品纷纷涌现，它们将通信、网络、GPS、PC 等多种消费电子功能高度集成到一起。在移动商务和移动娱乐方面，这类设备几乎能提供所有的主流应用，因此移动计算平台与传统 PC 分庭对抗的时代已经来临。

在 21 世纪的最初 10 年中，平板电脑没有任何起色，其操作系统不外乎 Windows 系统，而且不受大众欢迎。直到 2010 年以后，苹果公司移动产品搭载的 iOS 和谷歌推出的 Android 两大操作系统才成为市场的主流。截至 2019 年 6 月，Android 和 iOS 各自以 77.14%、22.83%高居全球移动平台操作系统市场份额的第一、二位。表 1-2 所示为移动计算平台比较。

表 1-2　移动计算平台比较

品　类	操作方式	CPU	操作系统	功　能
笔记本	键盘、鼠标	INTEL、AMD	Windows、Linux	强
超极本	键盘、鼠标	INTEL、AMD	Windows、Linux	强
平板电脑	触摸屏	华为、苹果、高通、三星、联发科	iOS、Android	强
手机	触摸屏	华为、苹果、高通、三星、联发科	iOS、Android	强
可穿戴设备	触摸屏	北京君正、展讯通讯、德州仪器、德法半导体	RTOS、Wear OS、Watch OS 等	弱，面向特定应用

1.3 计算机的特点及应用

1.3.1 计算机的特点

各种类型的计算机虽然在处理对象、规模、性能和用途等方面有所不同，但它们都具有以下几个主要特点。

（1）高速、精确的运算能力。目前世界上已经有超过每秒十亿亿次运算速度的巨型计算机，截至 2019 年 6 月，全球超级计算机排行榜 TOP500 中的前三甲均已具备这样的计算能力，并且中美都在全力研制 E 级计算机，运算速度超过百亿亿次。高速计算机具有极强的处理能力，特别是能在地质、能源、气象、航空航天以及各种大型工程中发挥巨大的作用。

（2）逻辑处理能力。计算机能够进行逻辑处理，也就是说它能够"思考"和"判断"，这是计算机科学一直努力期望实现的功能。虽然它现在的"思考"还局限在某一个专门的方面，还不具备像人类一样思考的能力，但在某些专门领域已经远远超过人类，比如下棋和信息检索。

（3）强大的存储能力。计算机能存储大量数字、文字、图像、声音等各种信息，"记忆力"大得惊人，它可以轻易地"记住"一个大型图书馆的所有资料。计算机强大的存储能力不但表现在容量大，还表现在"长久"，对于需要长期保存的数据或资料，无论以文字形式还是以图像形式，计算机都可以实现存储。

（4）具有自动控制能力。高度自动化是电子计算机与其他计算工具的本质区别。计算机可以将预先编好的一组指令（称为程序）先"记"起来，然后自动地逐条取出这些指令并执行，工作过程完全自动化，不需要人的干预，而且可以反复运行。

（5）具有网络与通信能力。计算机技术发展到今天，已可将几十台、几百台甚至更多的计算机连成一个网络，可将一个个城市、一个个国家的计算机连在一个计算机网络上。目前最大、应用范围最广的 Internet，连接了全世界数十亿台的各种计算机。在网上的所有计算机用户可共享网上资料、交流信息、互相学习，整个世界都可以互通信息。网络的重要意义是改变了人类交流的方式和信息获取的途径。

1.3.2 计算机的应用领域

计算机发展至今已经和几乎所有学科结合了，可以把计算机的用途归纳为科学计算、数据处理、实时系统、计算机辅助、人工智能、游戏娱乐、嵌入式系统等方面，本书将有更多的章节围绕这些应用主题展开讨论。

1）科学计算

科学计算主要是使用计算机进行数学方法的实现和应用。当前计算机的"计算"能力极其强大。计算机推进了许多科学研究的进展，如 2002 年完成的著名的人类基因序列分析计划。现在，科学家们经常使用计算机测算人造卫星的轨道、进行气象预报等。例如，国家气象中心通过使用计算机，不但能够快速、及时地处理气象卫星云图数据，而且可以根据大量的历史气象数据的计算进行天气预测报告。在没有使用计算机之前，这是根本不可能实现的。

2）数据处理

数据处理又称信息处理。但随着计算机科学技术的发展，计算机的"数据"不再只是"数"，而是使用了更多的其他数据形式，如文字、图像、声音等。数据处理就是对这些数据进行输入、分类、加工、存储、合并、整理以及统计、报表、检索查询等。数据处理是目前计算机应用最多的一个领域，随着社会向数字化转型日益深入，数据的重要性越来越凸显，并逐渐成为经济发展中新的生产力及新的价值资源，甚至有人提出"大数据就是生产力"。

3）实时系统

实时系统是指能够及时收集、检测数据，进行快速处理并自动控制被处理的对象的计算机系统。这个系统的核心是计算机控制整个处理过程，包括从数据输入到输出控制的整个过程。现代工业生产的过程控制基本上都以计算机控制为主，传统过程控制的一些方法，如比例控制、微分控制、积分控制等都可以通过计算机的运算实现。计算机实时控制不但是控制手段的改变，更重要的是适应性大大提高，它可以通过参数设定、改变处理流程，实现不同过程的控制，有助于提高生产质量和生产效率。

华为推出的"鸿蒙"操作系统就是一个实时操作系统，不同于我们现在使用的 Windows 或 Android 系统，它能够在极短的时间内对操作给出响应，因此特别适合无人驾驶汽车这类需要及时响应的系统。

4）计算机辅助

计算机辅助是计算机应用中一个非常广泛的领域。几乎所有过去由人进行的具有设计性质的过程都可以让计算机帮助实现部分或全部工作。计算机辅助也可称做计算机辅助工程，主要有：计算机辅助设计（Computer Aided Design，CAD）、计算机辅助制造（Computer Aided Manufacturing，CAM）、计算机辅助教育（Computer Based Education，CBE）、计算机辅助教学（Computer Aided Instruction，CAI）、计算机模拟（Computer Simulation）等许多方面。

5）人工智能

人工智能是研究用计算机来模拟人的某些智力活动的学科。例如，可以利用计算机进行图像和物体的识别，可以模拟人类的学习过程和探索过程。人工智能的主要研究内容包括自然语言理解、专家系统、机器人以及定理自动证明等。

人工智能的研究涉及计算机科学、数学、物理学、心理学和语言学等学科，既涉及自然科学，也涉及社会科学，其范围已远远超出了计算机科学的范畴。

6）游戏娱乐

运用计算机和网络进行游戏娱乐活动，对许多计算机用户来说是习以为常的事情。网络上有各种丰富的电影、电视资源，也有通过网络和计算机进行的游戏，甚至还有国际性的网络游戏组织和赛事。游戏娱乐的另一个重要方向是计算机和电视的结合，"数字电视"开始走入家庭，改变了传统电视的单向播放而进入交互模式。

7）嵌入式系统

并不是所有计算机都是通用的。有许多特殊的计算机用于不同的设备中，包括大量的消费电子产品和工业制造系统，把处理器芯片嵌入其中，完成处理任务。特别是物联网方兴未艾，而物联网设备全部属于嵌入式系统。

1.3.3　民航信息化技术及应用

民航是一个高度依赖信息技术的行业。20 世纪 60 年代之前，全球航空公司的机票销售和运营管理一直处在琐碎繁复的手工作业阶段。1964 年，美利坚航空公司（AA）与 IBM 合作开发出能够实现座位控制和销售功能的航班控制系统（Inventory Control System，ICS），实现了航空公司销售部门业务处理自动化，提高了航空公司的生产效率。20 世纪 70 年代，美国各大航空公司将 ICS 推广到机票代理人，形成代理人分销系统（Computer Reservation System，CRS），使 CRS 成为航空公司掌握销售控制权、获取竞争优势的重要手段。20 世纪八九十年代，CRS 从分销机票到分销酒店、从航空业延伸到旅游业、从各国扩展到全球，逐步演变成分销机票、酒店、旅游、轮船等各种旅行产品的全球性电子分销网络，被称为全球分销系统（Global Distribution System，GDS）。目前，世界上最大的 4 家 GDS 公司分别是欧洲的 Amadeus，美国的 Sabre、Travelport 和中国的中国民航信息集团公司（Travelsky）。

1. 中国民航商务信息化的过程

1979 年年底，作为"七五"国家电子振兴计划重点项目之一，中国民航组成机构，对建立民航计算机旅客服务系统等有关问题进行调研。1980 年 4 月，民航计算机总站筹建领导小组和办公室成立。1984 年年初，民航计算机总站成立，隶属中国民用航空局航行司通信处领导，就计算机订座系统的引进工作进行了准备。

1986 年 7 月，中国引进美国的民航旅客计算机订座系统并在广州投产使用。1987 年，经中国民用航空局研究决定，成立中国民用航空计算机中心，并于 1996 年改名为中国民航计算机信息中心。1988 年 9 月，机场旅客处理系统首先在广州白云机场试运行。1991 年，中国航空结算中心成立，并于 1994 年推出航空收入结算系统、航空货运系统。1996 年，民航计算机中心通过对订座系统的改造，推出了代理人分销系统，使国内代理人分销行业得到迅猛发展。

1999 年 12 月，信天游网站正式对社会公众服务，中国民航业开始步入电子商务时代。2000 年，由中国民航计算机信息中心联合国内所有运输航空公司发起成立中国民航信息网络股份有限公司，并于 2001 年在香港联交所主板成功上市。2001 年，由中国航信承建的 GDS 主体工程通过了民航总局的验收，标志着中国航信完成由区域 CRS 到具备全球旅游分销能力 GDS 的转变。2002 年，以中国民航计算机信息中心为主体，中国民航信息集团公司成立，隶属于国务院国有资产监督管理委员会，中国航空结算中心划入中国民航信息集团公司管理，与中国国际航空股份有限公司（简称国航）、中国南方航空股份有限公司（简称南航）、中国东方航空股份有限公司（简称东航）、中国航空油料集团公司（简称航油）、中国航空器材集团有限公司（简称航材）共同组成了民航业的六大中央企业。2007 年，中国航信系统旅客订座量突破 2 亿。

2008 年发展战略进一步清晰，按照三年夯实基础，五年稳步提高，十年发展壮大的发展步骤，通过经营方式的"四个转变"，即变"客运为主"为"客货运并举"，变"国内经营"为"跨国经营"，变"技术服务"为"技术商务双服务"，变"服务航空"为"服务航空运输和旅游"，来实施做强做大走出去战略。

现在我国民航信息基础设施建设已初具规模，形成了以空管通信网和商务通信网为骨干的两大专用通信网络，民航商务信息系统快速发展，航空企业信息化取得显著成效。

2. 国际民航信息化发展特点

近几年，国际民航业受政治、经济等因素的影响，行业整体 IT 投资大幅度增加。2018 年，航空业 IT 投资达到 500 亿美元。航空公司 IT 总支出占收入比重增至 4.84%，机场 IT 支出占收入比重增至 6.06%，远超 2010 时 1.8% 的 IT 总支出占收入比重。这一投资既大幅提升了旅客满意度，也缩小了平均处理时间。

国际民航业 IT 应用的主要驱动力是削减成本以促进企业业绩的恢复,同时改善安全也成为各国航空公司信息化投资的一个热点。为了专注于主营业务、削减 IT 总体成本,国际民航企业把更多与核心业务无关的应用外包给 IT 服务商,主要的外包业务包括网络管理、应用系统运营和网站托管等。目前,国际上主要的 IT 服务外包商包括 IBM、EDS、UNISYS 等。

3. 民航信息化体系结构

经过近 50 年的发展,民用航空已建成较为成熟的信息化平台,根据结构化思想,可分为 3 个层次,分别是应用服务层、数据接口层和信息资源层。

(1)应用服务层,包含了当今应用于民用航空的各种服务系统,如全球分销系统 GDS 等。应用服务层主要由九大应用系统组成,即订座系统、代理人系统、离港系统、货运系统、收入结算系统、空管信息管理系统、航空公司综合管理系统、机场综合信息系统和民航管理信息系统。这九大系统基本涵盖民用航空运营的各个方面,经过信息化整合后形成五大系统,它们是空中民航管制系统、飞行与机场管理系统、机务维修管理系统、民航商务信息系统、人员培训系统。

(2)数据接口层,以民航通信网为主,民航通信网又由为航空运输服务的商务数据通信网和以空中交通管理服务为主的空管数据网两大民航通信网络组成。

(3)信息资源层,包含了上层服务系统所需的各种信息集成系统,如飞行航班系统等。信息资源层包含多个信息系统,这些信息系统通过民航通信网为一个或多个应用系统提供信息资源支持。其中较为典型的包括空管信息系统、飞行信息系统、机务信息系统以及商务信息系统。

① 空管信息系统是极为重要的信息来源,包括航班信息、管制移交信息等,该系统数据量庞大,具有完善的数据库支持,数据主要来源于雷达系统以及空管人员管制系统。空管信息系统需要与许多其他相关系统进行互联,以便于资源共享,如气象、航行情报、空军和机场等多个系统。它提供的数据可以为离港系统、空管系统、飞行系统提供重要支持。

② 飞行信息系统也是非常重要的信息资源,包括飞机各种参数探测处理数据、飞机性能数据、气象信息、航图等。该系统信息主要应用于飞机自动驾驶、飞行管理等应用系统,其信息也为空管管理系统和机务维护系统等服务。

③ 机务信息系统的数据主要应用于飞机养护、维修以及采购等方面,包括技术资料(如《飞机图解部件手册》《飞机系统线路图册》等)、维修指令(包括改装、定检和故障通告等工程指令)和器材监控(如装机器材的配备和更换等)等数据。

④ 商务信息系统是航空公司进行商务运行的重要支持,包括飞机离港数据、飞机客座情况、飞机货舱情况、机票价格核算等信息。旅客接触较为频繁的订座系统和全球分销系统都是以该系统信息作为主要数据来源。

应用服务层次上的应用系统通过民航通信网,从信息资源层的信息系统中获取完成服务所需的各种信息。通常一个应用服务系统需要多个信息系统的资源,如订座系统,既需要飞行航班信息,同时也需要相应的商务信息。而每个信息系统也要为多个应用系统提供信息资源支持。

民航信息化平台体系结构如图 1-10 所示。

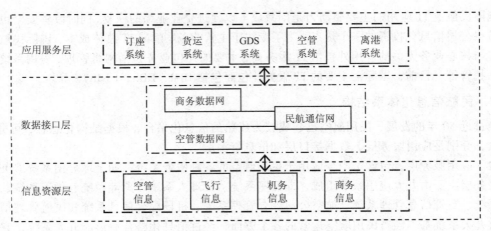

图 1-10 民航信息体系结构

小 结

计算机是一种能按照事先存储的程序，自动、高速地进行大量数值计算和各种信息处理的现代化智能电子装置。一般把现代计算机的发展分为 4 代：第一代为真空电子管计算机；第二代为晶体管计算机；第三代为中小规模集成电路计算机；第四代为大规模和超大规模集成电路计算机。计算机具有高速精确的运算能力、逻辑处理能力、强大的存储能力，具有自动处理功能和网络功能。

计算机系统由硬件系统和软件系统组成。从硬件系统的角度出发，计算机由五大部分组成，即运算器、控制器、存储器、输入设备和输出设备。把运算器和控制器集成在一块芯片上，就是中央处理器（CPU）。CPU 是计算机的核心，完成处理和控制功能。存储器系统由主存储器和辅助存储器组成。主存储器又称内存，辅助存储器又称外存。内存以半导体存储器芯片为主，存取速度快、容量小、价格高。外存使用磁盘或光盘，存储容量大、速度慢、价格低。

计算机的软件系统分为系统软件和应用软件两大类。系统软件包括操作系统、程序设计语言、语言处理程序、系统服务程序、数据库管理系统等，应用软件是为解决各种实际问题而编制的应用程序及有关资料的总称。

习 题

一、选择题

1. 计算机的两个主要组成部分是（ ）。
   A. 输入和输出
   B. 存储和程序
   C. 硬件和软件
   D. 显示器和打印机
2. 第一代电子计算机的主要标志是（ ）。
   A. 机械式
   B. 机械电子式

C. 中小规模集成电路　　　　　　　　　　D. 电子管

3. 第二代电子计算机的主要标志是（　　）。

    A. 晶体管　　　　　　　　　　　　　　B. 机械电子式

    C. 中小规模集成电路　　　　　　　　　D. 电子管

4. 第三代电子计算机的主要标志是（　　）。

    A. 电子管　　　　　　　　　　　　　　B. 晶体管

    C. 中小规模集成电路　　　　　　　　　D. 大规模和超大规模集成电路

5. 第四代电子计算机的主要标志是（　　）。

    A. 大规模和超大规模集成电路　　　　　B. 晶体管

    C. 中小规模集成电路　　　　　　　　　D. 电子管

6. 计算机的特点表现在它的高速、精确的计算、强大的存储和（　　），以及可以自动处理和网络功能。

    A. 体积小　　　　　　B. 逻辑处理能力　　　C. 功耗低　　　　　D. 价格便宜

7. 第一代至第四代计算机使用的基本元件分别是（　　）。

    A. 晶体管、电子管、中小规模集成电路、大规模和超大规模集成电路

    B. 晶体管、电子管、大规模集成电路、超大规模集成电路

    C. 电子管、晶体管、中小规模集成电路、大规模和超大规模集成电路

    D. 电子管、晶体管、大规模集成电路、超大规模集成电路

8. 计算机的体系结构是指（　　）。

    A. 研究计算机的算法　　　　　　　　　B. 研究计算机的硬件构成

    C. 研究计算机硬件和软件的构成　　　　D. 研究计算机应用领域

9. 计算机存储器容量以（　　）为基本单位。

    A. 字　　　　　　　　　B. 位　　　　　　　　C. 字节　　　　　　　D. 比特

10. 在计算机中，CPU 是在一块大规模集成电路上把（　　）和控制器集成在一起。

    A. 寄存器　　　　B. 存储器　　　　　　C. ALU　　　　　　D. 指令译码器

11. 接口（Interface）是连接外围设备的电路，位于 I/O 设备和（　　）之间。

    A. 控制器和运算器　　　　　　　　　　B. 存储器和运算器

    C. CPU 和存储器　　　　　　　　　　　D. 存储器和控制器

12. 在微机系统中，可以用作输入设备的是（　　）。

    A. 键盘　　　　　B. 音箱　　　　　　　C. 显示器　　　　　D. 打印机

13. 应用软件指（　　）。

    A. 所有能够使用的软件　　　　　　　　B. 能够被各应用单位共同使用的软件

    C. 所有计算机上都能够使用的软件　　　D. 专门为某一应用而编写的软件

14. 计算机软件系统一般包括（　　）。

    A. 系统软件与文字处理软件　　　　　　B. 操作系统和程序设计语言

    C. 系统软件和应用软件　　　　　　　　D. 应用软件和管理软件

15. 通常把运算器和（　　）合称为 CPU。

    A. 存储器　　　　B. 控制器　　　　　　C. 中央处理器　　　D. I/O 设备

16. 常用主机的（　　）反映微机的速度指标。

    A. 存取速度　　　B. 时钟频率　　　　　C. 内存容量　　　　D. 字长

17. 在微机系统中，BIOS（基本输入/输出系统）存放在（　　　）中。

    A. RAM　　　　　　B. ROM　　　　　　　C. 硬盘　　　　　　D. 寄存器

18. 计算机的 CPU 每执行（　　　），就完成一步基本运算或判断。

    A. 一条语句　　　　B. 一条指令　　　　　C. 一段程序　　　　D. 一个软件

19. 下列存储器中，存取速度最快的是（　　　）。

    A. 软盘　　　　　　B. 硬盘　　　　　　　C. 光盘　　　　　　D. 内存

20. 计算机通常所说的 386、486、586、Pentium，这是指该机配置的（　　　）而言。

    A. 总线标准的类型 B. CPU 的型号　　　　C. CPU 的速度　　　D. 内存容量

二、填空题

1. 在计算机中，规定一个字节由_____个二进制位组成。

2. 在计算机中，1 K 是 2 的_____次方。

3. 存储系统是计算机的关键子系统之一，存储器的种类一般可以分为_____和_____。它的常用技术指标为_____和_____。

4. 计算机总线可以分为_____、_____、_____等类型，它们的划分依据是_____。

5. 微机的 CPU 由_____和_____组合而成。

6. 衡量 CPU 性能的主要技术参数是_____、字长和浮点运算能力等。

7. 内存分为_____和_____。RAM 存储器具有_____性。只读存储器中存储的数据一般情况下只能_____，断电后保存在只读存储器内的数据不会消失。

8. 输入设备是_____和_____系统之间进行信息交互的装置。

9. 计算机软件包括_____和_____两大类。

10. 程序设计语言按其级别可以分为_____、_____和_____三大类。

三、判断题

1. 第一代计算机的主存储器采用的是磁鼓。　　　　　　　　　　　　（　　　）

2. 计算机辅助教学的英文缩写是 CAT。　　　　　　　　　　　　　（　　　）

3. 第二代计算机可以采用高级语言进行程序设计。　　　　　　　　　（　　　）

4. 第一代计算机只能使用机器语言进行程序设计。　　　　　　　　　（　　　）

5. 程序一定要调入内存后才能运行。　　　　　　　　　　　　　　　（　　　）

6. SRAM 存储器是动态随机存储器。　　　　　　　　　　　　　　　（　　　）

7. 程序是能够完成特定功能的一组指令序列。　　　　　　　　　　　（　　　）

8. 磁盘既可以作为输入设备，也可以作为输出设备。　　　　　　　　（　　　）

9. 计算机系统功能的强弱完全由 CPU 决定。　　　　　　　　　　　（　　　）

10. 任何型号的计算机系统均采用统一的指令系统。　　　　　　　　　（　　　）

11. 系统软件包括操作系统、语言处理程序和各种服务程序等。　　　　（　　　）

12. 数据库管理系统是系统软件。　　　　　　　　　　　　　　　　　（　　　）

13. 计算机的指令是一组二进制代码，是计算机可以直接执行的操作命令。（　　　）

14. 通常把运算器、控制器、存储器和输入/输出设备合称为计算机系统。（　　　）

第2章 数值基础

本章导读

本章将简要介绍数制基础；重点讨论二进计数制的基本特点及其在计算机中的表示形式；二进制数值的表示；从常用的十进计数制开始，讨论一般的进位计数规则和各种不同数制之间的转换方法。

学习目标

- 掌握数制的基本概念及二进制运算；
- 理解常用数据的特性及计算机采用二进制的原因；
- 理解有符号数和无符号数，机器数和真值，定点数和浮点数；
- 掌握数据的存储单位和原码、反码、补码；
- 掌握二进制与十进制、八进制及十六进制间的相互转换；
- 理解十进制与任意 R 进制之间的转换。

2.1 数制基础

计算的概念和人类文明历史是同步的。从人类活动有记载以来，对自动计算的追求就一直没有停止过。目前人们通用的数制是十进制，但它只是来源于远古时代用十指记数的一种约定俗成的习惯。事实上，在我们的生活中也有使用非十进制的实例。不同数制之间的区别主要是基数不同，它们的书写规则和运算规律是一致的。

非十进制转换成十进制

2.1.1 数制的概念

数制，又称进位计数制，是指用统一的符号规则来表示数值的方法，它有 3 个基本术语。

（1）数符：用来表示一种数制的数值的不同的数字符号。

（2）基数：数制所允许使用的数符个数。

（3）权值：某数制中每一位所对应的单位值称为权值，或称位权值，简称权。

在进位计数制中，使用数符的组合形成多位数，按基数来进位、借位，用权值来计数。一个多位数可以表示为

$$N = \sum_{i=-m}^{n} A_i \times R^i \qquad (2-1)$$

式中，i 为某一位的位序号；A_i 为 i 位上的一个数符，$0 \leqslant A_i \leqslant R-1$，如十进制有 0、1、2、…、

8、9 共 10 个数符；R 为基数，将基数为 R 的数称为 R 进制数，如十进制的 R 为 10；m 为小数部分最低位序号；n 为整数部分最高位序号（整数部分的实际位序号是从 0 开始，因此整数部分为 $n+1$ 位）。

式(2-1)将一个数表示为多项式，也称为数的多项式表示。

【例 2-1】十进制数 786 的多项式表示，它可以根据式（2-1）表示：

$$786=7\times10^2+8\times10^1+6\times10^0$$

等式的左边为顺序计数，右边则为按式（2-1）的多项式表示。

实际上把任何进制的数按式（2-1）展开求和就得到了它对应的十进制数，所以式（2-1）也是不同进制数之间相互转换的基础。

由此，可以将进位计数制的基本特点归纳为：

① 一个 R 进制的数有 R 个数符。

② 最小的数符为 0，最大的数符为 $R-1$。

③ 计数规则为"逢 R 进 1，借 1 当 R"。

2.1.2 常用数制

进位制是人类计数史上最伟大的创造之一。在日常生活中，人们通常使用十进制数，但实际上存在着多种进位计数制，如二进制（2 只手为 1 双手）、十二进制（12 个信封为 1 打信封）、十六进制（成语"半斤八两"，中国古代计重体制，1 斤=16 两）、二十四进制（1 天有 24 小时）、六十进制（60 秒为 1 分钟，60 分钟为 1 小时）等。在计算机内部，一切信息的存储、处理与传输均采用二进制的形式，但由于二进制数的阅读和书写很不方便，因此在阅读和书写时又通常采用八进制数和十六进制数来表示。表 1-1 列出了常用的进位计数制。

表 2-1 常用进位计数制

进位计数制	数　　符	基　数	权　值	计 数 规 则
十进制	0、1、2、3、4、5、6、7、8、9	10	10^i	逢 10 进 1，借 1 当 10
二进制	0、1	2	2^i	逢 2 进 1，借 1 当 2
八进制	0、1、2、3、4、5、6、7	8	8^i	逢 8 进 1，借 1 当 8
十六进制	0、1、2、3、4、5、6、7、8、9、A、B、C、D、E、F	16	16^i	逢 16 进 1，借 1 当 16

1）十进制

十进制（Decimal System）有 0~9 共 10 个数符，基数为 10，权系数为 10^i（i 为整数），计数规则为"逢 10 进 1，借 1 当 10"。对十进制的特点我们非常熟悉，因此不再详细介绍。

2）二进制

二进制（Binary System）是计算机内部采用的数制。二进制有两个数符 0 和 1，基数为 2，权系数为 2^i（i 为整数），计数规则为"逢 2 进 1，借 1 当 2"。一个二进制数可以使用式(2-1)展开，例如：

$$(10101101)_2 = 1\times2^7+0\times2^6+1\times2^5+0\times2^4+1\times2^3+1\times2^2+0\times2^1+1\times2^0$$

3）八进制

八进制（Octal System）有 8 个数符，分别用 0、1、2、3、4、5、6、7 共 8 个数符表示，

基数为 8，权系数为 8^i（i 为整数），计数规则是"逢 8 进 1，借 1 当 8"。由于 $8 = 2^3$，因此 1 位八进制数对应于 3 位二进制数。一个八进制数可以使用式（2-1）展开，例如：

$$(753.64)_8 = 7×8^2+5×8^1+3×8^0+6×8^{-1}+4×8^{-2}$$

4）十六进制

十六进制（Hexadecimal System）有 16 个数符，分别用 0、1、……、9、A、B、C、D、E、F 表示，其中 A、B、C、D、E、F 分别对应十进制的 10、11、12、13、14、15。十六进制的基数为 16，权系数为 16^i（i 为整数），计数规则是"逢 16 进 1，借 1 当 16"。由于 $16 = 2^4$，因此 1 位十六进制数对应于 4 位二进制数。一个十六进制数可以使用式（2-1）展开，例如：

$$(3EC.B9)_{16} = 3×16^2+14×16^1+12×16^0+11×16^{-1}+9×16^{-2}$$

注意：为了区分不同进制的数，我们在数字（外加括号）的右下角加脚注 10、2、8、16 分别表示十进制、二进制、八进制和十六进制，或将 D、B、O、H 4 个字母放在数的末尾以区分上述 4 种进制。例如，256D 或 256 表示十进制数，1001B 表示二进制数，427O 表示八进制数，4B7FH 表示十六进制数。

2.2 二 进 制

二进制是由著名的德国哲学家、数学家莱布尼茨在 1679 年发明的。那时候，因为书写、计算没有十进制那么方便，二进制只是纯数学的概念，并没有什么特别的用处。

到了 20 世纪，人类发明了计算机，二进制才开始大显神威。计算机都是基于一种开关式的电路，也就是说这段电路上要么没电、要么有电，就可以表示 0 或 1。大规模的集成电路很容易表示为二进制数，二进制就成了计算机技术中广泛采用的一种进位制。

2.2.1 计算机采用二进制的原因

1．电路中容易实现

当计算机工作的时候，电路通电工作，于是每个输出端就有了电压。电压的高低通过模数转换即转换成了二进制：高电平由 1 表示，低电平由 0 表示。也就是说将模拟电路转换为数字电路。这里的高电平与低电平可以人为确定，一般地，2.5 V 以下为低电平，3.2 V 以上为高电平。二进制数码只有两个（"0"和"1"）。电路只要能识别低、高就可以表示"0"和"1"。

2．物理上最易实现存储

（1）基本道理：二进制在物理上最易实现存储，通过磁极的取向、表面的凹凸、光照的有无等来记录。

（2）具体道理：对于只写一次的光盘，将激光束聚成 1～2 μm 的小光束，依靠热的作用融化盘片表面上的碲合金薄膜，在薄膜上形成小洞（凹坑），记录下"1"，原来的位置表示记录"0"。

3．便于进行加、减运算和计数编码

二进制与十进制数易于互相转换，简化运算规则。两个二进制数和、积运算组合各有三种，

运算规则简单，有利于简化计算机内部结构，提高运算速度。电子计算机能以极高速度进行信息处理和加工，包括数据处理和加工，而且有极大的信息存储能力。数据在计算机中以器件的物理状态表示，采用二进制数字系统，计算机处理所有的字符或符号也要用二进制编码来表示。用二进制的优点是容易表示，运算规则简单，节省设备。人们知道，具有两种稳定状态的元件（如晶体管的导通和截止，继电器的接通和断开，电脉冲电平的高低等）容易找到，而要找到具有 10 种稳定状态的元件来对应十进制的 10 个数就困难了。

4．便于逻辑判断（是或非）

适合逻辑运算：逻辑代数是逻辑运算的理论依据。二进制的两个数码正好与逻辑命题中的"真（True）""假（False）"，或称为"是（Yes）""否（No）"相对应。

5．抗干扰能力强，可靠性高

因为每位数据只有高低两个状态，当受到一定程度的干扰时，仍能可靠地分辨出它是高还是低。

2.2.2　二进制的运算

1．二进制的算术运算

二进制运算有算术运算、逻辑运算和移位运算等，这里主要介绍加法、乘法和逻辑运算。

1）加法运算

$$0 + 0 = 0,\quad 0 + 1 = 1,\quad 1 + 0 = 1,\quad 1 + 1 = 10。$$

注意：$1 + 1 = 10$，等号右边 10 中的 1 是进位。

2）乘法运算

$$0×0 = 0,\quad 0×1 = 0,\quad 1×0 = 0,\quad 1×1 = 1$$

【例 2-2】计算 10110101 + 10011010 的值。

```
      1 0 1 1 0 1 0 1
  +   1 0 0 1 1 0 1 0
进位← 1 0 1 0 0 1 1 1 1
```

【例 2-3】计算 1101×110 的值。

```
          1 1 0 1
    ×       1 1 0
        0 0 0 0
      1 1 0 1
  +   1 1 0 1
    1 0 0 1 1 1 0
```

2．二进制的逻辑运算

二进制数 1 和 0 在逻辑上可以代表"真"与"假"、"是"与"否"、"有"与"无"。这种具有逻辑属性的变量称为逻辑变量。计算机的逻辑运算和算术运算的主要区别是：逻辑运算是按位进行的，位与位之间不像加减运算那样有进位或借位的联系。逻辑运算主要包括 3 种基本运算：逻辑加法（又称"或"运算）、逻辑乘法（又称"与"运算）和逻辑否定（又称"非"运算）。此外，"异或"运算也很有用。

1）逻辑加法

逻辑加法通常用符号"+"或"∨"来表示。逻辑加法运算规则如下：

$0+0=0$，$0\vee0=0$；$0+1=1$，$0\vee1=1$；$1+0=1$，$1\vee0=1$；$1+1=1$，$1\vee1=1$。

可以看出，逻辑加法有"或"的意义。也就是说，在给定的逻辑变量中，A 或 B 只要有一个为 1，其逻辑加的结果为 1；两者都为 1 则逻辑加的结果为 1。

2）逻辑乘法

逻辑乘法通常用符号"×"或"∧"或"·"来表示。逻辑乘法运算规则如下：

$0\times0=0$，$0\wedge0=0$，$0\cdot0=0$；$0\times1=0$，$0\wedge1=0$，$0\cdot1=0$；

$1\times0=0$，$1\wedge0=0$，$1\cdot0=0$；$1\times1=1$，$1\wedge1=1$，$1\cdot1=1$。

不难看出，逻辑乘法有"与"的意义。它表示只有当参与运算的逻辑变量都同时取值为 1时，其逻辑乘积才等于 1。

3）逻辑否定

逻辑非运算又称逻辑否运算。其运算规则为：

$\overline{0}=1$，即非 0 等于 1；$\overline{1}=0$ 即非 1 等于 0。

4）逻辑异或

异或运算通常用符号"⊕"表示，其运算规则为：

$0\oplus0=0$，0 同 0 异或，结果为 0；$0\oplus1=1$，0 同 1 异或，结果为 1。

$1\oplus0=1$，1 同 0 异或，结果为 1；$1\oplus1=0$，1 同 1 异或，结果为 0。

即两个逻辑变量相异，输出才为 1。

2.3 数值的表示

通过前面的学习已经知道，计算机内部采用二进制表示数据。对于数值型数据，数据有正负和小数之分，因此必须解决有符号数、小数在计算机内部的表示。

2.3.1 数据的存储单位

（1）位。位（bit）是电子计算机中最小的数据单位。每一位的状态只能是 0 或 1。

（2）字节。8 个二进制位构成 1 个"字节"（Byte，单位符号为 B），它是存储空间的基本计量单位。1B 可以存储 1 个英文字母或者半个汉字，即 1 个汉字占据 2 B 的存储空间。

（3）字（Word）。字由若干个字节构成，字的位数称为字长，不同档次的计算机有不同的字长。例如，一台 8 位机，它的 1 个字就等于 1 B，字长为 8 位。如果是一台 16 位机，那么，它的 1 个字由 2 B 构成，字长为 16 位。字是计算机进行数据处理和运算的单位，是衡量计算机性能的一个重要指标，字长越长，性能越强。

（4）KB（千字节）。在一般的计量单位中，小写 k 表示 1 000。例如，1 km= 1 000 m，1 kg=1 000 g，同样，大写 K 在二进制中也有类似的含义，只是这时 K 表示 $2^{10}=1$ 024，即 1 KB表示 1 024 B。

（5）MB（兆字节）。计量单位中的 M（兆）是 10^6，见到 M 自然想起要在该数值的后边续上 6 个 0，即扩大 100 万倍。在二进制中，MB 也表示百万级的数量级，但 1 MB 不是正好等于 1 000 000 字节，而是 1 048 576 字节，即 1 MB = 2^{20} B = 1 048 576 B。

计算机系统在数据存储容量计算中，有如下数据计量单位：

1 B = 8 bit

1 KB=2^{10} B=1 024 B

1 MB=2^{20} B=1 048 576 B

1 GB=2^{30} B=1 073 741 824 B

1 TB=2^{40} B=1 099 511 627 776 B

2.3.2 有符号数和无符号数

由于计算机中只能存储 0 和 1，所以数的符号也必须用 0 和 1 来表示。

现在假设一个数据用 8 位二进制表示，在表示无符号数据时，8 位都用于表示数据，因此可表示的数据的范围是 0~255（00000000~11111111）。

当表示有符号数时，需要占用一个二进制位来表示符号。约定二进制数的最高位（左边第一位）作为符号位，用"0"表示正数，"1"表示负数，这样，数的正负号就被数值化了。假设一个数据用 8 位二进制表示，此时可表示的数据的范围是 –128~127（10000000~01111111）。

例如：

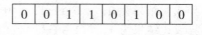

表示数据+52。

再如：

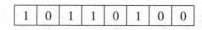

表示数据–52。

2.3.3 机器数和真值

在计算机中，为了表示正数和负数，用数的最高位代表符号位，0 表示正数，1 表示负数。

1．机器数

一个数在计算机中的二进制表示形式，叫做这个数的机器数。由于正负数之分在计算机中很难用符号区分（要使设计尽可能简单），我们用一个数的最高位来存放符号，正数为 0，负数为 1。

例如：用字长为八位的机器数表示+2，转换成二进制就是 00000010；如果是–2，就是 10000010。这里的 00000010 和 10000010 就是+2 和–2 对应的机器数。

2．真值

机器数的第一位是符号位，因此按照我们的读数习惯，机器数的形式值并不等于这个数的真实值。以刚才的–2 为例，10000010 的最高位代表负号，其真正的数值是–2，而不是形式值 128+2=130。

为区别起见，我们称机器数表示的实际数值为真值。

2.3.4　定点数和浮点数

在计算机中小数有两种形式：定点数和浮点数。

1. 定点数

定点数是指小数点位置固定的数，一般分为定点整数和定点小数，如图 2-1 所示。

图 2-1　定点数

（1）定点整数：小数点隐含固定在数值部分最右端。定点整数是纯整数，其符号位右边所有的位数表示的是一个整数。

（2）定点小数：小数点隐含固定在数值部分最左端，定点小数是纯小数。

2. 浮点数

浮点数是把一个数的有效数字和数的范围在计算机的存储单元中分别予以表示。这种形式把数的范围和精度分别表示，而数的小数点位置随比例因子的不同而在一定范围内自由浮动。一个浮点数可以表示为

$$N = M \times R^C$$

式中，N 为浮点数；M 为尾数；R 为尾数的基数，即进制数；C 为阶码。

2.3.5　原码、反码和补码

计算机中数的符号被数值化后，为了便于对机器数进行算术运算，提高运算速度，又设计了符号数的各种编码方案，主要有原码、反码和补码 3 种。

原码、反码和补码

1. 原码

一个正数的原码和它的真值相同，负数的原码为这个数真值的绝对值，符号位为 1。假设计算机中用 8 位二进制表示一个数据，最高位被设置为符号位，后面的 7 位表示真值。数 X 的原码记为 $[X]_原$。0 的原码有两种表示形式

$$[+0]_原 = 0\ 000\ 0000$$

$$[-0]_原 = 1\ 000\ 0000$$

例如，求十进制数 +67 和 -67 的原码。

因为　　　　　　　　　　　　　　$(67)_{10} = (1000011)_2$

所以　　　　　　　　　　　　　　$[+67]_原 = 01000011$

　　　　　　　　　　　　　　　　$[-67]_原 = 11000011$

原码表示的数的范围与二进制数的位数（即机器字长）有关。如果用 8 位二进制数表示时，最高位为符号位，整数原码表示的范围为–128~+127，即最大数是 01111111，最小数是 11111111。同理，用 16 位二进制数表示整数原码的范围是–32 768~+32 767。

原码的优点是简单、直观，用原码进行乘法运算比较方便：尾数相乘，符号位单独运算（不考虑符号位产生的进位，只要将两个参加运算的数做简单的加法就得到它们乘积的符号）。显然，如果用原码进行加法运算就会遇到符号运算需要进行多次判断的麻烦：先要判断符号位是否同号，决定是进行加法或减法；对不同号的情况，还要判断哪个数的尾数大，才能决定最后运算结果的符号。为了简化原码加减法运算的复杂性，计算机中引入了反码和补码。

2. 反码

一个正数的反码等于它的原码；一个负数的反码，最高位（符号位）为 1，其余各位按位求反。数 X 的反码记为[X]$_反$。

例如，假设用 8 位二进制表示一个数据，则+1010010 的反码为 01010010，–1010010 的反码为 10101101。

零的反码有两种表示，即

$$[+0]_反=00000000$$

$$[-0]_反=11111111$$

一个数如果不考虑它的符号，按照取"反"的原则求它的反码，并与这个数的原数相加，其结果为所有位都是 1。例如，1010010 的反码为 0101101，将它们相加

$$1010010+0101101=1111111$$

这是反码的一个重要特性，也称作互补。通常反码可作为求补码过程的中间形式。

3. 补码

一个正数的补码等于它的原码；一个负数的补码，最高位（符号位）为 1，其余各位按位求反，最末位加 1，即"求反加 1"。数 X 的补码记为[X]$_补$。

例如，+1010010 的补码为 01010010；–1010010 的反码为 10101101，它的补码为反码加 1，即 10101101+1=10101110。

零的补码表示是唯一的，即

$$[+0]_补=00000000$$

$$[-0]_补=00000000$$

补码表示的数的范围也与二进制数的位数（即机器字长）有关。如果用 8 位二进制数表示时，最高位为符号位，整数补码表示的范围为–128~+127。用 16 位二进制数表示整数补码的范围是–32 768~+32 767。

又如，假设用 8 位二进制表示一个数据，求十进制数+67 和–67 的补码。

因为 $(67)_{10}=(1000011)_2$

所以 $[+67]_补=01000011$

                                       $[-67]_补=10111101$

2.4　数制的转换

　　由于计算机内部使用二进制，要让计算机处理十进制数，必须先将其转化为二进制数才能被计算机所接受，而计算机处理的结果又需还原为人们所习惯的十进制数。

2.4.1　二进制与十进制相互转换

1．二进制转换成十进制

　　二进制数转换为十进制数的方法就是将二进制数的每一位数按权系数展开，然后相加。即将二进制数按式(2-1)展开，然后进行相加，所得结果就是等值的十进制数。

　　【例 2-4】把二进制数 1101.01 转换为十进制数。

$$(1101.01)_2 = 1 \times 2^3 + 1 \times 2^2 + 0 \times 2^1 + 1 \times 2^0 + 0 \times 2^{-1} + 1 \times 2^{-2}$$
$$= 8 + 4 + 0 + 1 + 0 + 0.25$$
$$= (13.25)_{10}$$

2．十进制转换成二进制

　　将十进制数转换为二进制数是进制转换间比较复杂的一种，也是与其他进制转换的基础。这里把整数和小数转换分开讨论。

　　1）整数的转换

　　十进制整数转换为二进制整数的方法为除基取余法，即将被转换的十进制数用 2 连续整除，直至最后的余数为 0 或 1，然后将每次所得到的商按相除过程反向排列，结果就是对应的二进制数。

　　【例 2-5】将十进制数 173 转换为二进制数。

　　将 173 用 2 进行连续整除：

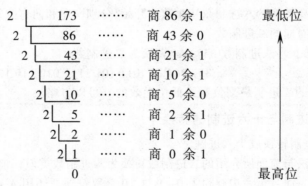

　　所以，$(173)_{10} = (10101101)_2$。

　　2）小数的转换

　　十进制小数转换为二进制小数的方法为乘基取整法，即将十进制数连续乘 2 得到进位，按先后顺序排列进位就得到转换后的小数。

　　【例 2-6】将十进制小数 0.8125 转换为相应的二进制数。

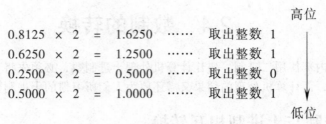

$$0.8125 \times 2 = 1.6250 \quad \cdots\cdots \quad 取出整数\ 1$$
$$0.6250 \times 2 = 1.2500 \quad \cdots\cdots \quad 取出整数\ 1$$
$$0.2500 \times 2 = 0.5000 \quad \cdots\cdots \quad 取出整数\ 0$$
$$0.5000 \times 2 = 1.0000 \quad \cdots\cdots \quad 取出整数\ 1$$

余数为 0，转换结束。所以，$(0.8125)_{10} = (0.1101)_2$。

2.4.2 二进制与八进制、十六进制的相互转换

1．二进制与八进制的转换

1）二进制转换成八进制

因为二进制数和八进制数之间的关系正好是 2 的 3 次幂，所以二进制数与八进制数之间的转换只要按位展开就可以了。

【例 2-7】将二进制数 110100101.001011 转换为八进制数。

以小数点为界，分别将 3 位二进制对应 1 位八进制，如下

$$110 \quad 100 \quad 101 \quad . \quad 001 \quad 011 \quad \quad 二进制$$
$$6 \quad 4 \quad 5 \quad . \quad 1 \quad 3 \quad \quad 八进制$$

所以，$(110100101.001011)_2 = (645.13)_8$。

注意：从小数点开始，往左为整数，最高位不足 3 位的，可以在前面补零；往右为小数，最低位不足 3 位的，必须在最低位后面补 0。

2）八进制转换成二进制

先将需要转换的八进制数从小数点开始，分别向左和向右按每 1 位八进制对应 3 位二进制，展开即得到对应的二进制数。

【例 2-8】将八进制数 357.264 转换为二进制数。

$$(357.264)_8 = (011\ 101\ 111\ .\ 010\ 110\ 100)_2$$

转换后的二进制最高位和最低位无效的 0 可以省略。

2．二进制与十六进制的转换

1）二进制转换成十六进制

转换方法与前面所介绍的二进制数转换为八进制数类似，唯一的区别是 4 位二进制对应 1 位十六进制，而且十六进制除了 0~9 这 10 个数符外，还用 A~F 表示它另外的 6 个数符。

【例 2-9】将二进制数 11000111.00101 转换为十六进制数。

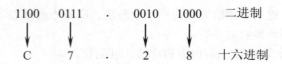

$$1100 \quad 0111 \quad . \quad 0010 \quad 1000 \quad \quad 二进制$$
$$C \quad 7 \quad . \quad 2 \quad 8 \quad \quad 十六进制$$

从小数点开始，往左为整数，最高位不足 4 位的，可以在前面补零；往右为小数，最低位不足 4 位的，必须在最低位后面补 0。所以，$(11000111.00101)_2=(0C7.28)_{16}$。

注意：在给出十六进制数的前面加上"0"是因为这个十六进制数的最高位为字符 C，用 0 作为前缀以示与字母区别。

2）十六进制转换成二进制

先将需要转换的十六进制数从小数点开始，分别向左和向右按每 1 位十六进制对应 4 位二进制，展开即得到对应的二进制数。

【例 2-10】将十六进制数 5DF.6A 转换为二进制数。

$$(5DF.6A)_{16} = (0101\ 1101\ 1111 . 0110\ 1010)_2$$

转换后的二进制最高位和最低位无效的 0 可以省略。

2.4.3　十进制与 R 进制的转换

1. 任意 R 进制转换成十进制——按权展开法

方法：利用按权展开的方法，可以把任意数制的一个数转换成十进制数(R 是任意进制数的基数)。

$$(A_n\cdots A_1 A_0 . A_{-1} \cdots A_{-m})_R$$
$$= A^n \times R^n + \cdots + A^0 \times R^0 + A^{-1} \times R^{-1} + \cdots + A^{-m} \times R^{-m}$$

例如：

$$(10101101)_2 = 1\times2^7+0\times2^6+1\times2^5+0\times2^4+1\times2^3+1\times2^2+0\times2^1+1\times2^0$$

$$(753.64)_8=7\times8^2+5\times8^1+3\times8^0+6\times8^{-1}+4\times8^{-2}$$

$$(3EC.B9)_{16}=3\times16^2+14\times16^1+12\times16^0+11\times16^{-1}+9\times16^{-2}$$

2. 十进制转换成任意 R 进制——短除法或通过二进制进行转换

短除法：整数部分，除 R 取余，倒查；小数部分，乘 R 取整，正查。

【例 2-11】将十进制数 8.875 转换为二进制。

$$(8.875)_{10} = (\ ?\ )_2$$

步骤 1：用除 2 取余法求出整数 8 对应的二进制 1000；

步骤 2：用乘 2 取整法求出小数部分 0.875 的二进制 111。

$$(8.875)_{10}=(1000.111)_2$$

【例 2-12】将十进制数 8.875 转换为八进制。

$$(8.875)_{10} =(\ ?\ )_8$$

方法 1：短除法

步骤 1：用除 8 取余法求出整数 8 对应的八进制 10；

步骤 2：用乘 8 取整法求出小数部分 0.875 的八进制 7。

$$(8.875)_{10}=(10.7)_8$$

方法 2：二进制进行转换

步骤 1：十进制$(8.875)_{10}$先转换成二进制 1000.111；

步骤 2：二进制转换成八进制 10.7。

【例 2-13】将十进制数 8.875 转换为十六进制。

$$(8.875)_{10} = (?)_{16}$$

方法 1：短除法

步骤 1：用除 16 取余法求出整数 8 对应的十六进制 8;

步骤 2：用乘 16 取整法求出小数部分 0.875 的十六进制 E。

$$(8.875)_{10} = (8.E)_{16}$$

方法 2：二进制进行转换

步骤 1：十进制$(8.875)_{10}$先转换成二进制 1000.111;

步骤 2：二进制转换成十六进制 8.E。

小　结

数制又称进位计数制，是指用统一的符号规则来表示数值的方法。对 R 进制数，其基数为 R，数符有 $R-1$ 个，计数规则为逢 R 进 1。常用的数制有十进制、二进制、八进制和十六进制。二进制是现代计算机系统的数字基础，所有的数据和信息在计算机内部都以二进制表示。对于无符号和有正负之分的数值型数据，用有符号数和无符号表示。小数在计算机内部的表示计算机使用定点和浮点两种格式定义所使用的数。为了便于对机器数进行算术运算，提高运算速度，又设计了符号数的各种编码方案，主要有原码、反码和补码。在了解了计算机中数是如何表示的基础上，掌握常用进制之间的转换：二进制转换成十进制采用按权展开求和；十进制转换二进制，整数部分是短除法，小数部分是乘积取整；八进制、十六进制与二进制之间的转换，分别以三位为一组和四位为一组。

习　题

一、选择题

1. 二进制数 10110111 转换为十进制数是（　　　）。
   A. 185　　　　　　　 B. 183　　　　　　　 C. 187　　　　　　 D. 以上都不是
2. 十六进制数 F260 转换为十进制数是（　　　）。
   A. 62040　　　　　　 B. 62408　　　　　　 C. 62048　　　　　 D. 以上都不是
3. 二进制数 111.101 转换为十进制数是（　　　）。
   A. 5.625　　　　　　 B. 7.625　　　　　　 C. 7.5　　　　　　 D. 以上都不是
4. 十进制数 1321.25 转换为二进制数是（　　　）。
   A. 10100101001.01　　　　　　　　　 B. 11000101001.01
   C. 11100101001.01　　　　　　　　　 D. 以上都不是
5. 二进制数 100100.11011 转换为十六进制数是（　　　）。
   A. 24.D8　　　　　　 B. 24.D1　　　　　　 C. 90.D8　　　　　 D. 以上都不是
6. 浮点数之所以比定点数表示范围大，是因为使用了（　　　）。

A. 较多的字节　　　B. 符号位　　　　　C. 阶码　　　　　D. 较长的尾数

7. 用 16×16 点阵的字形码，存储 1 000 个汉字的字库容量至少需要（　　）。

A. 31 KB　　　　　B. 32 KB　　　　　C. 256 KB　　　　D. 31.25 KB

8. 对于任意 R 进制的数，其每一个数位可以使用的数字符号的个数是（　　）。

A. 10 个　　　　　B. R-1 个　　　　　C. R 个　　　　　D. R+1 个

9. 计算机中表示数据的最小单位是（　　）。

A. 位　　　　　　B. 字节　　　　　　C. 字　　　　　　D. 字长

10. 在计算机中，机器的正负号用（　　）表示。

A. "+"和"-"　　　　　　　　　　　　B. "0"和"1"

C. 专用的指示器　　　　　　　　　　D. 无法表示

11. 如果按 7×9 点阵字模占用 8 个字节计算，则 7×9 的全部英文字母构成的字库共需占用的磁盘空间是（　　）。

A. 208 字节　　　　B. 200 字节　　　　C. 400 字节　　　　D. 416 字节

二、填空题

1. 十进制数 100 表示成二进制数是_____，八进制数是_____，十六进制数是_____。

2. 十六进制数 0xFE 表示成二进制数是_____，八进制数是_____，十进制数是_____。

3. 二进制数 1101001110000101 转换成十六进制数是_____，转换成十进制数是_____。

4. 二进制的基数是_____，每一位数可取_____。

5. 在计算机中，规定一个字节由_____个二进制位组成。

6. 存储一个 32×32 的点阵汉字，需要_____字节的存储空间。

7. 在计算机中，1 K 是 2 的_____次方。

8. 假定一个数在计算机中占用 8 位，则 -11 的补码是_____。

三、判断题

1. 在计算机内部，无法区分数据的正负，只能在显示时才能区分。　　　　　　（　　）

2. 使用计算机时，经常使用十进制，因为计算机内部是采用十进制进行运算的。（　　）

四、简答题

1. 将下列二进制数转换为十进制数：

111001，110111，1001101，0.101，0.0101，0.1101，10.01，1010.11

2. 将下列八进制或十六进制数转换为二进制数：

$(75.612)_8$，$(84A.C2F)_{16}$

3. 假设某计算机的机器数为 8 位，写出下列各数的原码、补码和反码：21，-35，-26。

第3章 数据表示

本章导读

上一章中我们学习了将生活里的不同数值转化成计算机中的机器数，比如无符号数、有符号数、定点数、浮点数等，其实这些都是数值数据在计算机中的存储形式。生活里的信息除了包括数值信息，还包括文件、符号、语音、图形、图像等信息，那么这些非数值在计算机内部又该如何表示呢？本章学习非数值信息的计算中编码规则。

学习目标

● 理解数据编码的概念；
● 掌握文本编码；
● 了解音频编码；
● 了解数字图像编码。

3.1 数据编码

3.1.1 数据编码的概念

冯·诺依曼型计算机中指令和数据均以二进制形式存放在存储器中，计算机只能识别 0 和 1 组成的二进制数值，那么为什么计算机又能呈现给我们形形色色的信息呢？答案就是编码。所谓"编码"就是以若干位数码或符号的不同组合来表示信息的方法，它是人为地将若干位数码或符号的每一种组合指定一种唯一的含义。计算机中的任何数值与非数值信息都是按规则编码为 0 和 1 的二进制数码序列后的信息，然后由 CPU 支配电子元件的不同动作而呈现不同的效果的。

计算机的唯一直接识别语言是二进制语言，那么无论是什么信息都应转化为二进制串，各种信息都必须以数字化的二进制编码形式传送、存储和加工。现实世界中的一切事务都可被符号化为 0 和 1，由计算机实现基于 0 和 1 的运算。信息从现实世界到计算机世界的转化和还原过程如图 3-1 所示。

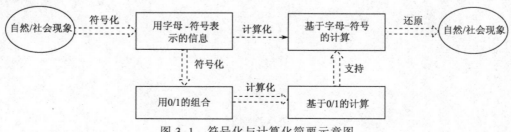

图 3-1 符号化与计算化简要示意图

3.1.2　数据编码的规则

什么样的编码规则才是有效的规则呢？假如有人设定从二进制 00 始至 11 分别表示春、夏、秋、冬，又有人设定从 00 始至 11 分别表示冬、秋、夏、春，那么 00 究竟表示春还是冬呢？问题出在如果任意指定编码的含义，则不同人在使用该编码时会产生歧义。因此，编码必须满足三个主要特征：唯一性、公共性和规律性。

唯一性是指每一种组合都有确定的唯一的含义，能为区分开所编码的每一个对象。上例中 00 既表示春又表示冬，不符合编码规则的唯一性。

公共性是指不同组织、不同应用程序都承认并遵循这种编码规则。

规律性是指编码应有一定的编码规则，便于计算机和人能识别和使用它。

3.2　文　本　编　码

3.2.1　英文字符编码

1. 标准 ASCII 码

硬盘只能用 0 和 1 来表示所有文字、图片等信息。那么字母 "A" 在硬盘上是如何存储的呢？可能小张计算机存储字母 "A" 是 1100001，而小王存储字母 "A" 是 11000010，这样双方交换信息时就会误解。数据交换的基本要求就是交换双方必须使用相同的数据格式，即需要统一的编码。设计编码首先要考虑的是要编码的信息总量有多少，需要用多少二进制位来表示信息。英文字母与符号包括 26 个大写英文字母、26 个小写英文字母、10 个阿拉伯数字、西文字符以及 32 个控制字符等，共 128 个符号编码便可以表示所有英文文本。计算机中存储信息的最小单元是一个字节，即 8 个 bit，每一个二进制位（bit）有 0 和 1 两种状态，从

英文字符编码

00000000 到 11111111，所以一个字节能表示的字符范围是 0~255，每一个状态对应一个符号，就是 256 个符号。那么英文字母与符号编码用一个字节就足够了。

目前，计算机中广泛使用的英文字符集是标准信息交换标准码 ASCII 码（American Standard Code for Information Interchange），它由美国国家标准学会（American National　Standard Institute，ANSI）制定，是一种标准的单字节字符编码方案，用于基于文本的数据。它最初是美国国家标准，供不同计算机在相互通信时用作共同遵守的西文字符编码标准，后来它被国际标准化组织（International Organization for Standardization，ISO）定为国际标准，称为 ISO 646 标准。适用于所有拉丁文字字母。

表 3-1 所示为标准 ASCII 码表的控制字符。码值 00 ~ 31（0000 0000 ~ 0001 1111）对应的字符共 32 个，通常为控制字符，用于计算机通信中的控制或设备的功能控制，如换行、回车、退格，有些字符可显示在屏幕上，有些则无法显示在屏幕上，但能看到其效果。码值 127（0111 1111）是删除控制符。

表 3-2 所示为标准 ASCII 码表的可显示字符。ASCII 码表 32 ~ 126，共 95 个字符，仔细观察发现 ASCII 码表里存在大小规则：0~9<A~Z<a~z。即：数字编码比字母编码要小。其中，十进制 32 为空格字符；48 ~ 57 为 0 到 9 十个阿拉伯数字按序编码；65 ~ 90 为 26 个大写英文字母；

97~122号为26个小写英文字母；其余为一些标点符号、运算符号等。英文字母的编码是正常的字母排序关系，大写字母编码比对应的小写字母编码小32。

通过对照 ASCII 码表，可以轻松地将英文文本转换成二进制串，也可将二进制串转换成英文文本。不同类型的文件有不同的编码方式，如扩展名为.txt 的文件被称为纯文本文件，是按 ASCII 编码方式来存储的，用记事本软件可读取并正确解析。

例如，纯文本文件内容信息为 Hello，计算机内部存储为 ASCII 码为如下一段字符串。

ASCII 码：　01001000　001100101　01101100　01101100　01101111

十六进制：　　48　　　　　65　　　　　6C　　　　　6C　　　　　6F

表 3-1　标准 ASCII 码表的控制字符表

二进制	十进制	十六进制	缩写	名称/意义	二进制	十进制	十六进制	缩写	名称/意义
0000 0000	0	00	NUL	空字符	0001 0001	17	11	DC1	设备控制一
0000 0001	1	01	SOH	标题开始	0001 0010	18	12	DC2	设备控制二
0000 0010	2	02	STX	本文开始	0001 0011	19	13	DC3	设备控制三
0000 0011	3	03	ETX	本文结束	0001 0100	20	14	DC4	设备控制四
0000 0100	4	04	EOT	传输结束	0001 0101	21	15	NAK	确认失败回应
0000 0101	5	05	ENQ	请求	0001 0110	22	16	SYN	同步用暂停
0000 0110	6	06	ACK	确认回应	0001 0111	23	17	ETB	区块传输结束
0000 0111	7	07	BEL	响铃	0001 1000	24	18	CAN	取消
0000 1000	8	08	BS	退格	0001 1001	25	19	EM	连接介质中断
0000 1001	9	09	HT	水平定位符号	0001 1010	26	1A	SUB	替换
0000 1010	10	0A	LF	换行键	0001 1011	27	1B	ESC	跳出
0000 1011	11	0B	VT	垂直定位符号	0001 1100	28	1C	FS	文件分隔符
0000 1100	12	0C	FF	换页键	0001 1101	29	1D	GS	组群分隔符
0000 1101	13	0D	CR	归位键	0001 1110	30	1E	RS	记录分隔符
0000 1110	14	0E	SO	取消变换（Shift out）	0001 1111	31	1F	US	单元分隔符
0000 1111	15	0F	SI	启用变换（Shift in）	0111 1111	127	7F	DEL	删除
0001 0000	16	10	DLE	跳出数据通信					

表 3-2　标准 ASCII 码表的可显示字符表

二进制	十进制	十六进制	图形	二进制	十进制	十六进制	图形	二进制	十进制	十六进制	图形
0010 0000	32	20	空格	0011 1101	61	3D	=	0101 1010	90	5A	Z
0010 0001	33	21	!	0011 1110	62	3E	>	0101 1011	91	5B	[
0010 0010	34	22	"	0011 1111	63	3F	?	0101 1100	92	5C	\
0010 0011	35	23	#	0100 0000	64	40	@	0101 1101	93	5D	]
0010 0100	36	24	$	0100 0001	65	41	A	0101 1110	94	5E	^
0010 0101	37	25	%	0100 0010	66	42	B	0101 1111	95	5F	_
0010 0110	38	26	&	0100 0011	67	43	C	0110 0000	96	60	`
0010 0111	39	27	'	0100 0100	68	44	D	0110 0001	97	61	a
0010 1000	40	28	(	0100 0101	69	45	E	0110 0010	98	62	b
0010 1001	41	29	)	0100 0110	70	46	F	0110 0011	99	63	c
0010 1010	42	2A	*	0100 0111	71	47	G	0110 0100	100	64	d
0010 1011	43	2B	+	0100 1000	72	48	H	0110 0101	101	65	e
0010 1100	44	2C	,	0100 1001	73	49	I	0110 0110	102	66	f
0010 1101	45	2D	–	0100 1010	74	4A	J	0110 0111	103	67	g
0010 1110	46	2E	.	0100 1011	75	4B	K	0110 1000	104	68	h
0010 1111	47	2F	/	0100 1100	76	4C	L	0110 1001	105	69	i
0011 0000	48	30	0	0100 1101	77	4D	M	0110 1010	106	6A	j
0011 0001	49	31	1	0100 1110	78	4E	N	0110 1011	107	6B	k
0011 0010	50	32	2	0100 1111	79	4F	O	0110 1100	108	6C	l
0011 0011	51	33	3	0101 0000	80	50	P	0110 1101	109	6D	m
0011 0100	52	34	4	0101 0001	81	51	Q	0110 1110	110	6E	n
0011 0101	53	35	5	0101 0010	82	52	R	0110 1111	111	6F	o
0011 0110	54	36	6	0101 0011	83	53	S	0111 0000	112	70	p
0011 0111	55	37	7	0101 0100	84	54	T	0111 0001	113	71	q
0011 1000	56	38	8	0101 0101	85	55	U	0111 0010	114	72	r
0011 1001	57	39	9	0101 0110	86	56	V	0111 0011	115	73	s
0011 1010	58	3A	:	0101 0111	87	57	W	0111 0100	116	74	t
0011 1011	59	3B	;	0101 1000	88	58	X	0111 0101	117	75	u
0011 1100	60	3C	<	0101 1001	89	59	Y	0111 0110	118	76	v

续表

二进制	十进制	十六进制	图形	二进制	十进制	十六进制	图形	二进制	十进制	十六进制	图形
0111 0111	119	77	w	0111 1010	122	7A	z	0111 1101	125	7D	}
0111 1000	120	78	x	0111 1011	123	7B	{	0111 1110	126	7E	~
0111 1001	121	79	y	0111 1100	124	7C	|				

2．扩展的 ASCII 码

标准的 ASCII 码对于英文语言的国家足够用了，但是欧洲国家的一些语言 128 个字符就不够了。因此一些欧洲国家就决定，利用 ASCII 码字节中闲置的最高位编入新的符号，扩展的 ASCII 码用于表示更多的欧洲文字，用 8 个位存储数据，总共可以表示 256（28=256）个符号，扩展 ASCII 字符指的就是从 128 ～ 255（80H ～ FFH）的字符，扩展 ASCII 不再是国际标准。问题也就来了：不同的国家有不同的字母，即便是他们都使用 256 个符号的编码方式，代表的字母却不一样。比如，130 在法语编码中代表了 é，在希伯来语编码中却代表了字母 Gimel (ג)，扩展的 ASCII 编码方式中，0~127 表示的符号是一样的，不一样的是 128~255，因此 128~255 这一段不满足编码规则唯一性的特点。

3.2.2　中文字符编码

中文字符编码

标准信息交换标准码（ASCII）很好地解决了西文字符编码的问题，那么中文字符又该如何编码便于计算机来处理呢？相对于 ASCII 码，汉字编码有许多困难：汉字量大，仅常用汉字就有 6763 个，一个字节已经远远诠释不了上下五千年的悠久文化了；汉字字形复杂，简体字，繁体字，各种书写体；汉字存在大量一音多字和一字多音的现象。所以汉字编码的标准化要解决定量、定形、定音等问题。具体到汉字的编码经历了汉字输入（音序法、笔画法）、汉字机器内部编码（机内码）、汉字输出（字形码）的处理过程，如图 3-2 所示。

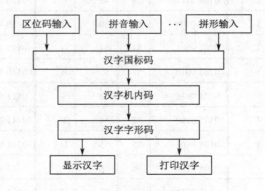

图 3-2　汉字编码处理过程

1．汉字信息交换码（GB 2312—1980 国标码）

汉字交换码是指不同的具有汉字处理功能的计算机系统之间在交换汉字信息时所使用的

代码标准。GB 2312—1980 是中国国家标准简体中文字符集，全称《信息交换用汉字编码字符集·基本集》，简称国标码，又称 GB0。国标码用两个字节来编码，每个字节的最高位均为 0，即用两个七位二进制数编码表示一个汉字。

所有的国标汉字与符号组成一个 94×94 的矩阵。在此方阵中，每一行称为一个"区"，每一列称为一个"位"，一个汉字所在的区号和位号简单地组合在一起就构成了该汉字的"区位码"。在汉字的区位码中，高两位为区号，低两位为位号，区位码的区号和位号均采用从 01 到 94 的十进制。在区位码中，01～09 区为 682 个特殊字符，16～87 区为汉字区，包含 6 763 个汉字，其中 16～55 区为一级汉字（3 755 个最常用的汉字，按拼音字母的次序排列），56～87 区为二级汉字（3 008 个汉字，按部首次序排列），88～94 区为用户自定义汉字区（未编码）。图 3-3 为区位码表第 16 区的截图。

16 区 （ a b ）																														（区位：16 **）
01	02	03	04	05	06	07	08	09	10	11	12	13	14	15	16	17	18	19	20	21	22	23	24	25	26	27	28	29	30	31	32
啊	阿	埃	挨	哎	唉	哀	皑	癌	蔼	矮	艾	碍	爱	隘	鞍	氨	安	俺	按	暗	岸	胺	案	肮	昂	盎	凹	敖	熬	翱	袄
33	34	35	36	37	38	39	40	41	42	43	44	45	46	47	48	49	50	51	52	53	54	55	56	57	58	59	60	61	62	63	64
傲	奥	懊	澳	芭	捌	扒	叭	吧	笆	八	疤	巴	拔	跋	靶	把	耙	坝	霸	罢	爸	白	柏	百	摆	佰	败	拜	稗	斑	班
65	66	67	68	69	70	71	72	73	74	75	76	77	78	79	80	81	82	83	84	85	86	87	88	89	90	91	92	93	94		
搬	扳	般	颁	板	版	扮	拌	伴	瓣	半	办	绊	邦	帮	梆	榜	膀	绑	棒	磅	蚌	镑	傍	谤	苞	胞	包	褒	剥		

图 3-3　区位码表的第 16 区

有了区位码，是不是将汉字区位码直接转成二进制串就可实现汉字编码了？当然不是。因为中文系统中也要使用标准 ASCII 码的前 32 个控制字符，汉字区位码也是从 0 开始排序的，这样区位码中前 32 个字符就与标准 ASCII 码的前 32 个控制字符产生冲突，为了避开冲突，国标码是将区位码的区号和位号分别加上十进制 32（20H）形成国标码。

例如，汉字"啊"的区位码为 1601（即在 16 区的第 1 位），那么转换成国标码则是将汉字"啊"的区码 16+32=48（30H）、位码 01+32=33（21H）结合，国标码为 4833（3021H）。

2．机内码

汉字的机内码是指计算机系统内部进行存储、加工处理、传输使用的汉字编码。假设我们直接用汉字的国标码作为机器内部存储的机内码，会出现什么问题呢？汉字"啊"的国标码为 4833（3021H，），查询 ASCII 码表可知十进制 48（30H）代表数字 0 的 ASCII 码，十进制 33（21H）代表符号！的 ASCII 码，那么如果以国标码作为机内码的话，内存中汉字"啊"有两个字节为 30H 和 21H，那么到底是表示汉字"啊"呢？还是数字 0 和符号！呢？这样就产生了歧义。解决办法是，由于 0～127 被英文字符占据，那么就用 127 之后的来表示。于是汉字机内码为国标码的两个字节分别加上 128（80H），汉字"啊"的机内码变为：3021H+8080H=B0A1H（十进制就是 45217）。

机内码是汉字最基本的编码，且内码是唯一的，通过汉字系统和汉字输入方法输入的汉字外码到机器内部都要转换成机内码，才能被存储和进行各种处理。

国标码、区位码、机内码三者之间的关系：

国标码与区位码：国标码高位字节=（区号）H+20H；国标码低位字节=（位号）H+20H；

机内码与国标码：机内码=国标码+8080H；

机内码与区位码：机内码高位字节=（区号）H+A0H，机内码低位字节=（位号）H+A0H。

例如：以汉字"大"的区内码为 2083，将区位号 2083 转换为十六进制，表示为 1453H，1453H + 2020H = 3473H，得到国标码 3473H；3473H + 8080H = B4F3H，得到机内码为 B4F3H。

3．输入码

为方便汉字的输入而制定的汉字编码，称为汉字输入码，即汉字外码。不同的输入方法，形成了不同的汉字外码。常见的输入法有以下几类：

按汉字的排列顺序形成的编码（流水码）：如区位码；

按汉字的读音形成的编码（音码）：如全拼、简拼、双拼等；

按汉字的字形形成的编码（形码）：如五笔字型、郑码等；

按汉字的音、形结合形成的编码（音形码）：如自然码、智能 ABC。

4．字形码

表示汉字字形的字模数据，因此也称为字形码，是汉字的输出形式。通常用点阵、矢量函数等表示。用点阵表示时，字形码指的就是这个汉字字形点阵的代码。根据输出汉字的要求不同，点阵的多少也不同。常用的汉字点阵有 16×16 点阵、24×24 点阵、48×48 点阵、64×64 等。如果是 24×24 点阵，共占用 72 个字节。点阵规模愈大，字型愈清晰美观，所占存储空间也愈大。图 3–4 为汉字"你"的 16×16 字模点阵码。

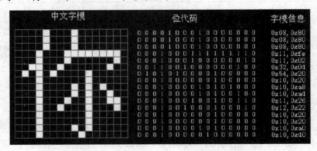

图 3–4　汉字"你"的 16×16 字模点阵码

矢量表示方式存储的是描述汉字字型的轮廓特征，当要输出汉字时，通过计算机的计算，由汉字字型描述生成所需大小和形状的汉字点阵。矢量化字型描述与最终文字显示的大小、分辨率无关，因此可以产生高质量的汉字输出。Windows 中使用的 TrueType 技术就是汉字的矢量表示方式。

5．汉字的其他字符集

1）GBK 字符集

GBK 即汉字内码扩展规范，K 为汉语拼音 Kuo Zhan（扩展）中"扩"字的声母，英文全称为 Chinese Internal Code Specification。GBK 向下与 GB 2312—1980 完全兼容，同时又增加了近 20 000 个新的汉字（包括繁体字）和符号，向上支持 ISO10646 国际标准（由国际标准化组织 ISO 和国际电工委员会 IEC 旗下的编码字符集委员会发布，用来实现全球所有文种的统一编码），在前者向后者过渡过程中起到的承上启下的作用。GBK 采用双字节表示，编码区分三部分：图形符号区、汉字区、用户自定义区；汉字区收录 GB 2312—1980 汉字 6 763 个，按原序排列；收录 CJK（CJK Unified Ideographs，中日韩统一表意文字）汉字 6 080 个；增补的汉字 8 160 个。

2）GB 18030—2005 字符集

GB 18030—2005 是《信息技术中文编码字符集》，是中华人民共和国现时最新的内码字集，GB 18030—2005 与 GB 2312—1980 和 GBK 兼容，共收录汉字 70 244 个。GB 18030—2005 采用多字节编码，每个字可以由 1 个、2 个或 4 个字节组成，其编码空间庞大，最多可定义 161 万个字符，支持中国国内少数民族的文字，不需要动用造字区，汉字收录范围包含繁体汉字以及日韩汉字。

3.2.3　Unicode 统一编码

1. Unicode 统一编码

为了使计算机能处理自己国家的语言，各国都在 ASCII 码的基础上增加了本国语言的编码，例如，中国把中文编到 GB 2312—1980；日本把日文编到 SHIFT_JIS 里；韩国把韩文编到 EUC-KR 里。各国有各国的标准，同一个二进制数字可以被解释成不同的符号，就不可避免地产生冲突，结果就是在多语言混合的文本中，显示会有乱码。为了解决传统的字符编码方案的局限，使国际间信息交流更加方便，国际标准化组织 ISO 提出为每种语言中的每个字

Unicode 编码

符设定统一并且唯一的二进制编码，以满足跨语言、跨平台进行文本转换、处理的要求。通用字符集 Unicode（Universal Multiple-Octet Coded Character Set，简称 UCS，俗称 UNICODE）就是这样一种编码，它包含了世界上所有的符号，并且每一个符号都是独一无二的，这样就不会再出现乱码问题。

Unicode 是为整合全世界的所有语言文字而诞生的。任何文字在 Unicode 中都对应一个值，这个值称为代码点（Code Point）。代码点的值通常写成 U+ABCD 的格式。而文字和代码点之间的对应关系就是 UCS-2（Universal Character Set coded in 2 octets）。顾名思义，UCS-2 是用两个字节来表示代码点，其取值范围为 U+0000 ~ U+FFFF。如"你好"的 UCS-2 编码是：\u4f60\u597d。网站 https://unicode-table.com/en/可查到所有字符的 Unicode 编码。

为了能表示更多的文字，人们又提出了 UCS-4，即用四个字节表示代码点。它的范围为 U+00000000 ~ U+7FFFFFFF，其中 U+00000000 ~ U+0000FFFF 和 UCS-2 是一样的。

需要注意的是，Unicode 只是一个符号集，UCS-2 和 UCS-4 只规定了代码点和文字之间的对应关系，并没有规定代码点在计算机中如何存储。另外，原来有些字符可以用一个字节即 8 位来表示的，在 Unicode 将所有字符的长度全部统一为 16 位，因此字符是定长的。

正是由于 Unicode 包含了所有的字符,存储时有些国家的字符用一个字节便足够,如 ASCII,而有些国家的字符要用多个字节才能表示出来，如 GB 2312—1980。这给 Unicode 具体存储带来了两个问题：第一，如果有两个字节的数据，那计算机怎么知道这两个字节究竟是表示一个汉字呢？还是表示两个英文字母呢？第二，因为不同字符集包含的字符个数不同，需要的存储长度也就不一样，那么如果 Unicode 规定用 2 个字节存储字符，英文字符存储时，前面 1 个字节都是 0，这就大大浪费了存储空间。

上面两个问题造成的结果是 Unicode 编码有多种存储方式，通用转换格式（Unicode Transformation Format，UTF）被用来规定存储方式。Unicode 编码共有三种存储方式，分别为 UTF-8、UTF-16、UTF-32，后面的数字表明至少使用多少个比特位（bit）来存储字符。

UFT-8：一种变长的编码方案，使用 1~4 个字节来存储。

UFT-32：一种固定长度的编码方案，不论字符编号大小，始终使用 4 个字节来存储。

UTF-16：介于 UTF-8 和 UTF-32 之间，使用 2 个或者 4 个字节来存储，长度既固定又可变。

2．UTF-8 编码

UTF-8 编码最大的特点就是它是一种变长的编码方式。它可以使用 1~6 个字节表示一个符号，根据不同的符号变化字节长度。UTF-8 编码对英文使用 8 位（即一个字节），中文使用 24 位（三个字节）来编码。

UTF-8 的编码规则很简单，只有两条：

（1）对于单字节的符号，字节的第一位设为 0，后面 7 位为这个符号的 Unicode 码。因此对于英文字符，UTF-8 编码和 ASCII 码是相同的。

（2）对于 n 字节的符号（$n > 1$），第一个字节的前 n 位都设为 1，第 $n + 1$ 位设为 0，后面字节的前两位一律设为 10。剩下的没有提及的二进制位，全部为这个符号的 Unicode 码。

表 3-3 总结了编码规则，字母 x 表示可用编码的位。

表 3-3　Unicode 编码范围对应的 UTF-8 编码

Unicode 符号范围 （十六进制）	UTF-8 编码方式 （二进制）
0000 0000-0000 007F	0xxxxxxx
0000 0080-0000 07FF	110xxxxx 10xxxxxx
0000 0800-0000 FFFF	1110xxxx 10xxxxxx 10xxxxxx
0001 0000-0010 FFFF	11110xxx 10xxxxxx 10xxxxxx 10xxxxxx

如果一个字节的第一位是 0，则这个字节单独就是一个字符；如果第一位是 1，则连续有多少个 1，就表示当前字符占用多少个字节。

下面以汉字"中"为例，介绍如何实现 UTF-8 编码。

"中"字的 Unicode 是 4E2d（0b100111000101101），根据表 3-3，可以发现 4E2d 处在第三行的范围内（0000 0800 – 0000 FFFF），因此"中"的 UTF-8 编码需要三个字节，即格式是1110xxxx 10xxxxxx 10xxxxxx。然后，从"中"的最后一个二进制位开始，依次从后向前填入格式中的 x，多出的位补 0。这样就得到了汉字"中"的 UTF-8 编码是：111001001011100010101101，转换成十六进制就是 E4B8AD。

3.2.4　几种编码的关系

ASCII 编码：用来表示英文字符，它使用 1 个字节表示，其中第一位规定为 0，其他 7 位存储数据总共可以表示 128 个字符。

拓展 ASCII 编码：用于表示更多的欧洲文字，用 8 个位存储数据，总共可以表示 256 个字符。

GB2312/GBK/GB18030：表示汉字的几种编码。GB2312 表示国家简体中文字符集，兼容 ASCII；GBK 表示 GB2312 的扩展字符集，包含繁体中文及日韩文字，兼容 GB2312；GB18030 包含少数民族文字，兼容 GBK 和 GB2312。

Unicode 编码：包含世界上所有的字符，是一个字符集。

UTF-8：是 Unicode 字符的实现方式之一，它使用 1～4 个字节表示一个符号，根据不同的符号变化字节长度。

3.2.5　编码的转换

虽然有了 Unicode 编码 和 UTF-8 编码 ，但是由于历史问题，各个国家依然在大量使用自己的编码，比如中国的 Windows，默认编码依然是 GBK，而不是 UTF-8。

在 Windows 平台下，进入 DOS 窗口，输入 chcp。chcp 是一个计算机指令，能够显示或设置操作系统的活动代码页编号，如图 3-5 所示，可以从控制面板的语言选项中查看代码页对应的详细的字符集信息。

图 3-5　查看操作系统的活动代码页编号

活动代码页为 936，它对应的编码格式为 GBK，所以 GBK 又称 CP936 编码。要注意的是，储存到硬盘上时是以何种编码储存的，再从硬盘上读取出来时，就必须以何种编码读取，否则会出现乱码。如果中国的软件出口到美国，在美国的电脑上就会显示乱码，因为他们没有 GBK 编码。该怎么解决这个问题呢？前面讲到 Unicode 包含世界上所有的字符，全球所有国家的编码都与 Unicode 有映射关系。那么无论使用哪种编码存储的数据，只要把数据从硬盘读到内存时转成 Unicode 来显示，就可以正常显示所有的字符了。

现在计算机系统通用的字符编码工作方式：在计算机内存中，统一使用 Unicode 编码，当需要保存到硬盘或需要传输时，就转换为 UTF-8 编码或特定的编码。例如跨平台的计算机程序设计语言 Python3 有两种不同的字符串，一个用于存储文本，一个用于存储原始字节。文本型字符串类型被命名为 str，字节字符串类型被命名为 bytes。文本字符串内部使用 Unicode 存储，字节字符串存储原始字节。

Python3 中可以在 str 与 bytes 之间进行类型转换，str 类包含一个 encode 方法，用于使用特定编码将其转换为一个 bytes。与此类似，bytes 类包含一个 decode 方法，接受一个编码作为单个必要参数，并返回一个 str。另外需要注意的是，python3 中不会隐式地在一个 str 与一个 bytes 之间进行转换，需要显式使用 str.encode 或者 bytes.decode 方法。

编码 encode：将文本转换成字节流的过程。即将 Unicode 编码方式的文本转换成字节流保存在硬盘中。

Unicode （str 类型）→encode 编码→GBK / UTF-8（bytes 类型）

解码 decode：将硬盘中的字节流转换成 Unicode 文本的过程。

GBK / UTF-8（bytes 类型）→decode 解码→Unicode（str 类型）

3.3 音频编码

3.3.1 声音

声音是一种波，是连续变化、平滑的量，我们把这种连续、平滑的量称为模拟量。计算机中的各类信息都是以二进制数的形式存储的，我们把各种信息转化为二进制数形式的过程称为信息的数字化或者信息的编码，那么，编码之后得到的二进制数的量称为数字量。数字量是一串数字的序列，并不是连续的。图 3-6 所示为模拟信号及数字信号的模型。

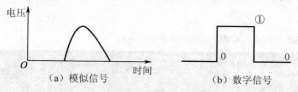

图 3-6 模拟信号及数字信号的模型

3.3.2 波形编码

波形编码将时域模拟话音的波形信号经过采样、量化和编码形成数字语音信号，是将语音信号作为一般的波形信号来处理，力图使重建的波形保持原语音信号的波形形状。具有适应能力强、合成质量高的优点。但所需编码速率较高，通常大于 16 KB/s，编码质量随着编码速率的降低显著下降，且占用较高的带宽。

波形编码又可以分为频域上和时域上的波形编码。频域上有子带编码和自适应变换域编码；时域上有脉冲编码调制（Pulse Code Modulation, PCM）、差分脉冲编码调制（Differential Pulse Code Modulation, DPCM）、自适应差分脉冲编码调制（Adaptive Differential Pulse Code Modulation, ADPCM）等。下面我们主要讲解 PCM。

脉冲编码调制 PCM，由 A.里弗斯于 1937 年提出，就是把一个时间连续，取值连续的模拟信号变换成时间离散，取值离散的数字信号后在信道中传输。脉冲编码调制就是对模拟信号先抽样，再对样值幅度量化、编码的过程，如图 3-7 所示。

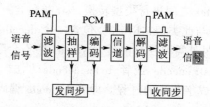

图 3-7 脉冲编码调制 PCM 过程

声音信号的数字化就是将连续的模拟信号转换成离散的数字信号，一般需要完成采样、量化和编码三个步骤，如图 3-8 所示。采样是指用每隔一定时间间隔的信号样本值序列来代替原来在时间上连续的信号。量化是用有限个幅度近似表示原来在时间上连续变化的幅度值，把模拟信号的连续幅度变为有限数量、有一定时间间隔的离散值。编码则是按照一定的规律，把量化后的离散值用二进制数码表示。上述数字化的过程又称为脉冲编码调制（Pulse Code

Modulation），通常由 A/D 转换器来实现。

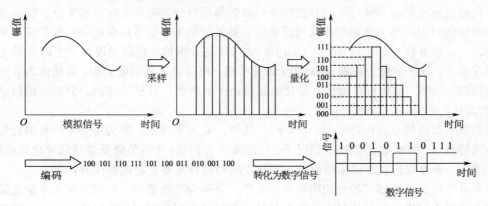

图 3-8　模拟信号转换为数字信号的过程

1．采样

采样就是每隔一定的时间间隔 T，对在时间上连续的音频信号抽取瞬时幅值的过程，也可以称为抽样。采样后得到的一串在时间上离散的序列信号称为采样信号，如图 3-9 所示。

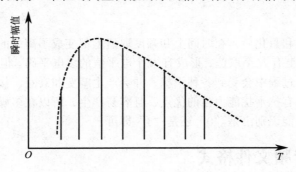

图 3-9　模拟信号的采样

采样过程中两次采样的时间间隔大小 T 称为采样周期；$1/T$ 称为采样频率，表示单位时间内的采样次数。

显然，为了使采样值真实地反映被采样信号变化的情况，相临两次采样的时间间隔应尽可能短，即采样频率越高，对信号的描述越细腻，越接近真实信号；但一味提高采样频率，将导致数据量增大，给后续的数据处理带来困难。另外，采样频率还与被测信号的变化速度有关，例如，在过短的时间里反复测量普通病人体温或河流水位的变化是完全没有必要的。采样频率的选择必须考虑被采样信号变化的快慢程度，它是一个相对值，单位为赫（Hz）。

在计算机多媒体音频处理中，采样频率通常有三种，一般人的语音使用 11.025 kHz；音乐效果需选择 22.05 kHz；高保真的 CD 音质效果则需要选用 44.1 kHz。

2．量化

采样所得到的采样信号虽在时间上是离散的，但它在幅度取值上仍连续，即可以是输入模拟信号幅值中的任意幅值，或者说可有无限多种取值。它不能用有限个数字来表示，因此仍属模拟信号。要成为数字信号，还需把采样值进行离散化处理，将幅值为无限多的连续信号变换成幅值为有限数目的离散信号，这一幅值离散化处理的过程称为量化。

量化的过程是先将采样后的信号按整个声波的幅度划分成有限个区段的集合，把落入某个区段内的样值归为一类，并赋予相同的量化值。如何分割采样信号的幅度呢？我们还是采取二进制的方式，以 8 位（bit）或 16 位（bit）的方式来划分纵轴。也就是说在一个以 8 位为记录模式的音效中，其纵轴将会被划分为 28 个量化等级，用以记录其幅度大小，其精度为音频信号最大振幅的 1/256。量化位数越多，量化值越接近于采样值，其精度越高，但要求的信息存储量就越大。

存储数字音频信号的比特率为：$I=N \cdot W_s$。其中，W_s 为采样率；N 为每个采样值的比特数。要减小比特率 I，在 W_s 已经确定的情况下，只能减少 N 的值。N 的值降低会导致量化精度降低，N 的值增加又会导致信息存储量的增加。因此在编码时就需要合理地选择 N 的值。

均匀量化就是采用相等的量化间隔进行采样，也称为线性量化。用均匀量化来量化输入信号时，无论对大的输入信号还是小的输入信号，都一律采用相同的量化间隔。因此，要想既适应幅度大的输入信号，同时又要满足精度高的要求，就需要增加采样样本的位数。

非均匀量化的基本思想是对输入信号进行量化时，大的输入信号采用大的量化间隔，小的输入信号采用小的量化间隔，这样就可以在满足精度要求的情况下使用较少的位数来表示。

采用不同的量化方法，量化后的数据量也就不同。因此，量化也是一种压缩数据的方法。

3．编码

模拟信号经过采样和量化后，在时间上和幅度取值上都变成了离散的数字信号。如果量化级数为 N，则信号幅度上有 N 个取值，形成有 N 个电平值的多电平码。但这种具有 N 个电平值的多电平码信号在传输过程中会受到各种干扰，并会产生畸变和衰减，接收端难以正确识别和接收。由于二进制码具有抗干扰能力强的优点，且容易产生，所以在多媒体应用中，一般都采用二进制码，只要系统能识别出是"0"还是"1"即可。

3.3.3　常见的音频文件格式

1．WAV 格式文件

WAV 是 Microsoft 公司开发的一种波形声音文件格式，其扩展名为.wav。波形音频文件 WAV 是真实声音数字化后的数据文件，来源于对声音模拟波形的采样。在波形声音的数字化过程中若使用不同的采样频率，将得到不同的采样数据。以不同的精度把这些数据以二进制码存储在磁盘上，就产生了声音的 WAV 文件。这种波形文件最早的数字音频格式，被 Windows 平台及其应用程序广泛支持。WAV 格式支持多种压缩算法，支持多种音频位数、采样频率和声道，采用 44.1 kHz 的采样频率，16 位量化位数，因此 WAV 的音质与 CD 相差无几；但 WAV 格式对存储空间需求太大，不便于交流和传播，多用于存储简短的声音片断。

2．MIDI 格式文件

MIDI 是乐器数字接口（Musical Instrument Digital Interface）的英文缩写，是数字音乐/电子合成乐器的统一国际标准。在 MIDI 文件中，只包含产生某种声音的指令，计算机将这些指令发送给声卡，声卡按照指令将声音合成出来，MIDI 声音在重放时可以有不同的效果，这取决于音乐合成器的质量。相对于保存真实采样数据的声音文件，MIDI 文件显得更加紧凑，其文件尺寸非常小。

3．CD—DA 格式文件

光盘数字音频文件（Compact Disk—Digital Audio，CD—DA）是数字音频光盘的一种存储格式，专门用来记录和存储音乐。CD 唱盘是利用激光将 0、1 数字位转换成微小的信息凹凸坑制作在光盘上。它可以提供高质量的音源，而且无需硬盘存储声音文件，声音直接通过 CD—ROM 驱动器特殊芯片读出其内容，再经过 D/A 转换，把它变成模拟信号输出播放。

4．MPEG 音频文件格式

MPEG 是运动图像专家组（Moving Picture Experts Group）的英文缩写，代表 MPEG 运动图象压缩标准，这里的音频文件格式指 MPEG 标准中的音频部分，即 MPEG 音频层（MPEG Audio Layer）。MPEG 音频文件的压缩是一种有损压缩，它舍弃脉冲编码调制（PCM）音频数据中对人类听觉不重要的数据（类似于 JPEG 是一个有损图像压缩），从而达到了压缩成小得多的文件大小。根据压缩质量和编码复杂程度的不同可分为三层（MPEG Audio Layer 1/2/3），分别对应 MP1、MP2 和 MP3 这三种声音文件，MP3 是采用 MPEG Layer 3 标准对 WAVE 音频文件进行压缩而成的，是现在最流行的声音文件格式。因其压缩率大，在网络可视电话通信方面应用广泛，但和 CD 唱片相比，音质还有差距。

3.4　图　像　编　码

3.4.1　数字图像

自然界中的图像都是模拟量，在计算机普遍应用之前，电视、电影、照相机等图像记录与传输都是使用模拟信号图像进行处理。但是，计算机只能处理数字量，不能直接处理模拟图像，所以我们要在使用计算机处理图像之前进行图像数字化。

简单地说，数字图像就是能够在计算机上显示和处理的图像，根据其存储特性可分为两大类：位图和矢量图。

位图图像（bitmap），也称点阵图像或栅格图像，位图是用点阵来表示图像的。其处理方法是将一幅图像分割成若干个小的栅格，每一格的色彩信息都被保存下来。常见格式有 BMP、JPG、GIF 等。采用这种方式处理图像可以使画面很细腻，颜色也比较丰富。但文件的尺寸一般较大，而且图像的清晰度和图像的分辨率有关，将图像放大以后容易出现模糊的情况。

矢量图，也称绘图图像。矢量可以是一个点或一条线，矢量图是一系列指令和数学参数表示一幅图，由软件生成，文件占用空间较小，因为这种类型的图像文件包含独立的分离图像，可以自由无限制地重新组合。矢量图形最大的优点是无论放大、缩小或旋转，都不会失真；最大的缺点是难以表现色彩层次丰富、逼真的图像效果。

一般数字照相机得到的图像都是位图图像，本章讨论的数字图像指位图图像。一幅位图图像可以被定义为一个二维函数 $f(x,y)$，其中 (x,y) 是空间（平面）坐标，在任何坐标 (x,y) 处的幅度 f 被定义为图像在这一位置的灰度、亮度或强度。图像在 x 和 y 坐标以及在幅度变化上是连续的。要将这样的一幅图像转换成数字形式，要求对坐标和幅度进行数字化。将坐标值数字化称为取样，将幅度值数字化称为量化。因此，当 x、y 分量及幅度值 f 都是有限且离散的量时，称图像为数字图像。

3.4.2 数字图像的分类

在计算机中，按照颜色和灰度的多少可以将图像分为二值图像、灰度图像、索引图像和真彩色 RGB 图像四种基本类型。

1. 二值图像

一幅二值图像的二维矩阵仅由 0、1 两个值构成，"0"代表黑色，"1"代表白色。由于每一像素（矩阵中每一元素）取值仅有 0、1 两种可能，所以计算机中二值图像的数据类型通常为 1 个二进制位。图 3-10 所示为一幅二值图像。

2. 灰度图像

灰度图像矩阵元素的取值范围通常为[0，255]。因此其数据类型一般为 8 位无符号整数的（int8），这就是人们经常提到的 256 灰度图像。"0"代表纯黑色，"255"代表纯白色，中间的数字从小到大表示由黑到白的过渡色。在某些软件中，灰度图像也可以用双精度数据类型（double）表示，像素的值域为[0，1]，0 代表黑色，1 代表白色，0 到 1 之间的小数表示不同的灰度等级，图 3-11 所示为一幅灰度图像。二值图像可以看作灰度图像的一个特例。

图 3-10　二值图像

图 3-11　灰度图像

3. 索引图像

索引图像是一种把像素值直接作为 RGB 调色板下标的图像。索引图像可以把像素值"直接映射"为调色板数值。一幅索引图包含一个数据矩阵 data 和一个调色板矩阵 map，数据矩阵可以是 uint8，uint16 或双精度类型，而调色板矩阵则总是一个 $m \times 3$ 的双精度矩阵。调色板通常与索引图像存储在一起，装载图像时，调色板将和图像一同自动装载。图 3-12 所示为一幅索引图像。

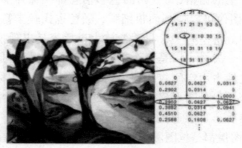

图 3-12　索引图像

4. RGB 彩色图像

RGB 图像与索引图像一样都可以用来表示彩色图像。它分别用红（R）、绿（G）、蓝（B）

三原色的组合来表示每个像素的颜色。但与索引图像不同的是，RGB 图像每一个像素的颜色值（由 RGB 三原色表示）直接存放在图像矩阵中，由于每一像素的颜色需由 R、G、B 三个分量来表示，M、N 分别表示图像的行列数，三个 $M \times N$ 的二维矩阵分别表示各个像素的 R、G、B 三个颜色分量。RGB 图像的数据类型一般为 8 位无符号整形，通常用于表示和存放真彩色图像，当然也可以存放灰度图像。

3.4.3　图像的基本属性

像素（或称像元，Pixel）是数字图像的基本元素。图像的像素数目（Pixel Dimensions）指在位图图像的宽度和高度方向上含有的像素数目。一幅图像在显示器上的显示效果由像素数目和显示器的设定共同决定。

分辨率分为图像分辨率和打印分辨率。PPI（Pixel Per Inch）为图像分辨率，指图像中每英寸（约为 2.54 cm）所表达的像素数目。DPI（Dot Per Inch）为打印分辨率，指每英寸所表达的打印点数。PPI 主要用于电子显示设备，不同的显示设备，其像素点大小不一样，图像的分辨率越高，则组成图像的像素点越多，像素点越小，图像的清晰度越高。

例如，电脑屏幕是 1 920×1 080 像素，其图像宽为 1 920 像素；而如果这个电脑屏幕的物理宽度是 19.2 英寸，电脑屏幕的分辨率就是 1 920/19.2=100 PPI。

图像深度（Image Depth）也称图像的位深，即在某一分辨率下，每一个像素点可以由多少种色彩来描述，单位为"bit"（位）。典型的色深是 8 bit、16 bit、24 bit 和 32 bit。图像深度值越高，可以获得更多的色彩。

图像的大小（File Size）决定了图像文件所需的磁盘存储空间，一般以字节（byte）来度量。图像大小的字节数=（位图高×位图宽×图像深度）/8 。

例如，一幅画的尺寸是 1 024×768 像素，深度为 16 bit，则它的图像的大小为 1.5 MB，计算方式如下：

$$1\ 024 \times 768 \times 16 \text{ bit（位）} = (1\ 024 \times 768 \times 16)/8 \text{ Byte} \qquad \text{（字节）}$$
$$= [(1\ 024 \times 768 \times 16)/8]/1\ 024 \text{ KB} = 1\ 536 \text{ KB} \qquad \text{（千字节）}$$
$$= \{[(1\ 024 \times 768 \times 16)/8]/1\ 024\}/1\ 024 \text{ MB} = 1.5 \text{ MB} \qquad \text{（兆字节）}$$

3.4.4　为什么要进行图像编码

图像编码是指在满足一定质量的条件下，以较少比特数表示图像或图像中所包含信息的技术。

1．图像压缩编码的必要性

如果把图像的所有像素点都存储下来，那么图像占据的存储空间非常大。随着现代通信技术的发展，要求传输的图像信息的种类和数据量越来越大，为了有效地传输和存储图像，有必要对图像压缩数据量。图像压缩其实就是一种图像编码的方法，图像编码既要考虑每个像素的编码，又要考虑如何组织行列像素点进行存储。

2．图像压缩编码的可行性

原始图像行列像素点是高度相关的，存在很大的冗余。图像数据的冗余主要表现为：图像中相邻像素间的相关性引起的空间冗余；图像序列中不同帧之间存在相关性引起的时间冗余；有些图像的理解与某些知识有相当大的知识冗余；人类视觉系统造成了某种程度的心理视觉冗余。数据压缩的目的就是通过去除这些数据冗余来减少表示数据所需的比特数。

3．图像压缩的评价指标

压缩比即图像压缩前后的信息量之比，压缩比越高，则对图像的压缩效率就越高。设 R 为压缩比，则

$$R = \frac{压缩后的图像大小}{压缩前的图像大小} \times 100\%$$

重建图像质量，还原出来的图像质量与原始图像的失真程序，其度量方法包括主观度量和客观度量。前者通过人眼观察所作的评价，后者通过算法评价。算法评价通过设计特征来比较失真图像和参考图像的局部差异，然后在整幅图像上求出一个总的平均统计量，并把这个统计量与图像质量关联起来。如统计量均方差（Mean Squared Error，MSE），指参数估计值与参数真值之差平方的期望值，记为 MSE。

$$MSE = \frac{1}{H \times W} \sum_{i=1}^{H} \sum_{j=1}^{W} (X(i, j) - Y(i, j))^2$$

式中，H、W 分别为图像的高度和宽度。MSE 值越大表示失真越多。

3.4.5　图像压缩编码分类

图像压缩编码从不同的角度出发，有不同的分类方法。

（1）根据压缩过程有无信息损失，图像编码可分为有损编码和无损编码。

① 有损编码，又称不可逆编码，是指对图像进行有损压缩，致使解码重新构造的图像与原始图像存在一定的失真，即丢失了部分信息。由于允许一定的失真，这类方法能够达到较高的压缩比。有损压缩多用于数字电视、静止图像通信等领域。

② 无损编码，又称可逆编码，是指解压后的还原图像与原始图像完全相同，没有任何信息的损失。这类方法能够获得较高的图像质量，但所能达到的压缩比不高，常用于工业检测、医学图像、存档图像等领域的图像压缩中。

（2）根据压缩原理，图像编码可分为预测编码、变换编码、统计编码等。

① 预测编码是利用图像信号在局部空间和时间范围内的高度相关性，以已经传出的近邻像素值作为参考，预测当前像素值，然后量化、编码预测误差。预测编码广泛应用于运动图像、视频编码，如数字电视、视频电话中。

② 变换编码是将空域中描述的图像数据经过某种正交变换（如离散傅里叶变换 DFT、离散余弦变换 DCT、离散小波变换 DWT 等）转换到另一个变换域（频率域）中进行描述，变换后的结果是一批变换系数，然后对这些变换系数进行编码处理，从而达到压缩图像数据的目的。

③ 统计编码也称熵编码，它是一类根据信息熵原理进行的信息保持型变字长编码。对出现频率越高的值，分配越短的编码长度，相应地对出现频率越低的值则分配较长的编码长度。在目

前图像编码国际标准中，常见的熵编码方法有哈夫曼（Huffman）编码、游程编码、算术编码。
更多的图像编码不在本书讨论范围，读者可查阅相关的资料来学习。

小　结

本章主要介绍了非数值性数据的编码知识。首先介绍编码规则，然后重点介绍了文本编码，将文本编码分为西文字符编码、中文字符编码、Unicode 编码，分别对它们进行了详细的分析和讨论，并对多种文本编码方案之间关系进行了比较。除了文本编码，本章还介绍了音频和图像编码的基础知识。通过本章的学习，同学们可以了解生活中非数值性数据转换成计算机内二进制数据的过程，全面地认识非数值性数据编码，提高计算思维能力和信息素养。

习　题

一、选择题

1. 已知字符 B 的 ASCII 码的二进制数是 1000010，字符 F 对应的 ASCII 码的十六进制数为（　　）。

　　A. 70　　　　　　　　B. 46　　　　　　　　C. 65　　　　　　　　D. 37

2. 设汉字点阵为 32×32，那么 100 个汉字的形状信息所占用的字节数为（　　）。

　　A. 12 800 B　　　　　B. 3 200 B　　　　　C. 32×3 200 B　　　　D. 128 KB

3. 下面不是汉字输入码的是（　　）。

　　A. 五笔字形码　　　　B. 全拼编码　　　　　C. 双拼编码　　　　　D. ASCII 码

4. 下列字符中，ASCII 码值最小的是（　　）。

　　A. a　　　　　　　　B. A　　　　　　　　C. x　　　　　　　　D. Y

5. 在计算机中存储一个汉字内码要用 2 个字节，每个字节的最高位为（　　）。

　　A. 1 和 1　　　　　　B. 1 和 0　　　　　　C. 0 和 1　　　　　　D. 0 和 0

6. 若某汉字机内码为 B9FA，则其国标码为（　　）。

　　A. 397AH　　　　　　B. B9DAH　　　　　　C. 13A7AH　　　　　　D. B9FAH

7. 汉字国标码（GB 2312—1980）将汉字分成（　　）。

　　A. 一级汉字和二级汉字 2 个等级　　　　　B. 一级、二级、三级 3 个等级

　　C. 简体字和繁体字 2 个等级　　　　　　　D. 常见字和罕见字 2 个等级

8. 在计算机内部对汉字进行存储、处理和传输的汉字代码为（　　）。

　　A. 汉字信息交换码　　　　　　　　　　　B. 汉字输入码

　　C. 汉字内码　　　　　　　　　　　　　　D. 汉字字形码

9. 标准 ASCII 码字符集共有（　　）个字符编码。

　　A. 128　　　　　　　B. 256　　　　　　　C. 34　　　　　　　　D. 94

10. 任意一个汉字的机内码和其国标码之差为（　　）。

　　A. 8000H　　　　　　B. 8080H　　　　　　C. 2080H　　　　　　D. 8020H

11. 显示或打印汉字时，系统使用的是汉字的（　　）。

    A. 机内码   B. 字形码

    C. 输入码   D. 国标交换码

12. 若已知一个汉字的国标码为 5E38H，则其内码为（　　　）。

    A. DEB8H   B. DE38H   C. 5EB8H   D. 7E58H

13. 1 KB 的存储空间能存储（　　　）个汉字国标码（GB 2312—1980）。

    A. 1024   B. 512   C. 256   D. 128

14. 已知汉字"家"的区位码为 2850，则其国标码是（　　　）。

    A. 4870D   B. 3C52H   C. 9CB2H   D. A8D0H

15. 常见的脉冲编码调制方式需要（　　　）编码等步骤对声音信息进行数字化。

    A. 录音、编码   B. 语音识别

    C. 采样、量化   D. 量化、录音

16. 下列字符编码标准中，能实现全球各种不同语言文字统一的编码的国际标准是（　　　）。

    A. ASCII   B. UCS(UNICODE)   C. GBK   D. GB 2312—1980

17. 利用标准 ASCII 码表示一个英文字母和利用国际码 GB 2312—1980 表示一个汉字，分别需要（　　　）个二进制位。

    A. 7 和 8   B. 7 和 16   C. 8 和 8   D. 8 和 16

18. 某网站主要针对中文客户，从节约数据库存储空间来考虑，（　　　）编码更适合。

    A. ASCII   B. UTF-16   C. GBK   D. UTF-8

19. 一个字符的标准 ASCII 码（非扩展 ASCII 码）是（　　　）。

    A. 8 bits   B. 7 bits   C. 16 bits   D. 6 bits

20. 字符比较大小实际是比较它们的 ASCII 码值，以下正确的比较是（　　　）。

    A. B 比 C 大   B. 8 比 F 大   C. E 比 A 小   D. M 比 m 小

二、填空题

1. 波形文件的后缀是＿＿＿＿＿＿＿＿＿。

2. 根据压缩原理进行划分，图像编码可以分为＿＿＿＿＿＿＿＿、＿＿＿＿＿＿＿＿、统计编码。

3. 根据压缩前后有无失真，图像编码可以分为＿＿＿＿＿＿＿＿和＿＿＿＿＿＿＿＿。

4. 后缀为 .jpg 是＿＿＿＿＿＿＿＿图像压缩编码标准。

5. 一幅 800×600 像素的 256 色图像需存储空间的大小为＿＿＿＿＿＿＿＿B。

6. 数据压缩的目的就是通过去除＿＿＿＿＿＿＿＿来减少表示数据所需的比特数。

7. 按照颜色和灰度的多少可以将图像分为二值图像、＿＿＿＿＿＿＿＿、索引图像和＿＿＿＿＿＿四种基本类型。

8. 脉冲编码调制就是对模拟信号先＿＿＿＿＿＿＿＿，再对样值幅度＿＿＿＿＿＿＿＿编码的过程。

9. ＿＿＿＿＿＿＿＿编码包含世界上所有的字符，是一个字符集。

10. 数据编码规则中编码必须满足三个主要特征，分别是＿＿＿＿＿＿＿＿、＿＿＿＿＿＿＿＿和规律性。

三、判断题

1. 计算机中所有的信息都是以 ASCII 码的形式存储在机器内部的。   （　　　）

2. 扩展 ASCII 码是用 8 个位存储数据。　　　　　　　　　　　　　　　　　（　　）

3. 每个汉字都具有唯一的内码和外码。　　　　　　　　　　　　　　　　　（　　）

4. GBK 汉字内码扩展规范无法与 GB 2312 完全兼容。　　　　　　　　　　（　　）

5. UTF-8 是 Unicode 字符的实现方式之一，它采用变长的编码方式。　　　（　　）

6. 汉字的国标码就是汉字的机内码。　　　　　　　　　　　　　　　　　　（　　）

7. 图像深度值越高，可以获得色彩也越多。　　　　　　　　　　　　　　　（　　）

8. 图像压缩比越高，则对图像的压缩效率就越高。　　　　　　　　　　　　（　　）

9. 图像编码要考虑每个像素的编码，但无需考虑如何组织行列像素点进行存储的方式。

　　　　　　　　　　　　　　　　　　　　　　　　　　　　　　　　　　（　　）

10. A/D 转换过程中，量化位数越多，其精度越高，但要求的信息存储量就会越大。（　　）

第4章 算法和程序设计语言

本章导读

通常情况下，信息系统、人工智能、大数据的实现，均需要好的计算机程序来实现，而这些计算机程序体现的是人的思维，是对于解决问题的方法的具体实现。而解决问题的方法，我们称为算法，很显然，算法有好有坏。在本章中，我们需要对算法进行定义、评价和分析。同时，也会对程序设计语言进行简单的介绍，本章以 Python 算法为例，介绍了其特点、基本语法和实现。

学习目标

- 理解算法的定义、特点；
- 掌握程序设计的基本思想；
- 掌握利用 Python 实现算法的基本操作。

算法是程序的核心；程序是某一算法使用计算机程序设计语言来描述的具体实现。事实上，当一个算法使用计算机程序设计语言描述时，就是程序。具体来说，一个算法使用 C 语言描述，就是 C 程序。

4.1 算 法 概 述

4.1.1 算法、程序、软件的概念

算法的概念和特征

算法指解决特定问题的方法和步骤。程序指能够完成某些工作的的指令集。软件（Software）是一系列按照特定顺序组织的计算机数据和指令的集合。软件并不只包括可以在计算机上运行的计算机程序，与这些程序相关的文档一般也被认为是软件的一部分。软件就是程序和文档的集合体。

算法、程序、软件之间存在密不可分的关系：

（1）软件是包含程序的有机整体，程序是软件的必要元素。任何软件都有可运行的程序，至少一个。比如：操作系统提供的工具软件——计算器等，很多都只有一个可运行程序。而 Office 是一个办公软件包，包含了很多可运行程序。

（2）严格意义上，程序指用编程语言编制的能完成特定功能的软件，程序从属于软件。

（3）算法就是程序的灵魂，一个需要实现特定功能的程序，实现它的算法可以有很多种，所以算法的优劣决定着程序的好坏。

4.1.2 算法的特征

算法具有 5 个基本特征，缺一不可：

（1）算法具有 0 个或多个输入。

（2）算法至少有 1 个或多个输出。

（3）有穷性：算法在有限的步骤之后会自动结束而不会无限循环，并且每一个步骤均在可接受的时间内完成。

（4）确定性：算法中的每一步都有确定的含义，不会出现二义性。

（5）可行性：算法的每一步都是可行的，即每一步都能够执行有限的次数完成。

4.1.3 算法的分类

算法描述是指对设计出的算法，用一种方式进行详细的描述，以便与人交流。描述可以使用自然语言、伪代码，也可使用程序流程图，但描述的结果必须满足算法的五个特征。

1. 自然语言

使用自然语言描述算法显然很有吸引力，但是自然语言固有的不严密性（如存在表达歧义、文学色彩浓厚等）使得要简单清晰地描述算法变得很困难。因此，使用伪代码来描述算法是一个很好的选择。

常用算法描述方法

2. 伪代码

伪代码是自然语言和类编程语言组成的混合结构。它比自然语言更精确，描述算法很简洁；同时也很容易转换成计算机程序。

例如：

```
IF 上午 9 以前 THEN
    do 私人事务;
ELSE if 上午 9 点到下午 6 点 THEN
    工作;
ELSE
    下班;
END IF
```

3. 流程图

用图表示的算法就是流程图。流程图是用一些图框来表示各种类型的操作，在框内写出各个步骤，然后用带箭头的线把它们连接起来，表示执行的先后顺序。用图形表示算法，直观形象，易于理解。

（1）传统流程图。美国国家标准化协会（American National Standards Institute，ANSI）曾规定了一些常用的流程图符号，为世界各国程序工作者普遍采用。典型的用传统流程图表达的算法如图 4-1 所示。

（2）N–S 图。Nassi 和 Scheiderman 提出了一种符合结构化程序设计原则的图形描述工具，称为盒图，也称 N–S 图。典型的用 N–S 图表达的算法如图 4-2 所示。

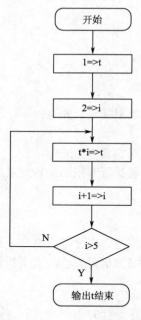

图 4-1 传统流程图

图 4-2 N-S 图

4.2 算法的三种结构

1996 年，计算机科学家 Bohm 和 Jacopini 证明了：任何简单或复杂的算法都可以由顺序结构、选择结构和循环结构这三种基本结构组成。

4.2.1 顺序结构

顺序结构的程序设计是最简单的结构，只要按照解决问题的顺序写出相应的语句即可，执行顺序是自上而下，依次执行。典型语句如：

（定义语句）int I,j,k;

（赋值语句）j=4;

       J=j+4;

顺序结构流程如图 4-3 所示。

4.2.2 选择结构

选择结构是根据某个特定的条件进行判断后，选择其中一支执行。典型语句如：

Int score;

score=85;

If (score>=60) print("成绩合格");

    【else print("成绩不合格");】

选择结构分为单选择结构和双选择结构，分别如图 4-4、图 4-5 所示。

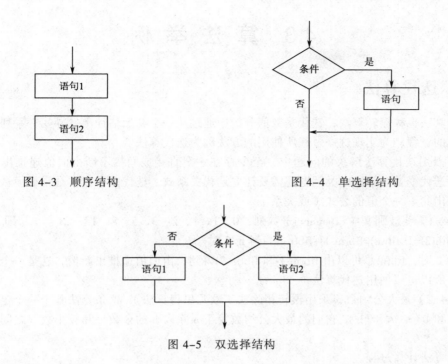

图 4-3 顺序结构   图 4-4 单选择结构

图 4-5 双选择结构

4.2.3 循环结构

循环结构会反复执行某个或某些操作，知道条件为假或为真时才停止循环。循环结构分为当型循环和直到型循环：当型循环先判断条件，当条件为真时执行循环体；直到型循环先执行循环体，再判断条件，当条件为假时结束循环。

```
Int n;
N=12;
While(n>=0)
{print(n); n=n-1;}
```

或者：

```
Int I,sum;
Sum=0;
For(i=0;i<=100;i++) sum=sum+I;
Print(sum);
```

两种循环结构流程分别如图 4-6、图 4-7 所示。

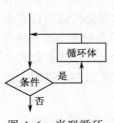

图 4-6 当型循环

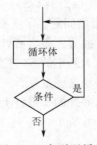

图 4-7 直到型循环

4.3 算 法 举 例

4.3.1 迭代算法

迭代算法也称辗转算法，迭代是数值分析中通过从一个初始估计出发寻找一系列近似解来解决问题的过程，为实现这一过程所使用的方法称为迭代算法。

在可以用迭代算法解决的问题中，至少存在一个直接或间接不断由旧值递推出新值的变量，称为迭代变量。解决此类问题还需要建立迭代关系式。迭代关系式，是指如何从变量的前一个值推出其下一个值的公式（或关系）。

【例 4-1】斐波那契（Fibonacci）数列：0、1、1、2、3、5、8、13、21、…，即 f:b(0)=0；fib(1)=2; fib(2)=1; fib(n)=fib(n−1)+fib(n−2) (当 n>2 时)。

在 n>2 时，fib(n)总可以由 fib(n−1)和 fib(n−2)得到，由旧值递推出新值，这是一个典型的迭代关系，所以可以使用迭代算法。

【例 4-2】最大公约数，采用辗转相除法（欧几里得算法）。这条算法基于一个定理：两个正整数 a 和 b（a 大于 b），它们的最大公约数等于 a 除以 b 的余数 c 和较小数 b 之间的最大公约数。

（1）算法计算过程：

① 两个数相除，得出余数。

② 如果余数不为 0，则用较小的数与余数继续相除，判断新的余数是否为 0。

③ 如果余数为 0，则最大公约数就是本次相除中较小的数。

（2）如数字 25 和 10，使用辗转相除法求最大公约数的过程如下：

① 25 除以 10 商 2 余 5。

② 根据辗转相除法得出，25 和 10 的最大公约数等于 5 和 10 之间的最大公约数。

③ 10 除以 5 商 2 余 0，所以 5 和 10 之间的最大公约数为 5，因此 25 和 10 的最大公约数为 5。

4.3.2 递归算法

递归算法就是通过自身不断反复调用自身以解决问题，但是递归必须满足三点：①符合递归的描述，需要解决的问题可以化为子问题求解，而子问题求解的方法与原问题相同，只是数量增大或减少；②递归调用的次数是有限的；③必须有递归结束的条件。

【例 4-3】求和 1+2+3+4+5+…+100，或求 5!。

【例 4-4】汉诺塔问题。印度有一个古老的传说：世界中心贝拿勒斯（在印度北部）的圣庙里，一块黄铜板上插着三根宝石针。印度教的主神梵天在创造世界的时候，在其中一根针上从下到上地穿好了由大到小的 64 片金片，这就是所谓的汉诺塔。不论白天黑夜，总有一个僧侣在按照下面的法则移动这些金片，一次只移动一片，不管在哪根针上，小片必在大片上面。当所有的金片都从梵天穿好的那根针上移到另外一根针上时，世界就将在一声霹雳中覆灭。汉诺塔的初始状态如图 4-8 所示。

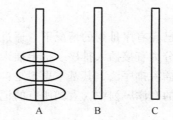

图 4-8　汉诺塔的初始状态

4.3.3　排序算法

所谓排序，就是使一串数据按照其中某个或某些关键字的大小，递增或递减地排列起来的操作。排序算法，就是如何使得数据按照要求排列的方法。排序算法在很多领域受到重视，尤其在大量数据处理方面，一个优秀的排序算法可以节省大量的资源。

常见的排序算法包括：冒泡排序、选择排序、插入排序、希尔排序、归并排序、快速排序、基数排序、堆排序。

1. 冒泡排序算法

冒泡排序算法是因越小的元素会经由交换慢慢"浮"到数列的顶端而得名。

冒泡排序算法是把较小的元素往前调或者把较大的元素往后调。这种方法主要是通过对相邻两个元素进行大小的比较，根据比较结果和算法规则对该二元素的位置进行交换，这样逐个依次进行比较和交换，就能达到排序目的。冒泡排序的基本思想是，首先将第 1 个和第 2 个记录的关键字比较大小，如果是逆序的，就将这两个记录进行交换，再对第 2 个和第 3 个记录的关键字进行比较。依此类推，重复进行上述计算，直至完成第(n–1)个和第 n 个记录的关键字之间的比较。此后，再按照上述过程进行第 2 次、第 3 次排序，直至整个序列有序为止。排序过程中要特别注意的是，当相邻两个元素大小一致时，这一步操作就不需要交换位置，因此也说明冒泡排序是一种严格的稳定排序算法，它不改变序列中相同元素之间的相对位置关系。

【例 4-5】假设有一个无序序列　{ 4, 3, 1, 2, 5 }

第一趟排序：通过两两比较，找到第一小的数值 1，将其放在序列的第一位。

第二趟排序：通过两两比较，找到第二小的数值 2，将其放在序列的第二位。

第三趟排序：通过两两比较，找到第三小的数值 3，将其放在序列的第三位。

至此，所有元素已经有序，排序结束。如图 4-9 所示。

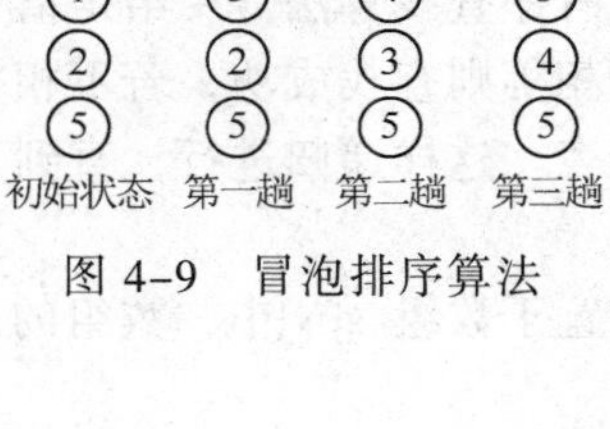

初始状态　第一趟　第二趟　第三趟

图 4-9　冒泡排序算法

2．插入排序算法

插入排序算法是基于某序列已经有序排列的情况下，通过一次插入一个元素的方式按照原有排序方式增加元素。插入排序分为直接插入排序、折半插入排序和希尔排序3类。

直接插入排序是一种简单的插入排序法，其基本思想是：把待排序的记录按其关键码值的大小逐一插入到一个已经排好序的有序序列中，直到所有的记录插入完为止，得到一个新的有序序列。

【例4-6】直接插入排序法示例，如图4-10所示。

```
初始序列： [12]   15   9    20   6    31   24
第一趟：   [12   15]  9    20   6    31   24
第二趟：   [9    12   15]  20   6    31   24
第三趟：   [9    12   15   20]  6    31   24
第四趟：   [6    9    12   15   20]  31   24
第五趟：   [6    9    12   15   20   31]  24
第六趟：   [6    9    12   15   20   24   31]
```

图 4-10　直接插入排序

4.3.4　查找算法

查找（Searching）算法就是根据给定的某个值，在查找表中确定一个其关键字等于给定值的数据元素。

常见的查找算法包括：顺序查找、二分查找、插值查找、斐波那契查找、树表查找、分块查找、哈希查找。以下简要介绍顺序查找和二分查找。

1．顺序查找

顺序查找也称为线性查找，从数据集的一端开始，顺序扫描，依次将扫描到的结点关键字与给定值 k 相比较，若相等则表示查找成功；若扫描结束仍没有找到关键字等于 k 的结点，表示查找失败。

```
Int I,x,a[5]={11,31,56,7,82};
For(i=0;i<5;i++)
    If (x==a[i]) break;
If (i<5) print("找到");
    Else print("没有找到");
```

2．二分查找

使用二分查找算法的元素必须是有序的，如果是无序的则要先进行排序操作。

二分查找也称折半查找，属于有序查找算法。用给定值 k 先与中间结点的关键字比较，中间结点把线形表分成两个子表，若相等则查找成功；若不相等，再根据 k 与该中间结点关键字的比较结果确定下一步查找哪个子表。这样递归进行，直到查找到或查找结束发现表中没有这样的结点。

典型算法如下，假设数据集放置于数组 a[N]中，数组的左边界 left，右边界 right，中间位置 mid。

```
while(left<=right)
    {
        int mid=(left+right)/2;
        if (a[mid]==key) {找到元素 a[mid];程序结束}
        else if (a[mid]<key)
          {
              left=mid+1;
          }
        else {
              right=mid-1;
              }
    }
```
    没有找到，程序结束

4.4   程序设计语言概述

4.4.1   程序设计语言的种类

根据语言和计算机硬件结合的紧密程度，可将程序设计语言分为三类：机器语言、汇编语言、高级语言。

1．机器语言

机器语言是用二进制代码表示的计算机能直接识别和执行的一种机器指令的集合。它是计算机的设计者通过计算机的硬件结构赋予计算机的操作功能。

机器语言的特点如下：

（1）计算机硬件的语言系统是用二进制代码（0 和 1）表示的计算机能直接识别和执行的一种机器指令的集合。

（2）机器语言具有灵活、直接执行和速度快等特点，由于只有 0 和 1，所以编写难度很高，可读性很差。

程序设计语言的种类

2．汇编语言

在汇编语言中，用助记符代替机器指令的操作码，用地址符号或标号代替指令或操作数的地址。在不同的设备中，汇编语言对应着不同的机器语言指令集，通过汇编过程转换成机器指令。

汇编语言有如下特点：

（1）面向机器的低级语言，通常是为特定的计算机系统开发。

（2）保持了机器语言的优点，具有直接和简捷的特点。

（3）可有效地访问、控制计算机的各种硬件设备，如磁盘、存储器、CPU、I/O 端口等。

（4）目标代码简短，占用内存少，执行速度快，是高效的程序设计语言。

（5）编写的代码非常难懂，不好维护。

（6）很容易产生 bug，难于调试。

（7）只能针对特定的体系结构和处理器进行优化。

（8）开发效率很低，时间长且单调。

3. 高级语言

高级语言作为一种通用的编程语言，其语言结构和计算机本身的硬件以及指令系统无关。它的可阅读性更强，能够方便地表达程序的功能，更好地描述使用的算法，同时，也更容易被初学者所掌握。

高级语言有如下特点：

（1）有更强的表达能力，可以方便地表示数据的运算和程序的控制结构，能更好地描述各种算法，容易掌握，可读性、可维护性更好。

（2）编译生成的程序代码一般比用汇编程序语言设计的程序代码长，执行速度也慢。

（3）"看不见"机器的硬件结构，不能用于编写直接访问机器硬件资源的系统软件或设备控制软件。

高级语言通常有两种执行方式：编译和解释。

（1）编译：将高级语言源代码转换成目标代码（机器语言），程序便可运行。高级语言源代码→编译器→机器语言目标代码。编译执行方式的目标代码执行速度更快，且在相同操作系统上使用灵活。编译执行的编程语言称为静态语言，如 C、Java 语言等。

（2）解释：将源代码逐条转化成目标代码，同时逐条运行，每次运行程序都需要源代码和解释器。解释执行方式便于维护源代码，且具有良好的可移植性。解释执行的编程语言称为脚本语言，如 PHP、JavaScript 等。

根据语言处理对象的控制方式，高级语言可以分为面向过程的语言和面向对象的语言。

4.4.2　面向过程的高级语言

面向过程就是分析出解决问题所需要的步骤，然后用函数把这些步骤一步一步实现，使用的时候一个一个依次调用。

面向过程的语言致力于用计算机能够理解的逻辑来描述需要解决的问题和解决问题的具体方法、步骤。

比如，就公共汽车而言，"面向过程"就是汽车启动是一个事件，汽车到站是另一个事件。在编程时，我们关心的是某一个事件，而不是汽车本身。可以分别对启动和到站编写程序。类似的还有修理等。

面向过程的语言有 FORTRAN、BASIC、Pascal、C 等。

4.4.3　面向对象的高级语言

面向对象语言的高级语言是一类以对象作为基本程序结构单位的程序设计语言，指用于描述的设计是以对象为核心，而对象是程序运行时刻的基本成分。语言中提供了类、继承等成分，有封装性、继承性和多态性三个主要特点。

1．封装性

封装，就是把客观事物封装成抽象的类，并且类可以把自己的数据和方法只让可信的类或者对象操作，对不可信的进行信息隐藏。

2．继承性

面向对象编程（Object Oriented Programming，OOP）语言的一个主要功能就是"继承"。它可以使用现有类的所有功能，并在无需重新编写原来类的情况下对这些功能进行扩展。

3．多态性

多态性是指一类事物有多种形态，如动物有多种形态：狗，猪，羊等。常见的面向对象语言有：Java、C++、C#、Python 等。

4.5　高级语言程序设计基础

程序设计语言是人和计算机之间进行通信、交流的语言，主要由一些指令构成。这些指令包括数字、符号、语法等内容。高级程序设计语言种类繁多，其设计过程，一般经历编辑（对符号和命令进行录入和适当的排版）、编译（对语句和命令进行词法和语法的检查）、运行这三个步骤。

4.5.1　数据类型以及变量定义

对大多数程序设计语言而言，"数据"这个概念是最基本的。强制式程序设计语言使用一系列的语句修改存储在计算机存储器中的数据值。在这里，变量的概念可以认为是计算机存储地址的抽象。程序设计语言所提供的数据及其操作设施对语言的适用性有很大影响。

一个程序语言必须提供一定的初等类型数据成分，并定义对于这些数据成分的运算。有些语言还提供了由初等数据构造复杂数据的手段。不同的语言含有不同的初等数据成分。常见的初等数据类型有：

（1）数值数据。如整数、实数、复数以及这些类型的双长（或多倍长）精度数。对它们可施行算术运算（＋，－，*，/等）。如将 x,y,z 定义为整数类型的变量"int x,y,z;"；将 a,b,c 定义为实数类型的变量"float a,b,c;"。

（2）逻辑数据。多数语言有逻辑型（布尔型）数据，有些甚至有位串型数据。对它们可施行逻辑运算（and，or，not 等）。其运算结果只能是"真"（True）、"假"（False）。如将 flag 定义为逻辑数据"Boolean flag;"。

（3）字符数据。有些语言容许有字符型或字符串型的数据，这对于符号处理是必须的。如定义字符"char ch"，或定义字符串"char name[20]="张同学";"。

4.5.2　数据对象的运算和操作

（1）赋值运算：一般，所有的变量必须先进行类型定义，再进行赋值运算，没有经过初始赋值的变量通常是随机值（也称垃圾值）。

```
X=3;
A=2.5;
```

（2）算术运算：加减乘除等运算。

x+5;y-1

（3）关系运算：大于、小于、等于、不等于等运算。

x>y,y<=z,

关系运算符往往出现在条件语句中，典型语句如下：

```
if (关系表达式)
    执行语句1
Else
    执行语句2
```

（4）逻辑运算：或、且、非等运算。分别用&&代表且（与）运算，||代表或（或者）运算，!代表非（取反）运算。

y>=3&&y<5;x>3||x<=1;

（5）循环运算：只要条件成立，就要一直执行，也有一种特殊情况，因为条件一直成立，造成无法退出循环，我们将这种情况称为死循环。典型的循环语句有：

① while 循环

```
    While(条件)
        语句
```

当条件成立时，一直执行语句，称为当型循环。

② do-while 循环

```
        do
            语句
        While(条件);
```

执行语句，直到条件成立，也称直到型循环，该语句至少会执行一次。

③ for 循环

```
    For(语句1; 条件; 语句2)    语句3
```

该循环一次性执行语句1；再判断条件，若成立，则执行语句3，再执行语句2；再判断条件，若成立，则执行语句3，如此循环。

【例4-7】用C语言实现求和：1+2+3+…+100。（注：以下代码java也一样）。

（1）while 循环。

```
    int sum=0,i=1;
    while(i<=100)
    {
        sum+=i;
        i=i+1;
    }
    输出和
```

（2）do-while 循环。

```
    int sum=0,i=1;
    do
    {
        sum += i;
```

```
        i=i+1;
    } while (i<=100);
    输出和
```
（3）for 循环。
```
    int sum=0,i=1;
    for(i=1;i<=100;i++);
        sum=sum+i;
    输出和
```
以上三种循环在功能上相近，实际应用中采用一种即可。

4.6　Python 基础

Python 的创始人为荷兰的 Guido van Rossun。1989 年，Guido 为了打发圣诞节的无趣，决心开发一个新的脚本解释程序，作为 ABC 语言的一种继承。1991 年，Python 第一个公开发行版本发行。现在，全世界差不多有 600 多种编程语言，但流行的编程语言也就 20 来种。

Python 是一个高层次的结合了解释性、编译性、互动性和面向对象的脚本语言。在 2019 年 9 月的 TIOBE 编程语言排行榜，排名前十的分别是：Java、C、Python、C++、C#、Visual Basic .NET、JavaScript、SQL、PHP 和 Objective-C。Python 长期占据前三名。

4.6.1　Python 标准数据类型及数字类型

1. 标准数据类型
Python 定义了一些标准类型，用于存储各种类型的数据。

Python 有五个标准的数据类型：Numbers（数字）、String（字符串）、List（列表）、Tuple（元组）、Dictionary（字典）。

2. 数字类型
Python 支持四种不同的数字类型：int（有符号整型）、long（长整型，也可以代表八进制和十六进制）、float（浮点型）、complex（复数）。

4.6.2　Python 输入和输出

读取键盘输入：
```
str = input("请输入: ");
print ("你输入的内容是: ",str)
```

4.6.3　条件语句

（1）if 语句。
```
if　条件
    语句体
```

（2）if-then-else。

```
if   条件
     语句体1
else:
     语句体2
```

（3）if和elif。

```
if   条件1
     语句体1
elif 条件2
     语句体2
……
elif 条件n
     语句体n
else:
     语句体n+1
```

4.6.4　循环语句

（1）for循环。

```
for   循环次数
      语句体
```

例：
```
for x in range(0,5):
     print('hello world')
```

（2）while循环。

```
while  条件
       语句体
```

例：
```
x=45
y=80
while x<50 and y<100:
     x=x+1
     y=y+1
     print(x,y)
```

4.7　Python程序设计示例

【例4-8】求和：1+2+3+…+100（注：Python不支持do-while循环）。

方法一：

```
sum = 0
for i in range (1,101):
     sum = sum+i
print sum;
```

方法二：

```
sum = 0
```

```
i=1
while i<=100:
    sum=sum+i
    i+=1
print ("sum=",sum)
```

【例 4-9】任意输入三个整数，按照由小到大排序，并且输出。

```
x=int(input('please input x:'))
y=int(input('please input y:'))
z=int(input('please input z:'))
if x>y:
    x,y=y,x
if x>z:
    x,z=z,x
if y>z:
    y,z=z,y
print(x,y,z)
```

小　结

算法是程序设计的灵魂，本章主要介绍了算法和高级语言程序设计的基础知识。首先对算法进行了概述，然后重点介绍了算法的三种结构，并列举了常见算法。算法是程序设计的基础，认识算法后又对程序设计语言进行了概述，简要地介绍了高级语言程序设计的基础知识，并对目前广泛使用的 Python 高级语言基本语法进行了简要介绍，并用示例说明。

习　题

一、选择题

1. 下列（　　）不是用于程序设计的软件。
   A. BASIC　　　　　B. C 语言　　　　　C. Word　　　　　D. Pascal
2. 程序设计语言的发展阶段不包括（　　）。
   A. 自然语言　　　　B. 机器语言　　　　C. 汇编语言　　　　D. 高级语言
3. 下列关于算法的特征描述不正确的是（　　）。
   A. 有穷性：算法必须在有限步之内结束
   B. 确定性：算法的每一步必须有确切的定义
   C. 算法必须至少有一个输入
   D. 算法必须至少有一个输出
4. （　　）不属于算法基本特征。
   A. 可执行性　　　　B. 确定性　　　　　C. 有穷性　　　　　D. 无限性
5. （　　）最适合用计算机编程来处理。
   A. 确定放学回家的路线　　　　　　　　B. 计算某个同学期中考试各科成绩总分

C. 计算 100 以内的奇数平方和　　　　　　　　D. 在因特网上查找自己喜欢的歌曲

6. （　　）不属于算法描述方式。

    A. 自然语言　　　　　　B. 伪代码　　　　　　C. 流程图　　　　　　D. 机器语言

7. 流程图是描述（　　）的常用方式。

    A. 程序　　　　　　　　B. 算法　　　　　　　C. 数据结构　　　　　D. 计算规则

8. 流程图中表示判断框的是（　　）。

    A. 矩形框　　　　　　　B. 菱形框　　　　　　C. 圆形框　　　　　　D. 椭圆形框

9. 结构化程序设计由三种基本结构组成，（　　）不属于这三种基本结构。

    A. 顺序结构　　　　　　B. 输入、输出结构　　C. 选择结构　　　　　D. 循环结构

10. （　　）属于程序的基本控制结构。

    A. 星型结构　　　　　　B. 选择结构　　　　　C. 网络结构　　　　　D. 平行结构

11. 模块化程序设计方法反映了结构化程序设计思想（　　）的基本思想。

    A. 自顶而下、逐步求精　　　　　　　　　　　　B. 面向对象

    C. 自定义函数、过程　　　　　　　　　　　　　D. 可视化编程

12. 下列程序执行后 A、B 的值是（　　）。

    A=30　B=40

    A=A+B　B=A−B　A=A−B

    A. 30、40　　　　　　B. 40、40　　　　　　C. 40、30　　　　　　D. 30、30

13. 编程求 1+2+3+…+1000 的和。该题设计最适合使用的控制结构为（　　）。

    A. 顺序结构　　　　　　B. 分支结构　　　　　C. 循环结构　　　　　D. 选择结构

14. 下列程序段中，循环体执行的次数是（　　）。

    y=2

    Do While y<=8

    y=y+y

    Loop（　　）。

    A. 2　　　　　　　　　B. 16　　　　　　　　C. 4　　　　　　　　　D. 3

15. 下列程序段运行后，变量 max 的值为（　　）。

    a=5

    b=10

    max=a

    IF b>max Then max=b（　　）

    A. 5　　　　　　　　　B. 10　　　　　　　　C. 5 和 10　　　　　　D. 以上三项都不是

16. 用计算机解决问题的步骤一般为（　　）。

    ①编写程序　②设计算法　③分析问题　④调试程序

    A. ①②③④　　　　　　B. ③④①②　　　　　C. ②③①④　　　　　D. ③②①④

17. 计算机程序语言的发展阶段不包括（　　）。

    A. 自然语言发展阶段　　　　　　　　　　　　　B. 机器语言发展阶段

    C. 汇编语言发展阶段　　　　　　　　　　　　　D. 高级语言发展阶段

18. 常用的算法描述方法有（　　）。

    A. 用自然语言描述算法　　　　　　　　　　　　B. 用流程图描述算法

    C. 用伪代码描述算法　　　　　　　　　　　　　D. 以上都是

19. 能够被计算机直接识别的语言是（　　　）。
    A. 伪代码　　　　　　　　　　　　B. 高级语言
    C. 机器语言　　　　　　　　　　　D. 汇编语言

20. 用计算机解决问题时，首先应该确定程序"做什么？"，然后再确定程序"如何做？"
"如何做？"属于用计算机解决问题的（　　　）步骤。
    A. 分析问题　　　　　　　　　　　B. 设计算法
    C. 编写程序　　　　　　　　　　　D. 调试程序

二、填空题

1. ＿＿＿＿＿＿＿＿就是解决问题的方法与步骤。

2. 计算机能够直接识别的语言是＿＿＿＿＿＿＿，它是一串由 0 和 1 构成的二进制代码。

3. 如果 a 的值为 4，b 的值为 6，运行语句组 c=a：a=b：b=c 后 a 的值为＿＿＿＿＿＿＿，b 的值为＿＿＿＿＿＿＿，根据结果分析以上语句组的功能是＿＿＿＿＿＿＿。

4. 代数式 b^2-4ac 程序设计的表达式是＿＿＿＿＿＿＿

5. ＿＿＿＿＿＿＿基本思想是在待排序的数据中，先找到最小（大）的数据将它放到最前面，再从第二个数据开始，找到第二小（大）的数据将它放到第二个位置，依此类推，直到只剩下最后一个数据为止。

6. 计算机程序的三种基本结构是：顺序结构、选择结构和＿＿＿＿＿＿＿。

7. 逻辑的数据运算结果，用＿＿＿＿＿＿＿表示真，用＿＿＿＿＿＿＿表示假。

8. 高级语言的运行方式分为两种：＿＿＿＿＿＿＿和＿＿＿＿＿＿＿。

9. 程序设计语言分为三类：＿＿＿＿＿＿＿、＿＿＿＿＿＿＿、＿＿＿＿＿＿＿。

10. 高级语言分为两种：＿＿＿＿＿＿＿和＿＿＿＿＿＿＿。

三、判断题

1. 程序设计语言就是计算机高级语言。（　　　）

2. 用流程图描述算法形象、直观，容易理解。（　　　）

3. 赋值语句中的"="与数学中的"="作用是相同的。（　　　）

4. 8 / 3 与 8 \ 3 的结果是一样的。（　　　）

5. 条件语句在执行过程中将由电脑选择随机执行哪部分语句。（　　　）

6. 算法是程序设计的核心，是程序设计的灵魂。（　　　）

7. 递归算法的实质是把问题转化为规模缩小了的同类问题的子问题，然后递归调用函数或过程来表示问题的解。（　　　）

8. 在 VB 中，开发的每个应用程序都被称为工程，工程是组成一个应用程序的文件集合。（　　　）

9. 解释程序的执行效率比编译程序执行效率高。（　　　）

10. 衡量算法好坏的标准是程序的正确性。（　　　）

第5章 数据处理工具

本章导读

现代社会充斥着大量的信息和数据，随着计算机软硬件性能的不断发展，计算机的使用范围和影响领域也日益扩大，利用计算机进行事务处理已经成为各行各业降低成本、提高工作效率和工作质量的有效手段，各行业对办公协助软件也提出了更高的要求。在众多的大众办公软件中，最具有代表性的是 Microsoft Office 和 WPS Office。本章将介绍几种常用的办公处理软件，并以 Microsoft Office 2016 为基础，着重介绍通用办公环境下文字、电子表格和演示文稿的处理方法。

学习目标

- 了解常用办公软件的特点；
- 掌握利用 Word 2016 进行图文排版的方法；
- 掌握利用 Excel 2016 处理电子表格的方法；
- 掌握利用 PowerPoint 2016 编辑演示文稿的方法。

5.1 引　　言

利用计算机协助日常工作事务的处理是现代办公活动的重要组成部分，熟练使用办公软件有利于快速创建、编排文稿，有效地分析和处理数据，从而提高工作效率。

5.1.1 Microsoft Office 简介

Microsoft Office 是微软（Microsoft）公司出品的一套办公应用产品，最早发行于 1993 年，先后经历了 Microsoft Office 3.0、Microsoft Office 4.0、Microsoft Office 97 等多个版本，目前已经发展成为一套集大众办公和网络技术于一体的软件产品。使用该产品能够帮助用户以更快捷高效的方式完成工作。目前 Microsoft Office 的最新版本是 2018 年 9 月发布的 Office 2019，完整套装包含 Word、Excel、PowerPoint、Outlook 和 Skype for Business。

本书将以 Microsoft Office 2016 为基础，讲解 Office 办公组件的常用功能，该版本于 2015 年发布，具有全新的外观和内置协作工具，可帮助用户更加快速地处理办公事务，具有 Insights 增强阅读体验功能。软件主要有以下版本：Office 365、Office 2016 专业版、Office 2016 家庭和学生版、小型企业版以及 Word、PowerPoint、Excel 等单个组件、Project 专业版、Visio 标准版和专业版等。其常用组件简介如下：

（1）文字处理软件 Word：图文编辑工具，主要用于创建和编排包含图片、文字等对象的专业文档，如论文、报告、产品说明书等。

（2）电子表格软件 Excel：用于创建和编辑电子表格，内置大量函数，可以进行数据排序、复杂运算、分析等操作和图表的绘制。

（3）电子演示文稿软件 PowerPoint：用于编排演示文稿和幻灯片放映。可以编辑文字、图片等对象，可实现演示文稿发布、打包等功能。

5.1.2　WPS Office 简介

WPS Office 是由金山软件股份有限公司出品的一款办公软件套装。最早的版本 WPS 1.0（Word Processing System 文字编辑系统）出现于 1988 年，工作在微软 DOS（Disk　Operating System 磁盘操作系统）系统下。在 Microsoft Windows 系统流行以前，曾是中国最流行的文字处理软件。

目前 WPS Office 最新版本为 2019，其中个人版对个人用户永久免费，内含 WPS 文字、WPS 表格、WPS 演示三大功能模块，与 Microsoft Office Word、Microsoft Office Excel、Microsoft Office PowerPoint 一一对应，可以实现办公软件最常用的文字、表格、演示等多种功能。

经历多年发展之后，目前 WPS Office 已经成为一套集文字、电子表格、演示文稿处理等多功能为一体的功能强大的办公处理软件，支持桌面和移动办公，具有低内存占用、运行速度快、插件支持、支持 PDF、无障碍兼容微软 Office 格式等强大优势，特别是在中文办公领域方面别具特色，功能强大，同时免费提供海量在线存储空间及文档模板。

5.2　文字处理软件

Microsoft Office Word 是微软（Microsoft）公司出品的 Office 系列办公软件中的一个文字处理组件。它最初是由 Richard Brodie 为运行 DOS 的 IBM 计算机而在 1983 年编写的。随后的版本可运行于 Apple Macintosh （1984 年）、SCO UNIX 和 Microsoft Windows（1989 年），并成为了 Microsoft Office 的一部分。

Word 作为 Office 办公软件中应用最广的文字处理软件，具有强大的编辑排版功能和图文混排功能，可以方便地编辑文档，生成表格，插入图片、动画和声音等，实现"所见即所得"的文字处理效果。Word 的向导和模板功能，能快速地创建各种业务文档，提高工作效率。同时，Word 也拥有强大的网络应用能力。

5.2.1　Word 2016 基本操作

1. Word 2016 的窗口组成与视图

1）Word 2016 的窗口组成

Word 2016 窗口由快速访问工具栏、功能区选项卡、功能区组、标题栏、文档编辑区、滚动条、状态栏等部分组成，如图 5-1 所示。

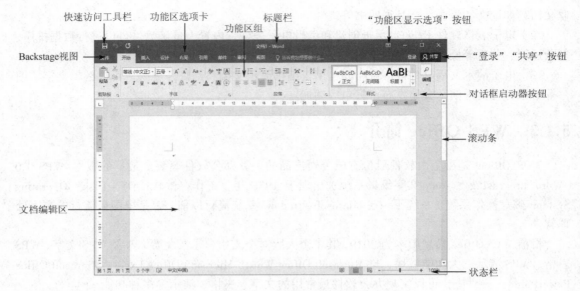

图 5-1　Word 2016 窗口界面

（1）标题栏。标题栏位于 Word 窗口的最顶端，左侧的快速访问工具栏供用户快捷访问常用功能按钮，单击快速访问工具栏右侧的下拉按钮可根据实际需求自定义快速访问工具栏。标题栏中间显示正在编辑的文档名和应用程序名称（Word），右侧是最大化、最小化、关闭等常规窗口按钮，可以在这里设置功能区显示状态。

（2）Backstage 视图。单击"文件"进入 Backstage 视图，在该视图下可以新建、打开、保存、关闭、打印和管理 Word 文档，可以打开"Word 选项"对话框配置相关参数。单击任意功能区选项卡可以退出 Backstage 视图。

（3）功能区选项卡和功能区组。Word 2016 依然取消了传统的菜单操作方式，将强大的图文编排功能按钮分成很多类，列在不同的选项卡中。默认情况下 Word 2016 刚启动时显示开始、插入、设计、布局、引用、邮件、审阅和视图，共 8 个选项卡。功能区选项卡用于在不同的选项卡之间切换，选中某选项卡后，当前类别中的各项功能按钮将显示在其下方，每一个选项卡下又分为多个不同的功能区组。

（4）对话框启动器按钮。对话框启动器按钮 位于部分功能区组右下角，单击对话框启动器按钮将打开相关的对话框或任务窗格，提供与该组功能相关的更多选项。例如，单击"字体"功能区组右下角的对话框启动器按钮，就会弹出"字体"对话框。

（5）文档编辑区。文档编辑区是输入文本和编辑文本的区域，位于功能区选项组的下方。其中有一个不断闪烁的竖条称为插入点，用来表示输入时文字出现的位置。

（6）状态栏。状态栏位于 Word 窗口底部，用来显示文档的基本信息和编辑状态，如页号、节号、行号、列号等。

2）Word 2016 的视图

Word 提供了多种显示 Word 文档的方式，每一种显示方式称为一种视图。使用不同的显示方式，用户可以把注意力集中到文档的不同方面，从而高效、快捷地查看和编辑文档。Word 提供的视图包括 5 种：阅读视图、页面视图、Web 版式视图、大纲视图和草稿。

（1）阅读视图。阅读视图不仅隐藏了不必要的工具栏，最大可能地增大了窗口，而且还将文档分为两栏，从而有效地提高了文档的可读性。

（2）页面视图。页面视图是 Word 的默认视图，可以显示整个页面的分布情况及文档中的所有元素，如正文、图形、表格、图文框、页眉、页脚、脚注和页码等，并能对它们进行编辑。在页面视图方式下，显示效果反映了打印后的真实效果，即"所见即所得"功能。

（3）Web 版式视图。Web 版式视图主要用于在使用 Word 创建 Web 页时显示出 Web 效果。Web 版式视图优化了布局，使文档以网页的形式显示文档，具有最佳屏幕外观，使得联机阅读更容易。Web 版式视图适用于发送电子邮件和创建网页。

（4）大纲视图。大纲视图使查看长文档的结构变得很容易，并且可以通过拖动标题来移动、复制或重新组织正文。在大纲视图中，可以折叠文档，只查看主标题，或者扩展文档，以便查看整篇文档。

（5）草稿。在草稿中可以输入、编辑文字，并设置文字的格式，对图形和表格可以进行一些基本的操作。草稿取消了页面边距、分栏、页眉页脚和图片等元素，仅显示标题和正文，是最节省计算机系统硬件资源的视图方式。当然现在计算机系统的硬件配置都比较高，基本上不存在由于硬件配置偏低而使 Word 运行遇到障碍的问题。

各种视图之间可以方便地进行相互转换，其操作方法有以下 2 种：

方法 1：单击"视图"选项卡，在"视图"选项组中单击"阅读视图""页面视图""Web 版式视图""大纲视图"和"草稿"按钮进行转换。

方法 2：单击状态栏右侧的视图按钮进行转换，自左向右分别是阅读视图、页面视图和 Web 版式视图。

2．Word 文档的基本操作

1）文档文件的基本操作

（1）创建新文档。在进行文本输入与编辑之前，首先要新建一个文档。用户在启动 Word 时，系统就会自动新建一个空文档，其默认文件名为"文档 1.docx"。如果在已启动 Word 后还想建立一个新的文档，可以使用 Backstage 视图或工具按钮等方式，以下为 3 种常用的创建方法。

方法 1：选择"文件"→"新建"命令，在"新建"面板中单击"空白文档"选项，即可创建一个空白文档。

方法 2：单击快速访问工具栏上的"新建"按钮。

方法 3：按【Ctrl+N】组合键。

（2）保存文档。在文档中输入内容后，为了避免因停电、死机等意外事件导致信息丢失，要将其保存在磁盘上，便于以后查看文档或再次对文档进行编辑、打印。Word 文档的默认扩展名为".docx"。在 Word 中正在编辑的活动文档，还可以用不同的名称或在不同的位置保存文档的副本。另外，还可以以其他文件格式保存文档，以便在其他的应用程序中使用。

① 若文档为初次保存，可采用以下方法进行保存。

方法 1：选择"文件"→"保存"命令，在弹出的面板右侧选择"浏览"，弹出"另存为"对话框，选择保存位置，在"文件名"文本框中输入文件名称，单击"保存"按钮，即可在指定位置以指定名称保存文档。

方法 2：单击快速访问工具栏上的"保存"按钮，弹出"另存为"面板，其他操作与方法 1 相同。

② 若保存修改后的文档，可采用以下方法进行保存。

方法 1：在对已有文档修改完成后，选择"文件"→"保存"命令，Word 2016 将修改后的文档保存到原来的文件夹中，修改前的内容将被覆盖，并且不再弹出"另存为"对话框。

方法 2：单击快速访问工具栏中的"保存"按钮。

方法 3：选择"文件"→"另存为"命令，打开"另存为"面板，用以在新位置或以新名称保存当前活动文档。

③ 若需自动保存文档，可采用以下方法进行保存。

选择"文件"→"选项"命令，弹出"Word 选项"对话框，如图 5-2 所示。选择"保存"选项，在该对话框右侧"保存文档"选项区域中的"将文件保存为此格式"下拉列表框中选择文件保存的类型。选中"保存自动恢复信息时间间隔"复选框，并在其后的微调框中输入保存文件的时间间隔。在"自动恢复文件位置"文本框中输入保存文件的位置，或者单击"浏览"按钮，在弹出的"修改位置"对话框中设置保存文件的位置，单击"确定"按钮，完成自动保存文档设置。

图 5-2　"Word 选项"对话框

自动保存文档可以防止在文档编辑过程中因意外而造成文档内容大量丢失，因为在启动该功能后，系统会按设定的时间间隔，周期性地对文档进行自动保存，无须用户干预。

④ 若需保存为非 Word 文档，可以单击"文件"，在弹出的面板中选择"另存为"命令，打开"另存为"面板，选择"浏览"，打开"另存为"对话框，在"保存类型"下拉列表框中设置文档保存类型，单击"确定"按钮即可。

（3）打开文档。编辑一篇已存在的文档，必须先打开文档。直接双击已保存的 Word 文档图标，可以在打开文档的同时启动 Word 应用程序。如果需要在已经启动的 Word 应用程序中打开需要的文档，可采用以下 2 种方法：

方法 1：单击"文件"，在弹出的面板中选择"打开"命令，在右侧的"打开"面板中选择"浏览"，在弹出的"打开"对话框中选择需要打开的 Word 文档，单击"打开"按钮。

方法 2：单击"文件"，在弹出的面板中选择"打开"命令，在"打开"面板的右侧列出的最近使用的文档中单击需要打开的文档。

（4）关闭文档。关闭文档并不等同于退出 Word 应用程序窗口，它只是关闭了当前的活动文档，而保留了 Word 窗口界面，因此用户还可以在其中继续编辑其他文档。其操作方法有以下 3 种：

方法 1：单击文档窗口右上角的"关闭"按钮。

方法 2：单击"文件"，在弹出的面板中选择"关闭"命令。

方法 3：按【Ctrl+F4】组合键。

关闭文档时，如果文档没有保存，系统会提示是否保存文档。

2）文档内容的基本操作

（1）文档内容的输入。创建新文档后就可以在文档编辑区中输入文档内容。输入的内容会出现在光标插入点，每输入一个字符，插入点自动后移。为了便于排版，在输入时需要注意以下几点：

① 当输入到行尾时，不要按【Enter】键，系统会自动换行。

② 输入到段落结尾时，按【Enter】键，表示段落结束。

③ 如果在某段落中需要强行换行，可以按【Shift + Enter】组合键。

④ 在段落开始处，不要使用空格键后移文字，而应采用"缩进"方式对齐文本。

如果需要插入一些特殊字符，如希腊字母、俄文字母和数字序号等。这些符号不能直接从键盘输入，用户可以通过以下两种方法实现：

① 单击"插入"选项卡"符号"选项组中的"符号"按钮，在弹出的下拉列表中选择"其他符号"选项，弹出"符号"对话框，在该对话框中的"字体"下拉列表框中选择所需的字体，在"子集"下拉列表框中选择所需的选项。如图 5-3 所示，单击要插入的符号或字符，再单击"插入"按钮（或双击要插入的符号或字符）即可。

② 使用中文输入法提供的软键盘功能：单击中文输入法状态框上的相关按钮，选择待输入的特殊字符种类，插入特殊字符即可，如图 5-4 所示为讯飞输入法特殊字符输入面板。

图 5-3　"符号"对话框

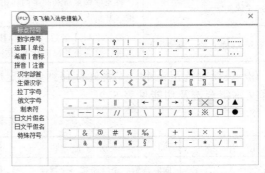

图 5-4　特殊字符输入面板

在 Word 文档中，除了可以插入固定的日期和时间信息，还可以插入可自动更新的日期和时间，如文档的创建时间、最后打开或保存的日期等。如果需要插入日期与时间，其操作方法如下：

将插入点定位在需要插入日期和时间的位置。单击"插入"选项卡"文本"选项组中的"日期和时间"按钮，弹出"日期和时间"对话框。用户可根据需要在"语言（国家/地区）"下拉列表框中选择一种语言；在"可用格式"下拉列表框中选择一种日期和时间格式。如果选中"自动更新"复选框，则以域的形式插入当前的日期和时间。该日期和时间是一个可变的数值，它可根据打印的日期和时间的改变而改变。取消选中"自动更新"复选框，则可将当前插入的日期和时间作为文本永久地保留在文档中。单击"确定"按钮完成设置。

在 Word 文档中进行文档内容输入时，有"插入"和"改写"两种编辑状态。"插入"是指将输入的文本添加到插入点所在位置，插入点以后的文本依次往后移动；"改写"是指输入的文本将替换插入点所在位置的文本。默认的编辑状态为"插入"方式。

"插入"和"改写"两种编辑状态是可以转换的，其转换方法有以下两种：

① 单击状态栏的"插入/改写"标志。

② 按【Insert】键可以进行两种方式间的切换。

（2）文档内容的选定。用户如果需要对某段文本进行格式设置、移动、复制和删除等操作时，必须先选定该文本，然后再进行相应的处理。当文本被选中后，呈反相显示。如果要取消选定，可以将鼠标指针移至选定文本外的任何区域，单击即可。常用的选定文本内容的方法如下：

① 利用鼠标选定文本的方法见表 5-1。

表 5-1　使用鼠标选定文本

功　　能	方　　法
选定自由长度文本	将鼠标指针移动到要选定文本的首部，按下鼠标左键并拖动到所选文本的末端，然后松开鼠标
选定一个句子	按住【Ctrl】键，单击该句的任何地方
选定一个词语	将鼠标指针移至文档编辑区该词语中间双击鼠标左键
选定一行文字	将鼠标指针移至该行的左侧，即文本选定区，当鼠标指针变成一个指向右边的箭头形状时，单击鼠标左键
选定一个自然段	将鼠标指针移至该自然段的左侧，即文本选定区，当鼠标指针变成一个指向右边的箭头形状时，双击，或将鼠标指针移至该自然段所在文档编辑区双击
选定整篇文档	将鼠标指针移至文本选定区，三击鼠标左键
选定连续文字	将光标移至所选文本的起始处，用滚动条滚动到所选内容的结束处，然后按住【Shift】键，并单击鼠标左键
选定列块(垂直的一块文字)	按住【Alt】键后，将光标移至所选文本的起始处，按下鼠标左键并拖动到所选文本的末端，然后松开鼠标和【Alt】键

② 快捷键选定文本。先将光标移到要选定的文本之前，然后用组合键选择文本。常用的选择文本组合键及功能见表 5-2。

表 5-2　选择文本组合键及功能

组　合　键	功　　能	组　合　键	功　　能
Shift + →	向右选取一个字符或一个汉字	Shift + End	由光标处选取至当前行行尾
Shift + ←	向左选取一个字符或一个汉字	Ctrl + Shift + →	向右选取一个单词
Shift + ↓	由光标处选取至下一行	Ctrl + Shift + ←	向左选取一个单词
Shift + ↑	由光标处选取至上一行	Ctrl + A	选取整篇文档
Shift + Home	由光标处选取至当前行行首		

③ 利用扩展功能键【F8】选定文本。扩展选定方式是使用定位键选定文字。按【F8】键时，在状态栏会出现"扩展"字样。若要取消扩展选定方式，可按【Esc】键，具体按键次数及功能见表 5-3。

表 5-3　【F8】功能键扩展功能表

按【F8】键的次数	功　　能	按【F8】键的次数	功　　能
1	进入扩展模式，然后使用方向键进行文本的选取	4	选取一段
2	选取一个单词或汉字	5	选取一节（若文档未分节，则选取整篇文档）
3	选取一句	6	选取（多节）整篇文档

（3）查找和替换。Word 提供了许多自动功能，"查找和替换"就是其中之一。查找的功能主要用于在当前文档中搜索指定的文本。替换的功能主要用于将选定的文本替换为指定的新文本。

① 一般的"查找和替换"。单击"开始"选项卡"编辑"选项组中的"查找"右侧的下拉按钮，在弹出的下拉列表中选择"高级查找"命令，弹出"查找和替换"对话框。在其中的"查找"选项卡中输入需查找的内容，完成查找；在"替换"选项卡中输入需查找的内容及替换为的内容，完成替换。一般，Word 自动从当前光标处开始向下搜索文档，查找字符串，如果直到文档结尾还没找到，则继续从文档开始处查找，直到当前光标处为止。若查找到该字符串，则光标停在找出的文本位置，并使其置于选中状态，这时在该位置单击，就可以对该文本进行编辑。

② 特殊的"查找和替换"。利用"查找和替换"对话框中的"更多"按钮，可以实现特殊字符的替换和格式的替换等功能，其操作方法是：单击"查找和替换"对话框中的"更多"按钮，在扩充的"查找和替换"对话框中设置搜索选项，选择"格式"或"特殊格式"完成特定格式文本的"查找和替换"，如图 5-5 所示。

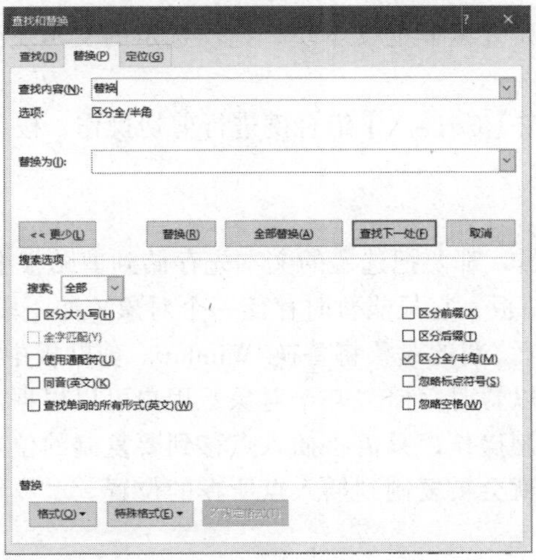

图 5-5　"查找和替换"对话框

注意：有时并不是所有查找到的字符串都应进行替换。如在某文档中需要将"中国"替换为"中华人民共和国"，若文中有这样一个句子："中国是一个发展中国家，欢迎世界各地的企业家到中国来投资"，则全部替换时就会出错。因为，应该替换的只有两个地方，而"全部替换"则会替换三个地方，替换后的结果变成"中华人民共和国是一个发展中华人民共和国家，……"。所以，在进行文本替换时，如果有类似的情况，就不能使用"全部替换"功能。这时应该单击

"查找下一处"按钮，如果查找到的字符串需要替换，则单击"替换"按钮进行替换，否则，单击"查找下一处"按钮继续查找。

如果"替换为"文本框为空，操作后的实际效果是将查找的内容从文档中删除。若是替换特殊格式的文本，其操作步骤与特殊格式文本的查找类似。

（4）复制和移动文本

① 复制文本。在编辑过程中，当文档出现重复内容或段落时，使用复制命令进行编辑是提高工作效率的有效方法。用户不仅可以在同一篇文档内，也可以在不同文档之间复制内容，甚至可以将内容复制到其他应用程序的文档中。复制文本有以下 3 种操作方法：

方法 1：快捷按钮操作：选定要复制的文本块，单击"开始"选项卡"剪贴板"选项组中的"复制"按钮，将插入点移到新位置，单击"开始"选项卡"剪贴板"选项组中的"粘贴"按钮即可。

方法 2：拖动操作：选定要复制的文本块，按住【Ctrl】键，拖动选定的文本块到新位置，同时放开【Ctrl】键和鼠标左键。

方法 3：快捷键操作：按【Ctrl + C】组合键进行复制操作，按【Ctrl + V】组合键进行粘贴操作。

② 移动文本。移动是将字符或图形从原来的位置删除，插入到另一个新位置，有以下 3 种操作方法：

方法 1：快捷按钮操作：选定要复制的文本块，单击"开始"选项卡"剪贴板"选项组中的"剪切"按钮，将插入点移到新位置，单击"开始"选项卡"剪贴板"选项组中的"粘贴"按钮即可。

方法 2：拖动操作：选定要复制的文本块，拖动选定的文本块到新位置，同时放开鼠标左键即可。

方法 3：快捷键操作：按【Ctrl + X】组合键进行剪切操作，按【Ctrl + V】组合键进行粘贴操作。

③ 剪贴板

无论是剪切还是复制操作，都要把选定的文本先存储到剪贴板上。在以前的 Office 应用程序中使用的是 Windows 剪贴板，它只能暂时存储一个对象（如一段文本、一张图片等）。当用户再次进行剪切或复制操作后，新的对象将替换 Windows 剪贴板中原有的对象。Office 2016 具有多对象剪贴功能，最多可以暂时存储 24 个对象，用户可以根据需要粘贴剪贴板中的任意一个对象。利用剪贴板进行复制操作，只需将插入点移到要复制的位置，然后单击剪贴板工具栏上需要粘贴的对象，该对象就会被复制到插入点所在的位置。

（5）撤销和恢复

在编辑过程中难免会出现误操作，Word 为用户提供了撤销和恢复功能。

① "撤销"用于取消最近的一次操作：可以直接单击快速访问工具栏中的"撤销"按钮；或按【Ctrl + Z】组合键。

② "恢复"用于恢复最近的一次被撤销的操作：可以直接单击快速访问工具栏上的"恢复"按钮，或按【Ctrl + Y】组合键。

（6）清除文本

① 清除文本内容。清除文本内容就是删除文本，即将字符从文档中去掉。删除插入点左

侧的一个字符用【Backspace】键；删除插入点右侧的一个字符用【Delete】键。但若需删除较多连续的字符或成段的文本，可以使用如下方法：

方法 1：选定要删除的文本块后，按【Delete】键。

方法 2：选定要删除的文本块后，单击"开始"选项卡"剪贴板"组中的"剪切"按钮。

注意：删除和剪切操作都能将选定的文本从文档中去掉，但功能不完全相同。使用剪切操作时删除的内容会保存到"剪贴板"上，可以通过"粘贴"命令进行恢复；使用删除操作时删除的内容则不会保存到"剪贴板"上，而是直接被去掉。

② 清除文本格式。清除文本格式就是去除文本的所有格式设置，只以默认格式显示文本。选定要清除格式的文本块后，单击"开始"选项卡中"字体"组中的"清除所有格式"按钮。

3．Word 文档的格式设置

1）字体格式设置

字符格式包括字符的字体、大小、颜色和显示效果等格式。用户若需要输入带格式的字符，可以在输入字符前先设置好格式再输入；也可以先输入完毕后，再对这些字符进行选定并设置格式。在没有进行格式设置的情况下输入的字符按默认格式自动设置（中文为"宋体""五号"，英文为 Times New Roman、"五号"）。

设置字符格式有下述 2 种方法：

（1）使用"开始"选项卡设置字体。使用"开始"选项卡"字体"组可以完成一般的字符格式设置，如图 5-6 所示。

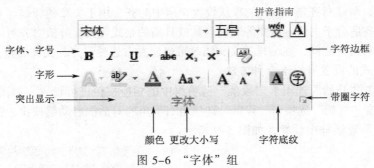

图 5-6 "字体"组

① 设置字体。字体是文字的一种书写风格。常用的中文字体有宋体、楷体、黑体和隶书等。在书籍、报刊的排版上，人们已形成了一种默认规范。例如，正文用宋体，显得正规；标题用黑体，起到强调作用。在一段文字中使用不同的字体可以对文字加以区分、强调。设置文本的字体应先选定要设置或改变字体的字符，单击"开始"选项卡中"字体"选项组中的"字体"下拉按钮，从字体列表中选择所需的字体名称。

② 设置字号。汉字的大小常用字号表示。字号从初号、小初号……直到八号字，对应的文字越来越小。一般书籍、报刊的正文为五号字。英文的大小常用"磅"的数值表示，1 磅等于 1/12 英寸，数值越小表示的英文字符越小。"五号"字约与"10.5 磅"字的大小相当。设置文本的字号应先选定要设置或改变字号的字符，单击"开始"选项卡中"字体"选项组中的"字号"下拉按钮，从列表中选择所需的字号。

③ 设置字符的其他格式。利用"开始"选项卡"字体"选项组还可以设置字符的"加粗""斜体""下画线""字符底纹""字符边框"和"字符缩放"等格式。

（2）使用"字体"对话框设置字体。使用"字体"对话框可以对格式要求较高的文档进行设置，单击"字体"选项组右下角的对话框启动器按钮可启动"字体"对话框，如图5-7所示。在"字体"对话框中有两个选项卡：字体、高级。

① "字体"选项卡：对中、英文字符设置字体、字符大小、添加各种下画线、设置不同的颜色和特殊的显示效果，并可通过"预览"窗口随时观察设置后的字符效果。

② "高级"选项卡：在"字符间距"选项区域中，设置字符在屏幕上显示的大小与真实大小之间的比例、字符间的距离和字符相对于基准线的位置。

2）段落格式设置

在 Word 中，段落是指以段落标记作为结束符的文字、图形或其他对象的集合。用户可以通过"开始"选项卡"段落"选项组中的"显示/隐藏编辑标记"按钮查看段落标记

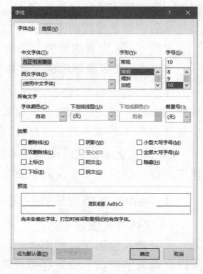

图5-7 "字体"对话框

"↵"。段落标记不仅表示一个段落的结束，还包含了本段的格式信息。设置一个段落格式之前不需要选定整个段落，只需要将光标定位在该段落中即可。

段落格式主要包括段落对齐、段落缩进、行距、段间距和段落的修饰等。

（1）段落对齐。在 Word 中，段落的对齐方式包括两端对齐、居中对齐、右对齐、分散对齐和左对齐。其中，两端对齐是 Word 的默认设置；居中对齐常用于文章的标题、页眉和诗歌等的格式设置；右对齐适合于书信、通知等文稿落款或日期的格式设置；分散对齐可以使段落中的字符等距排列在左右边界之间，在编排英文文档时可以使左右边界对齐，使文档整齐、美观。

段落对齐方式的设置有以下 2 种方法：

方法 1：单击"开始"选项卡"段落"选项组中的相应按钮进行设置，如图5-8所示。

方法 2：单击"开始"选项卡"段落"选项组右下角的对话框启动器按钮，弹出"段落"对话框。在"段落"对话框中设置，如图5-9所示。

图5-8 "段落"工具按钮

图5-9 "段落"对话框

（2）段落缩进。段落缩进是指文本与页边距之间的距离。段落缩进包括左缩进、右缩进、首行缩进和悬挂缩进，分别对应标尺上的 4 个滑块，如图 5-10 所示。

图 5-10　标尺与段落缩进滑块

左缩进用来表示整个段落各行的开始位置；右缩进用来表示整个段落各行的结束位置；首行缩进用以表示段落第一行的起始位置；悬挂缩进用来表示段落除第一行外的其他行的起始位置。

段落缩进的设置有以下 2 种方法：

方法 1：拖动标尺上的相应滑块进行设置。

方法 2：在打开的"段落"对话框进行设置。

（3）段落间距及行距。段落间距表示段落与段落之间的空白距离，默认为 0 行；行距表示段落中各行文本间的垂直距离，默认为单倍行距。

段落间距与行距的设置在"布局"选项卡"段落"选项组中进行；或在打开的"段落"对话框中进行。

（4）制表位的使用。

制表位的作用是使一列数据对齐，制表符类型有左对齐式制表符、居中式制表符、右对齐式制表符、小数点对齐式制表符和竖线对齐式制表符。

① 制表位的设置：

方法 1：鼠标操作。单击水平标尺最左端的制表符按钮，选择所需制表符；将鼠标指针移到水平标尺上，在需要设置制表符的位置单击即可设置该制表位。

方法 2：对话框操作。单击"段落"对话框左下角的"制表位"按钮，弹出"制表位"对话框，如图 5-11 所示。在其中可以设置制表位的位置、制表位文本的对齐方式及前导符等。

② 制表位的删除：单击制表位并拖离水平标尺即可删除制表位。

③ 制表位的移动：在水平标尺上左右拖动制表位标记即可移动制表位。

图 5-11　"制表位"对话框

（5）格式刷。通过格式刷可以将某段文本或某个段落的排版格式复制给另一段文本或段落，从而简化了对具有相同格式的多个不连续文本或段落的格式重复设置问题。其操作步骤如下：

步骤 1：选定要复制格式的段落或文本。

步骤 2：单击"开始"选项卡"剪贴板"选项组中的"格式刷"按钮，此后鼠标指针变为一把小刷子（注意：若需多次复制格式，则需双击格式刷）。

步骤 3：选定要设置格式的段落或文本即可。

3）特殊格式设置

（1）边框和底纹。Word 提供了为文档中的段落或表格添加边框和底纹的功能。边框包括边框形式、框线的外观效果等。底纹包括底纹的颜色（背景色）、底纹的样式（底纹的百分比和图案）和底纹内填充点的颜色（前景色）。其设置方法有以下 2 种：

方法 1：单击"开始"选项卡中"字体"选项组中的"字符边框"按钮 A 和"字符底纹"按钮 A。

方法 2：单击"开始"选项卡"段落"选项组中"边框"按钮 右侧的下拉按钮，在弹出的下拉列表中选择"边框和底纹"选项，弹出"边框和底纹"对话框，默认打开"边框"选项卡，如图 5-12 所示。

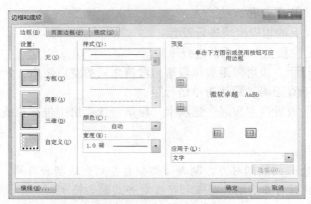

图 5-12 "边框和底纹"对话框

（2）项目符号与编号。在 Word 中，可以快速地给多个段落添加项目符号和编号，使得文档更有层次感，易于阅读和理解。

① 自动创建项目符号和编号。如果在段落的开始前输入诸如"1""·""a)""一、"等格式的起始编号，再输入文本，当按【Enter】键时 Word 自动将该段转换为编号列表，同时将下一个编号加入到下一段的开始处。同样当在段落的开始前输入"*"后跟一个空格或制表符，然后输入文本，当按【Enter】键时，Word 自动将该段转换为项目符号列表，星号转换成黑色的圆点。

② 手动添加编号。对已有的文本，用户可以方便地添加编号。操作方法有以下 2 种：

方法 1：单击"开始"选项卡"段落"选项组中的"编号"按钮。

方法 2：单击"开始"选项卡"段落"选项组中的"编号"按钮右侧的下拉按钮，弹出"编号库"下拉列表，从中进行选择。

（3）手动添加项目符号。项目符号与编号类似，最大的不同在于前者为连续的数字或字母，而后者使用相同的符号，如图 5-13 所示。用户若对 Word 提供的项目符号不满意，也可选择"项目符号库"中的"定义新项目符号"选项，在"定义新项目符号"对话框中选择其他项目符号字符甚至图片，如图 5-14 所示。

（4）首字下沉。Word 提供的首字下沉格式也称"花式首字母"。它可以使段落的第一个字符以大写并占用多行的形式出现，从而使文本更为突出，版面更为美观。而被设置的文字，则是以独立文本框的形式存在。

图 5-13　"项目符号库"下拉列表　　　　图 5-14　"定义新项目符号"对话框

设置"首字下沉"的操作步骤如下：

步骤 1：插入点定位在要设定为"首字下沉"的段落中。

步骤 2：单击"插入"选项卡"文本"选项组中的"首字下沉"选项，弹出"首字下沉"下拉列表，在该下拉列表中选择需要的格式，或者选择"首字下沉选项…"选项，弹出"首字下沉"对话框，如图 5-15 所示。单击"位置"选项区域中的"下沉"或"悬挂"方式就可以设置下沉的行数及与正文的距离等项目。

如果要去除已有的首字下沉，操作方法与设置"首字下沉"方法相同，只要在对话框的"位置"选项区域中选择"无"即可。

（5）文字方向。在 Word 中，除了可以水平横排文字外，还可以垂直竖排文字，显示出古代书籍的风格。

① 竖排整篇文档

方法 1：单击"布局"选项卡"页面设置"选项组中的"文字方向"按钮，弹出"文字方向"下拉列表，在该下拉列表中选择需要的文字方向格式，或者选择"文字方向选项"选项，打开"文字方向-主文档"对话框，如图 5-16 所示。在该对话框中的"方向"选项区域中根据需要选择一种文字方向；在"应用于"下拉列表框中选择"整篇文档"，在"预览"选项区域中可以预览其效果。单击"确定"按钮，即可完成文字方向的设置。

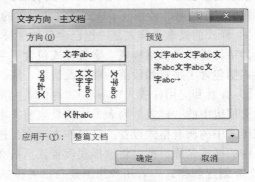

图 5-15　"首字下沉"对话框　　　　图 5-16　"文字方向"对话框

方法 2：单击"布局"选项卡"页面设置"选项组右下角的对话框启动器按钮，打开"页面设置"对话框，在"文档网格"选项卡中进行设置。

② 竖排部分文本。对该部分文字加文本框，单击"布局"选项卡"页面设置"选项组中的"文字方向"按钮，弹出"文字方向"下拉列表，在该下拉列表中选择需要的文字方向格式，或者选择"文字方向选项"选项，打开"文字方向–主文档"对话框设置。

（6）中文版式。在文档排版时，有些格式是中文特有的，称为"中文版式"。常用的中文版式包括：拼音指南、带圈字符、合并字符和双行合一等。

① 拼音指南：对中文文字加注拼音，如：中　国　民　航　飞　行　学　院　。

② 带圈字符：对文本设置更多样式的边框，如：中国民航飞行学院。

③ 合并字符：对 6 个以内的字符合并为一个符号，如：中国 飞行 民航 学院。

④ 双行合一：在一行内显示两行文本，如：中国民航飞行学院。

设置中文版式的方式如下：单击"开始"选项卡"字体"和"段落"选项组中的相应按钮设置所需格式。

（7）分栏。分栏排版是一种新闻样式的排版方式，不但在报刊、杂志中被广泛采用，还大量应用于图书等印刷品中。设置分栏的操作步骤如下：

步骤 1：选定需要分栏的段落。

步骤 2：单击"布局"选项卡"页面设置"选项组中的"分栏"按钮，弹出"分栏"下拉列表，在该下拉列表中选择需要的分栏样式，如果不能满足用户的需要，可在该下拉列表中选择"更多分栏"选项，弹出"分栏"对话框，如图 5–17 所示。

步骤 3：在对话框中设置栏数、宽度、间距和分隔线等，完成分栏。

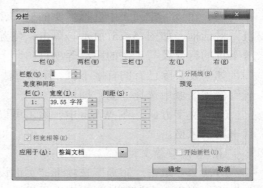

图 5–17　"分栏"对话框

4）样式与模板

（1）样式。用户在对文本进行格式化设置时，经常需要对不同的段落设置相同的格式。针对这种繁杂的重复劳动，Word 提供了样式功能，从而可以大大提高工作效率。另外，对于应用了某样式的多个段落，若修改了样式，这些段落的格式会随之改变，这有利于构造大纲和目录等。

① 样式的概念。样式是一组已命名的字符和段落格式设置的组合。根据应用的对象不同，可分为字符样式和段落样式。字符样式包含了字符的格式，如文本的字体、字号和字形等；段落样式则包含了字符和段落的格式及边框、底纹、项目符号和编号等多种格式。

② 查看和应用样式。Word 中，存储了大量的标准样式。用户可以在"开始"选项卡"样式"选项组中的"样式"列表框中查看当前文本或段落应用的样式。应用样式时，将会同时应用该样式中的所有格式设置。其操作方法为：选择要设置样式的文本或段落，单击"样式"列表框中的样式名称，即可将该样式设置到当前文本或段落中。

③ 创建新样式。若用户想创建自己的样式，在"开始"选项卡"样式"选项组中的"其他"按钮，在弹出的下拉列表中选择"创建样式"选项是最简单快速的方法。更多的样式创建则可以通过单击"样式"选项组右下角的对话框启动器按钮，显示"样式"面板，单击该样式面板左下角的"新建样式"按钮，弹出"根据格式设置创建新样式"对话框，在其中设置样式名称、样式类型或更多格式选项，单击"确定"按钮完成样式创建。

　　④ 管理样式。

　　修改样式：在打开的"样式"窗格中右击准备修改的样式，在弹出的快捷菜单中选择"修改"命令即可。或者单击"样式"面板下方的"管理样式"按钮，在打开的"管理样式"对话框中选中准备修改的样式，单击下面的"修改"按钮，在打开的"修改样式"对话框中进行修改。

　　删除样式：在打开的"样式"窗格中右击准备删除的样式，在弹出的快捷菜单中选择"删除"命令即可。当样式被删除后，应用此样式的段落自动应用"正文"样式。

　　（2）模板。Word 提供的模板功能可以快捷地创建形式相同但具体内容有所不同的文档。模板是文档的基本结构和文档格式的集合。模板通常以".dotx"为扩展名存放在 Template 文件夹下。

　　① 根据模板创建文档。Word 创建的任何文档都是以模板为基础的，如默认情况下的"空白文档"使用的是 Normal.dotx 模板。用户如果需要使用其他模板创建文档，可以单击"文件"，在弹出的面板中选择"新建"命令，进入"新建"面板，在该面板中单击所需模板即可打开相应的模板预览对话框，在该对话框单击"创建"按钮，即可根据已安装的模板创建新文档。

　　② 根据文档创建模板。除了使用 Word 提供的模板，用户也可以把一个已存在的文档创建为模板。用户只需要在保存文件时将"保存类型"设置为"文档模板（.dotx）"进行保存，就可以创建一个新模板。

　　5）页面格式设置

　　在 Word 中除了可以对文本进行格式设置，还可以对页面进行格式化，以增强文档的感染力。对页面的格式设置包括页面的背景与主题、页边距与纸张大小、文档分页或分节以及页眉页脚等。

　　（1）页面背景与主题。对页面使用背景与主题可以美化页面在屏幕上的显示效果，但其效果并不能打印出来。

　　① 页面背景的设置。单击"设计"选项卡"页面背景"选项组中的"页面颜色"按钮，弹出"主题颜色"下拉列表，在该下拉列表中选择需要的颜色，如果不能满足用户的需要，可在该下拉列表中选择"其他颜色"选项，弹出"颜色"对话框，单击标准配色盘中的颜色即可为文档加上该颜色背景。

　　② 主题的设置。单击"设计"选项卡"主题"选项组中的"主题"按钮，弹出"主题"下拉列表，在该下拉列表中选择需要的主题，完成设置。

　　（2）文档分页与分节。一般情况下，系统会根据纸张大小自动对文档分页，但是用户也可以根据需要对文档进行强制分页。此外，用户还可以将文档划分为若干节（如一本书中的每一章即是一节）。"节"就是 Word 用来划分文档的一种方式，是文档格式化的最大单位。这样的划分更有利于在同一篇文档中设置不同的页眉、页脚等页面格式。

　　对文档进行强行分页或分节，可以使用插入"分页符"与"分节符"的方法。分节符是为表示节的结束而插入的标记，在普通视图下，显示为含有"分节符"字样的双虚线，用删除字符的方法可以删除分节符。

　　插入分节符或分页符的方法：单击"布局"选项卡"页面设置"选项组中的"分隔符"按钮，弹出"分隔符"下拉列表，在该下拉列表中选择需要的分隔符，完成设置。

　　（3）页眉和页脚。页眉和页脚位于文档中每个页面的顶部与底部区域，在进行文档编辑时，可以在其中插入文本或图形，如书名、章节名、页码和日期等信息。在文档中可自始至终用同一个页眉或页脚，也可在文档的不同节里用不同的页眉和页脚。

注意：在普通视图方式下，不会显示页眉和页脚。因此，要查看页眉或页脚必须使用打印预览、页面视图或将文档打印出来。当选择了"页眉和页脚"命令后，Word会自动转换到页面视图方式，同时显示"页眉和页脚工具|设计"选项卡，如图 5-18 所示。

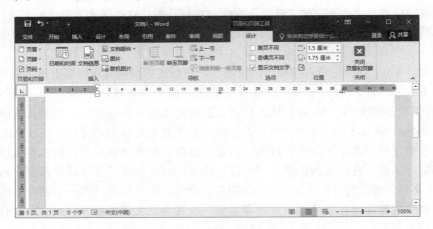

图 5-18　页眉和页脚的设置

设置普通页眉和页脚的步骤如下：

步骤 1：单击"插入"选项卡"页眉和页脚"选项组中的"页眉"按钮，选择相应选项进入页眉编辑区，并打开"页眉和页脚工具|设计"选项卡。

步骤 2：在页眉编辑区中输入页眉内容，并编辑页眉格式。

步骤 3：单击"页眉和页脚工具|设计"选项卡"导航"选项组中的"转至页脚"按钮，切换到页脚编辑区。

步骤 4：在页脚编辑区输入页脚内容，并编辑页脚格式。

步骤 5：设置完成后，单击"页眉和页脚工具|设计"选项卡"关闭"选项组中的"关闭页眉和页脚"按钮，返回文档编辑窗口。

（4）设置奇偶页不同的页眉和页脚。在没有分节的情况下，页眉和页脚的设置虽然只在文档的某页中完成，但是实际会影响该文档的每一页，即每一页都会添加上相同的页眉和页脚。所以，如果用户需要编辑的文档要求奇数页与偶数页具有不同的页眉或页脚时，应在"页眉和页脚工具|设计"选项卡中"选项"选项组中选中"奇偶页不同"选项。

（5）设置不同节的页眉和页脚。为文档的不同部分建立不同的页眉和页脚，只需将文档分成多节，然后断开当前节和前一节页眉和页脚间的连接即可。

（6）设置页码。页码是页眉和页脚中使用最多的内容。因此，可以在设置页眉和页脚时通过单击在"页眉和页脚工具|设计"选项卡"页眉和页脚"选项组中的"页码"按钮添加页码。另外，如果在页眉或页脚中只需要包含页码，而无须其他信息，还可以使用插入页码的方式，使页码的设置更为简便，其具体操作步骤如下：

步骤 1：单击"插入"选项卡"页眉和页脚"选项组中的"页码"按钮，在弹出的下拉列表中选择"设置页码格式"选项，弹出"页码格式"对话框。

步骤 2：在该对话框中可设置所插入页码的格式。

步骤 3：单击"确定"按钮，完成页码设置。

（7）页面设置。对文档页面的设置会直接影响整篇文档的打印效果，包括页边距的设置、纸型的设置、版式的设置和文档网格的设置等。这些操作都可以在"页面设置"对话框的 4 个选项卡中完成。打开该对话框的方法为：单击"布局"选项卡"页面设置"选项组右下角的对话框启动器按钮，弹出"页面设置"对话框。

① "页边距"选项卡：用来设置页边距（正文与纸张边缘的距离）和纸张的方向。

② "纸张"选项卡：用来设置纸张大小与来源。

③ "版式"选项卡：用来设置文档的特殊版式。

④ "文档网格"选项卡：用来设置文档网格，指定每行、每列的数字。

5.2.2　Word 文档的图文混排技巧

1．图片的插入与编辑

图片通常是由其他软件创建的图形，如位图文件、扫描的图片、照片等。图片可以分为两种类型：嵌入式图片和浮动式图片。嵌入式图片是将图片看作一种特殊的文字，它只能出现在插入点所在位置；浮动式图片可以出现在文档任意位置，包括文档边界处或已有文字上方或下方。两种类型的转换可以在选中图片后，通过"图片工具|格式"选项卡"排列"选项组的"位置"或"环绕文字"实现。

1）插入图片

（1）插入联机图片。插入联机图片的操作方法为：定位插入点，单击"插入"选项卡"插图"选项组中的"联机图片"按钮，打开"插入图片"窗格。在"必应图像搜索"后面的文本框中输入要查找的图片名称，单击后面的搜索按钮，在窗格的列表中将显示所有找到的符合条件的图像，选中所需的图片，单击"插入"按钮即可将其插入文档中。

（2）插入图片文件。插入图片文件的操作方法为：定位插入点，单击"插入"选项卡"插图"选项组中的"图片"按钮，在弹出的"插入图片"对话框中，找到并双击所需图片文件名称，即可将其插入文档中。

（3）链接图片文件。如果需要的图片文件过大，用户也可以采用链接图片文件的方式使用该图片。链接的图片不是整体插入文档中，只是在打开文档时通过链接地址临时调入文档中，因此，若图片文件被删除或重命名，文档中就不能正确显示该图片。

链接图片文件的方法与插入图片文件类似，只是在"插入图片"对话框中选定所需图片文件名称后，单击"插入"按钮旁的下拉按钮，在弹出的下拉菜单中选择"链接到文件"命令即可。

2）编辑图片

编辑选定的图片，可以通过两种方式：一种是右键单击图片，在弹出的快捷菜单里选择相应选项；另一种是通过"图片工具|格式"选项卡进行编辑，如图 5-19 所示。

图 5-19　"图片工具|格式"选项卡

（1）图片的缩放。

方法1：单击选定图片，将鼠标指针移到任意一个控制柄上，待指针形状变为双向箭头，就可以拖动鼠标改变图片大小。

方法2：在"设置图片格式"对话框的"大小"选项卡中精确设置图片大小。

（2）图片的裁剪。裁剪图片并不等于删除部分图片，用户仍可以通过"重设图片"恢复图片原状。图片裁剪的操作方法有以下2种：

方法1：选定图片，单击"图片工具|格式"选项卡"大小"选项组中的"裁剪"按钮，拖动控制柄，划过的区域就是被裁剪掉的部分。

方法2：在"布局"对话框的"大小"选项卡中精确设置裁剪数值。

（3）图片的环绕。在 Word 中图片的环绕方式默认为"嵌入环绕"。用户也可以根据实际需要设置其他环绕类型：四周型、紧密型、衬于文字下方和浮于文字上方。操作方法有以下2种：

方法1：选定图片，单击"图片工具|格式"选项卡"排列"选项组中的"环绕文字"按钮，选择环绕类型。

方法2：选定图片，单击"图片工具|格式"选项卡"排列"选项组中的"位置"按钮，选择环绕类型。

方法3：在"布局"对话框的"文字环绕"选项卡中设置环绕类型及对齐方式。

2．形状对象的插入与编辑

Word 提供的绘图工具可以为用户绘制多种简单图形，如线条、五星等。这些工具集中在"插入"选项卡的"插图"组和"图片工具|格式"选项卡中。

1）绘图画布

绘图画布是 Word 在用户绘制图形时自动产生的一个矩形区域。它包容所绘图形对象，并自动嵌入文本中。绘图画布可以整合其中的所有图形对象，使之成为一个整体，以帮助用户方便地调整这些对象在文档中的位置。

单击"插入"选项卡"插图"选项组中的"形状"按钮下方的下拉按钮，在弹出的面板中选择"新建绘图画布"，就可以建立新的绘图画布了。

2）绘图图形

单击"插入"选项卡"插图"组中的"形状"按钮，选择要绘制的形状，将鼠标指针移到绘图画布中，指针显示为十字形，在需要绘制图形的地方按住左键拖动，就可以绘制图形对象了。

3）在图形中添加文字

在图形中可以添加文字，并设置其格式。操作方法为：右击图形对象，在弹出的快捷菜单中选择"添加"命令，在显示的插入点位置添加文字。

4）移动、旋转和叠放图形

① 移动图形：单击图形对象，当光标变为十字箭头时，拖动图形即可移动其位置。

② 旋转图形：单击图形对象，图形上方出现绿色按钮，拖动该按钮，鼠标指针变为圆环状，就可以自由旋转该图形了。

③ 叠放图形：画布中的图形相互交叠，默认为后绘制的图形在最上方，用户也可以自由调整图形的叠放位置。右击图形对象，在弹出的快捷菜单中选择"叠放次序"，在级联子菜单中选择该图形的叠放位置。

5）设置图形尺寸、颜色

① 改变图形大小：单击图形对象，拖动其四周的 8 个控制点，改变图形大小。

② 设置图形颜色：单击图形对象，通过"绘图工具" | "格式"选项卡中"形状样式"选项组中的相应按钮可以分别为图形内填充的底色、图形的边框线条及图形中的文字设置颜色，或其他填充效果。

6）设置图形阴影效果

对于图形对象，巧妙搭配色彩、阴影，可以使图形更生动。其设置方法为：选中图形对象，单击"绘图工具|格式"选项卡中"形状样式"选项组中的"形状效果"按钮，在弹出的菜单列表里面选择"阴影"中的一种阴影样式，即可为图形设置阴影效果；选择"阴影选项"，即可进一步设置图形阴影的其他参数。

7）设置图形三维效果

为图形设置三维效果可使图形更加逼真、形象，并且可以调整阴影的位置和颜色，而不影响图形本身。其设置方法为：选定需要设置阴影效果的图形，单击"绘图工具|格式"选项卡中"形状样式"选项组中的"形状效果"按钮，在弹出的菜单列表里选择"三维旋转"中的一种三维样式，即可为图形设置三维效果。

3．文本框的插入与编辑

文本框是一种特殊的图形对象，它如同一个容器，可以包含文档中的任何对象，如文本、表格、图形或它们的组合。它可以被置于文档的任何位置，也可以方便地进行缩小、放大等编辑操作，还可以像图形一样设置阴影、边框和三维效果。需要注意的是：文本框只能在页面视图下创建和编辑。

1）创建与编辑文本框

文本框按其中文字的方向不同，可分为横排文本框和竖排文本框两类。其创建与编辑的方法相同。

（1）创建文本框。单击"插入"选项卡"文本"选项组中的"文本框"按钮，在弹出的下拉列表中选择"绘制文本框"选项，在指定位置拖动鼠标指针到所需大小即可插入空白文本框。在文本框插入点处可进一步编辑文本框内容。

（2）编辑文本框。文本框具有图形的属性，所以其编辑方法与图形的编辑类似。对文本框的格式设置方法：选定要设置格式的文本框，右击，在弹出的快捷菜单中选择"设置形状格式"命令，在弹出的"设置形状格式"面板中完成设置。

2）链接文本框

文本框不能随着其内容的增加而自动扩展，但可通过链接多个文本框，使文字自动从文档的一个部分编排至另一部分，即在一个文本框内显示不下的文本，能继续在被链接的第二个文本框中显示出来，而无需人为干预。

链接各文本框的操作方法为：选中第一个文本框，单击"绘图工具|格式"选项卡"文本"选项组中的"创建链接"按钮，当鼠标变成一个直立的杯子形状时，再单击需链接的第二个文本框中（注意该文本框必须为空），则两个文本框之间便建立了链接。

4．艺术字的插入与编辑

艺术字是进行特殊效果处理后的文字，在 Word 中，其实质是一种图形。所以，艺术字的插入和编辑与图形的绘制和编辑基本相同，不但可以设置颜色、字体格式，还可以设置形状、阴影和三维效果等。其操作步骤如下：

步骤 1：插入艺术字：定位插入点，单击"插入"选项卡"文本"选项组中的"艺术字"按钮，在下拉列表中选择艺术字样式，弹出"编辑艺术字文字"对话框。

步骤 2：在"编辑艺术字文字"对话框中依次编辑艺术字文本内容和文字格式，以设置出形式多样的艺术字。

步骤 3：若需要编辑已有艺术字，还可以通过"绘图工具|格式"选项卡中的相应按钮，更改艺术字的文字内容、样式、格式和环绕方式等。

5．SmartArt 图形的插入与编辑

SmartArt 图形是指用图形来表达信息和观点的一种视觉表示形式。Word 2016 提供了多种不同布局的 SmartArt 图形供用户快速、有效地传达信息。单击"插入"选项卡"插图"选项组中的"SmartArt"按钮，可打开"选择 SmartArt 图形"对话框，如图 5-20 所示。

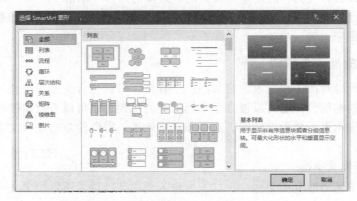

图 5-20　"选择 SmartArt 图形"对话框

Word 2016 提供的 SmartArt 图形分为列表、流程、循环、层次结构、关系、矩阵、棱锥图、图片共 8 类，"选择 SmartArt 图形"对话框左侧列出分类列表，中间列出该分类下的每一种子类，对话框右侧显示该子类的外观图供用户查看。

创建 SmartArt 图形后，可利用"SmartArt 工具"下方的"设计"和"格式"选项卡对 SmartArt 图形进行文字内容录入和外观设计。SmartArt 图形提供"文本"窗格供用户录入文本信息。"文本"窗格的顶部，可以编辑在 SmartArt 图形中显示的文字。"文本"窗格底部，可以查看有关该 SmartArt 图形的其他信息。

6．表格的插入与编辑

相对于大段文字的密集性，表格可以使输入的文本更清晰明朗。Word 表格由包含多行和多列的单元格组成，在单元格中可以随意添加文字或图形，也可以对表格中的数字数据进行排序和计算。

1）表格的创建

Word 提供了多种创建表格的方法，用户可以根据工作需要选择合适的创建方法。

方法 1：单击"插入"选项卡"表格"选项组中的"表格"按钮，然后在弹出的下拉列表中拖动鼠标指针以选择需要的行数和列数。

方法 2：单击"插入"选项卡"表格"选项组中的"表格"按钮，然后在弹出的下拉列表中选择"插入表格"命令，弹出"插入表格"对话框，如图 5-21 所示。在对话框中设置列数与行数，完成表格创建。

方法 3：文字转换为表格。选定要转换成表格的文本，单击"插入"选项卡"表格"选项组中的"表格"按钮，然后在弹出的下拉列表中选择"文本框转换成表格"命令，弹出"将文字转换成表格"对话框，创建该文本对应的表格，如图 5-22 所示。

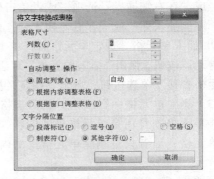

图 5-21　"插入表格"对话框　　　　　　图 5-22　"将文字转换成表格"对话框

方法 4：对于不规则且较复杂的表格可以采用手工绘制。单击"插入"选项卡"表格"选项组中的"表格"按钮，在弹出的下拉列表中选择"绘制表格"命令，用笔形指针绘制表格框线。若要擦除框线，单击"擦除"按钮，待指针变为橡皮擦形，将其移到要擦除的框线上双击即可。

2）表格的编辑

在 Word 文档中插入一个空表格后，将插入点定位在某单元格，即可进行表格内容输入。若想将光标移动到相邻的右边单元格可按【Tab】键，移动光标到相邻的左边单元格则可按【Shift + Tab】组合键。对于单元格中已输入的内容进行移动、复制和删除操作，与一般文本的操作相同。

（1）选定单元格、行、列或整个表格。如前所述，在对一个对象进行操作之前必须先将它选定，表格也是如此。

① 选定单元格：

方法 1：单击单元格前端，即可选定一个单元格。

方法 2：选择"表格工具|布局"选项卡"表"选项组中的"选择"→"选择单元格"选项。

② 选定行或列：

方法 1：单击行左前端，或列上端位置，可以选定一行或一列。

方法 2：选择"表格工具|布局"选项卡"表"选项组中的"选择"→"选择行"/"选择列"选项。

③ 选定整个表格：

方法 1：单击表格左上方的田按钮选定整个表格。

方法 2：选择"表格工具|布局"选项卡"表"选项组中的"选择"→"选择表格"选项。

（2）插入行或列、单元格。

① 插入行或列。如果需要在表格中插入整行或整列，应先选定已有行或列，插入的新行

或列，默认在选定行或列的上方或左侧。另外，插入的行或列的数目与选定的行或列的数目一致。

- 插入行：选定行后，选择"表格工具|布局"选项卡"行和列"选项组中的"在上方插入"或"在下方插入"选项；或者单击鼠标右键，在弹出的快捷菜单中选择"插入"→"在上方插入行"或"在下方插入行"命令，即可在表格中插入所需的行。
- 插入列：选定列后，选择"表格工具|布局"选项卡"行和列"选项组中的"在左侧插入"或"在右侧插入"选项，或者单击鼠标右键，从弹出的快捷菜单中选择"插入"→"在左侧插入列"或"在右侧插入列"命令，即可在表格中插入所需的列。

② 插入单元格。选定单元格后，单击"表格工具|布局"选项卡"行和列"选项组中的对话框启动器按钮，弹出"插入单元格"对话框。在该对话框中选择相应的单选按钮，如选中"活动单元格右移"单选按钮，单击"确定"按钮，即可插入单元格。

（3）删除单元格、行或列。删除表格单元格、行或列的操作类似。需要区分的是删除的是这些单元格本身还是单元格里的内容，前者会去掉单元格本身，并以其他单元格来替代删除的单元格；后者只是删除单元格里的内容，单元格本身仍然存在。以行为例，这两种操作如下：

① 删除行、列、单元格：定位或选定要删除的对象，按【Backspace】键，或单击"表格工具|布局"选项卡"行和列"选项组中的"删除"按钮，在弹出的下拉列表中选择相应删除选项，或者右击，从弹出的快捷菜单中选择"删除单元格"命令，在弹出的"删除单元格"对话框中选择相应删除选项即可删除不需要的对象。

② 删除行内文本：选定要删除内容的行，按【Delete】键。

（4）合并与拆分单元格。

① 合并单元格。合并单元格是指将多个相邻的单元格合并为一个单元格。其操作方法如下：

方法 1：选中要合并的多个单元格，单击"表格工具|布局"选项卡"合并"选项组中的"合并单元格"按钮。

方法 2：右击，在弹出的快捷菜单中选择"合并单元格"命令，即可清除所选定单元格之间的分隔线，使其成为一个大的单元格。

方法 3：单击"表格工具|布局"选项卡"绘图"选项组中的"橡皮擦"按钮，擦除分隔框线也可以实现单元格的合并。

② 拆分单元格。拆分单元格是指将一个单元格分为多个相邻的子单元格。其操作方法如下：

方法 1：选定要拆分的一个或多个单元格，单击"表格工具|布局"选项卡"合并"选项组中"拆分单元格"按钮，在弹出的对话框中选择拆分后的小单元格数目。

方法 2：右击，从弹出的快捷菜单中选择"拆分单元格"命令，在弹出的对话框中选择拆分后的小单元格数目。

方法 3：单击"表格工具|布局"选项卡"绘图"选项组中的"绘制表格"按钮，添加分隔框线也可以实现单元格的拆分。

3）表格的修饰

表格的修饰是指调整表格的行、列宽度，设置表格的边框、底纹效果，设置表格对齐等属性，使表格更清晰、美观。

（1）表格的大小、行高与列宽。

① 调整表格的大小：

方法 1：用鼠标拖动表格的边框进行调整。

方法 2：拖动表格右下角的调整按钮口，成比例调整表格大小。

方法 3：在"表格工具|布局"选项卡"单元格大小"选项组中设置表格行高和列宽，或者右击，在弹出的快捷菜单中选择"表格属性"命令，弹出"表格属性"对话框，在其中设置表格尺寸，如图 5-23 所示。

② 调整表格的行高与列宽。如果没有指定表格的行高与列宽，则行高与列宽取决于该行或列中单元格的内容。用户也可以根据需要自行调整行高或列宽。

方法 1：用鼠标拖动该行或列的边线进行调整。

方法 2：用鼠标拖动标尺上对应的"调整表格行（列）"标记进行调整。

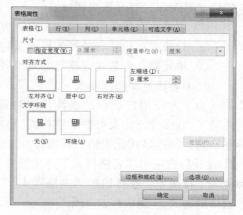

图 5-23 "表格属性"对话框

方法 3：在"表格工具|布局"选项卡"单元格大小"选项组中设置表格行高和列宽，或者右击，在弹出的快捷菜单中选择"表格属性"命令，弹出"表格属性"对话框，打开"行"选项卡，在该选项卡中选中"指定高度"复选框，并在其后的微调框中输入相应的行高值；打开"列"选项卡，在该选项卡中选中"指定宽度"复选框，并在其后的微调框中输入相应的列宽值。

③ 均分表格的各行与各列。在规则表格中，经常要使多行或多列具有相同的高度或宽度，Word 提供的平均分布按钮可以帮助用户简单地解决这个问题。其操作为：选定需要平均分布的行或列，右击，在弹出的快捷菜单中选择"平均分布各行（列）"命令，或单击"表格工具|布局"选项卡"单元格大小"选项组中"分布行"或"分布列"按钮。选择"自动调整"选项，Word 将按照整张表的宽度、高度自动调整行高、列宽，使这些行、列宽度一致。

（2）单元格中文本的对齐。单元格中的文本根据不同的实际情况，需要不同的对齐方式，如标题一般在单元格正中间，数据文本在单元格右端。改变表格单元格中文本的对齐方式，可以使表格数据更明显。其具体操作为：在"表格工具|布局"选项卡"对齐方式"选项组设置文本的对齐方式。

（3）表格的边框与底纹。为了使表格更美观，表格各部分数据更明显，可以对表格边框设置不同颜色或粗细的框线，也可为各行或列添加底纹。

① 设置表格边框。单击"表格工具|设计"选项卡"边框"选项组中的"边框"按钮，弹出"边框和底纹"对话框，打开"边框"选项卡，在该选项卡中的"设置"选项区域中选择相应的边框形式；在"样式"列表框中设置边框线的样式；在"颜色"和"宽度"下拉列表框中分别设置边框的颜色和宽度；在"预览"选项区域中设置相应的边框或者单击"预览"选项区域中左侧和下方的按钮；在"应用于"下拉列表框中选择应用的范围。

② 设置表格底纹

单击"表格工具|设计"选项卡"表格样式"选项组中的"底纹"按钮，在弹出的下拉列表中设置表格的底纹颜色，或者选择"其他颜色"选项，弹出"颜色"对话框，在该对话框中可选择其他的颜色。

（4）设置表格属性。表格属性包括表格、行、列和单元格的属性，可以在"表格属性"对话框中进行设置。用户可以通过单击"表格工具|布局"选项卡"单元格大小"选项组中的对话器启动器按钮，打开该对话框。

① 表格：设置表格的尺寸、对齐方式和文字环绕方式。

② 行或列：设置行或列的尺寸及特殊行选项。

③ 单元格：设置单元格尺寸及对齐方式。

（5）表格自动套用格式

为了方便用户进行一次性的表格格式设置，Word提供了40多种已定义好的表格格式，用户可通过套用这些格式，快速格式化表格。其操作方法为：在"表格工具|设计"选项卡"表格样式"选项组中设置，单击"其他"下拉按钮，在弹出的"表格样式"下拉列表中选择表格的样式，如图5-24所示。

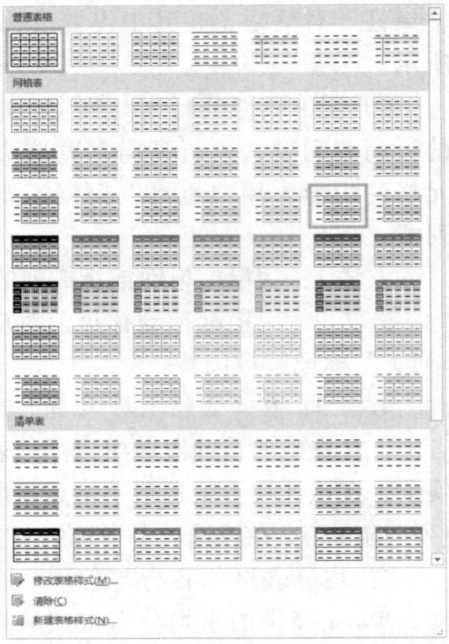

4）表格的排序与计算

（1）表格的排序。在 Word 表格中，可以按照递增或递减的顺序对文本、数字或其他数据进行排序。其中，递增称为"升序"，即按 A 到 Z，0 到 9，日期的最早到最晚进行排列；递减称为"降序"，即按 Z 到 A，9 到 0，日期的最晚到最早进行排列。

图 5-24　表格样式下拉列表

排序的操作步骤如下：

步骤 1：单击"表格工具|布局"选项卡"数据"选项组中的"排序"按钮，弹出"排序"对话框，如图5-25所示。

步骤 2：选择所需的排序条件，即排序依据的顺序：主要关键字、次要关键字和第三关键字。

步骤 3：单击"确定"按钮，完成排序操作。

（2）表格的计算。Word 提供了在表格中快速进行数值的加、减、乘、除以及求平均值等计算的功能。参与计算的数可以是数值，也可以是以单元格名称代表的单元格内容。表格中的每个单元格按"列号行号"的格式进行命名，列号依次用 A、B、C、……等字母表示，行号依次用 1、2、3、……等数字表示，如 B3 表示第 3 行第 2 列的单元格。

表格中的计算方法为：单击"表格工具|布局"选项卡"数据"选项组中的"公式"按钮，在"公式"对话框中进行更多复杂运算。

【例 5-1】在某班级学生成绩表中，计算 B3 到 D3 单元格内存放的各成绩的平均值，并保留两位小数。

步骤 1：插入点定位在要存放结果的单元格，打开"公式"对话框。

步骤 2：在"公式"列表框清除默认公式"Sum(Left)"；在"粘贴函数"下拉式列表框选择 AVERAGE 函数，在"公式"框相应位置输入自变量"B3:D3"，表示计算平均值的单元格地址区域，在"数字格式"列表框选择保留两位小数的数字格式，图 5-26 所示为实现该功能的设置。单击"确定"按钮，Word 就会自动计算出平均成绩。

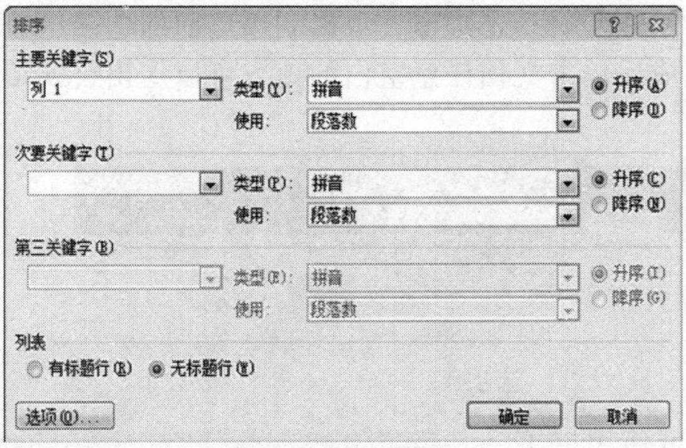

图 5-25 "排序"对话框   图 5-26 表格公式计算

步骤 3：但是，在 Word 表格中，对多项重复的计算没有捷径，必须重复使用上述步骤依次计算。而更方便的计算，用户可以在 Excel 电子表格中进一步感受。

7．公式的插入与编辑

利用公式编辑功能可方便地实现数学公式、数学符号的编辑，并能自动调整公式中各元素的大小、间距以及进行格式编排。

Word 2016 引入了内置数学公式编辑器，可以大大方便数学文档的编辑。单击"插入"选项卡"符号"选项组中的"公式"按钮，即可立即插入一个公式对象，如图 5-27 所示。单击"公式"按钮旁边的下拉按钮，可以启动"内置"公式面板，如图 5-28 所示。该面板上方的列表中列出了常用公式，可以直接选择。

图 5-27 公式对象

Word 2016 引入了手写公式的功能。单击"内置"公式面板下方的"墨迹公式"选项，即可打开墨迹公式，如 5-29 所示。在弹出的墨迹公式输入窗口，按下鼠标左键不放并在黄色区域中进行手写就可以了。墨迹公式具有很强的识别能力。

图 5-28 "内置"公式面板

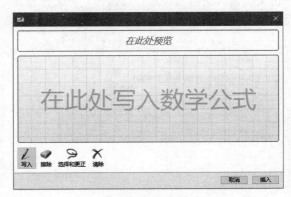

图 5-29 墨迹公式

书写的时候若识别错了之后不用立即修改，继续写后面的内容，它会自动进行校正；最终较正不过来的，可以选择下方第二个"擦除"按钮工具去掉错误的地方，也可以利用下方第四个"清除"按钮工具将整个公式擦除重写；使用"选择和更正"按钮识别错误的符号，将会弹出一个菜单框，从中选择正确的符号即可。

进入公式编辑状态后，系统会弹出"公式工具|设计"选项卡，可以利用里面的选项组按钮自行编辑公式，如图 5-30 所示。公式编辑完成后单击文档任意空白的地方可以退出公式编辑状态。

图 5-30 "公式工具|设计"选项卡

如果需要将公式添加到常用公式列表，可使用以下方法：

步骤 1：选中要添加的公式。在"公式工具|设计"选项卡"工具"选项组中单击"公式"，然后单击最下方的"将所选内容保存到公式库"。

步骤 2：在"新建构建基块"对话框中，输入公式的名称。在"库"下拉列表中，选择"公式"选项。设置好保存位置，单击"确定"按钮即可。如图 5-31 所示。

图 5-31 "新建构建基块"对话框

8. 对象的插入与编辑

如果要在文档中引入由其他软件创建的文档，可以使用 Word 2016 的对象插入功能，以文档的方式将另一篇文档对象引入当前文档中，有以下 2 种方法可以使用：

1）使用"插入"选项卡引入对象

步骤 1：将文档光标定位到需要插入附件的位置，单击"插入"选项卡"文本"选项组的"对象"按钮右侧的下拉按钮，在弹出的菜单中选择"对象"命令，打开"对象"对话框；

步骤 2：在"对象"对话框中若选择"新建"选项卡，则可由下方列表中的应用程序新建一份文档插入到当前位置；若选择"由文件创建"选项卡，则可单击"浏览"按钮选择一个已经存在的文件插入当前位置，如图 5-32、图 5-33 所示。

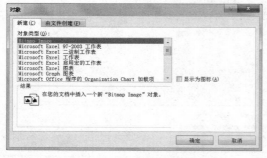

图 5-32 "对象"|"新建"选项卡

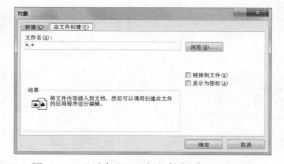

图 5-33 "对象"|"由文件创建"选项卡

若勾选"显示为图标"复选框，此时插入的文档将以图标方式插入文档。比如需插入一份 Excel 文档，图标显示方式和非图标显示方式分别如图 5-34、图 5-35 所示。

图 5-34　对象-图标显示方式

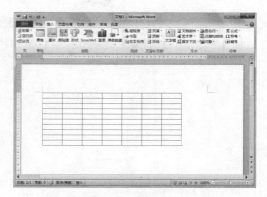

图 5-35　对象-非图标显示方式

若要修改插入文档，双击图标或文档区域即可。

2）使用"粘贴"功能引入对象

Word 2016 可以通过剪贴板的复制粘贴功能引入已经创建好的对象，方法如下：

步骤 1：在文件夹中选择要插入的对象，然后复制该对象。

步骤 2：光标定位到需要插入附件的位置，在"开始"选项卡"剪贴板"选项组中单击"粘贴"按钮旁的下拉按钮，选择"选择性粘贴"命令，打开"选择性粘贴"对话框。

步骤 3：在"选择性粘贴"对话框中选择要粘贴的形式，单击"确定"按钮即可，如图 5-36 所示。

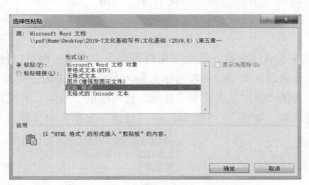

图 5-36　选择性粘贴对象

9．域的插入与编辑

域是指 Word 文档中的一些公用性字段，域可以为文档提供自动更新的信息，如日期、时间、标题、页码等。每个 Word 域都有一个唯一的名字和不同的取值，保存在 Word 的文档部件库中，可重复使用。使用 Word 域进行文档编排，可有效减少重复操作，提高工作效率。在 Word 文档中插入域的步骤如下：

步骤 1：把鼠标定位到要插入域的位置，选择"插入"选项卡"文本"选项组"文档部件"下拉列表中的"域"命令；

步骤 2：在打开的"域"对话框中选择要插入的域的类别、域名，设置相关参数和属性后单击"确定"按钮即可，如图 5-37 所示。

不同的域功能大相径庭，设置方法也不一样，可根据实际需求进行操作。

图 5-37 "域"对话框

5.2.3 Word 文档的引用与审阅功能

1. 目录与索引

1) 文档的纲目结构

论文、著作等长文档都是由多个章节组成的，为了方便编撰，常采用纲目结构呈现。所谓纲目结构，就是文档按文字级别划分为多级标题样式和正文样式。在 Word 提供的大纲视图下，纲目结构能为用户清晰地建立、查看或更方便地调整文档的章节顺序，也可以便捷地自动生成全文目录。

在大纲视图中建立或调整纲目结构主要是通过"引用"选项卡中"目录"选项组中的相应按钮来完成。

2) 目录

一篇文档若已设置好了纲目结构，就无须用户手动录入目录，而可以使用 Word 提供的目录功能对各级标题自动生成目录，如图 5-38 所示。插入目录的方法为：把光标移到文章最开始要插入目录的空白位置，选择"引用"选项卡"目录"选项组的"目录"下拉列表中的"插入目录"命令，弹出"目录"对话框，如图 5-39 所示。在"目录"选项卡中设置目录格式即可。

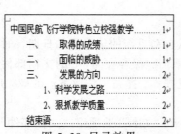

图 5-38 目录效果　　　　　　　　　图 5-39 "目录"对话框

若要通过目录查找指定正文，可以在按住【Ctrl】键的同时，单击该目录标题，光标就会定位到该标题对应的正文处。若需要更新目录，可右击目录，在弹出的快捷菜单中选择"更新域"命令。

3）索引

所谓索引，是指根据用户需要，把文档中的主要概念或各种题名摘录下来，标明页码，按一定次序分条排列，以供用户查阅。索引一般放在文档最后，建立索引就是为了方便在文档中查找某些信息。

索引在创建之前，应该首先标记文档中的词语、单词和符号等索引项。其操作步骤如下：

步骤1：选定要作为索引项使用的文本，单击"引用"选项卡"索引"选项组中的"标记索引项"按钮，弹出"标记索引项"对话框，如图5-40所示。

步骤2：分别选择各索引项文本，单击"标记"或"标记全部"按钮，完成索引项建立。

所有索引项标记完成后，单击"引用"选项卡"索引"选项组中的"插入索引"按钮，弹出"索引"对话框，在"索引"选项卡中设定索引样式，即可完成整个索引的建立。

图 5-40　"标记索引项"对话框

2．脚注与尾注

在编著书籍或撰写论文时，经常需要对文中的某些内容进行注释说明，或标注出所引用文章的相关信息。而这些注释或引文信息若是直接出现在正文中则会影响文章的整体性，所以可以使用脚注和尾注功能来进行编辑。作为对文本的补充说明，脚注按编号顺序写在文档页面的底部，可以作为文档某处内容的注释，如图5-41所示；尾注是以列表的形式集中放在文档末尾，列出引文的标题、作者和出版期刊等信息。

脚注和尾注由两个关联的部分组成：注释引用标记和其对应的注释文本，注释引用标记通常以上标方式显示在正文中。插入脚注和尾注的操作步骤如下：

步骤1：定位插入点到要插入脚注和尾注的位置。

步骤2：单击"引用"选项卡中"脚注"选项组右下角的对话框启动器按钮，弹出"脚注和尾注"对话框，如图5-42所示。

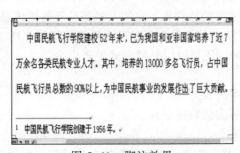

图 5-41　脚注效果

图 5-42　"脚注和尾注"对话框

步骤 3：若选中"脚注"单选按钮，则可以插入脚注；若选中"尾注"单选按钮，则可以插入尾注。

步骤 4：单击"确定"按钮后，就可以在出现的编辑框中输入注释文本。

输入脚注或尾注文本的方式会因文档视图的不同而有所不同。如果要删除脚注或尾注，只需直接删除注释引用标记，Word 可以自动删除对应的注释文本，并对文档后面的注释重新编号。

3．题注

题注是指添加到文档表格、图表、公式或其他项目上的编号标签或说明性文字。插入题注的方法如下：

步骤 1：将插入点定位到需要插入题注的图或表，单击"引用"选项卡"题注"选项组的"插入题注"按钮，弹出"题注"对话框，如图 5-43 所示。

步骤 2：在"题注"对话框"标签"列表中，选择所需标签。如果列表中没有所需标签，可单击"新建标签"按钮，建立新的标签，如图 5-44 所示。

图 5-43　"题注"对话框

图 5-44　新建标签

步骤 3：用户可根据需要设置标签名称，设置完毕后，单击"确定"按钮。

当题注编号中的图片、表格等对象进行了增删，只需选中全文，按功能键【F9】，题注即可自动重新编号。

4．邮件合并

在日常工作中，用户经常需要处理大量报表或信件，而这些报表和信件的主要内容基本相同，只是其中的具体数据稍有不同。为了将用户从这种烦琐的重复劳动中解放出来，Word 在"邮件"选项卡中提供了"邮件合并"功能。该功能可以应用在批量打印信封、请柬、工资条、学生成绩单或准考证等各方面，使用户的操作更为简便。

邮件合并需要包含两个文档：一个是由共有内容形成的主文档（如未填写的信封样本）；另一个是包括不同数据信息的数据源文档（如需要填写的收件人、发件人和邮编等数据信息）。所谓合并就是在相同的主文档中插入不同的数据信息，合成多个含有不同数据的类似文档。合并后的文件可以保存为 Word 文档，也可以打印出来，还可以以邮件形式发送出去。

执行邮件合并功能的操作步骤如下：

步骤 1：创建主文档，输入内容固定的共有文本内容。

步骤 2：创建或打开数据源文档，找到文档中不同的数据信息。

步骤 3：在主文档的适当位置插入数据源合并域。

步骤 4：执行合并操作，将主文档的固有文本和数据源中的可变数据按合并域的位置分别进行合并，并生成一个合并文档。

5．批注

在修改他人的文档时，审阅者需要在该文档中加入个人的修改意见，但又不能影响原文档的排版，这时可以使用"批注"的方法，如图 5-45 所示。

画"按钮，打开"剪贴画"任务窗格。在"搜索文字"文本框中输入剪贴画的相关主题或类别；在"搜索范围"下拉列表框中选择要搜索的范围；在"结果类型"下拉列表框中选择文件类型。单击"搜索"按钮，显示相关主题的剪贴画。单击选中的剪贴画，即可将其插入到文档中。新插入的剪贴画默认为嵌入式。

tubb 几秒以前
新建的批注

图 5-45　修订与批注效果

插入批注的方法为：选定待批注的文本，单击"审阅"选项卡中"批注"选项组中的"新建批"按钮，在出现的批注文本框中输入批注信息。

6．修订与审阅

修订是指显示文档中所做的各种编辑更改的位置的标记。用户可以通过单击"审阅"选项卡中"修订"选项组中的"修订"按钮，启用修订功能。

当修订功能开启后，用户的每一次插入、删除或格式更改都会被标记出来。在查看修订时，用户也可以选择接受或拒绝每处修改，方法为：右击修订的文本，在弹出的快捷菜单中选择相应命令即可。

5.2.4　Word 文档保护与宏的使用

1．文档保护

Word 2016 提供一定的文档保护机制，通过标记文档最终状态、设置密码、限制编辑、限制权限和添加数字签名等途径，帮助用户根据实际情况对文档信息采取一定的安全措施。单击"文件"，进入 Backstage 视图，在"信息"选项区域单击"保护文档"按钮，可弹出相关保护选项，如图 5-46 所示。

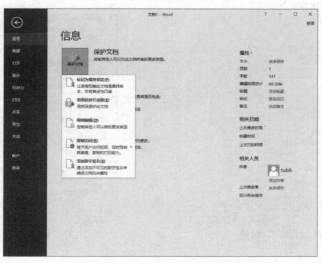

图 5-46　"保护文档"按钮

1）标记为最终状态

文档被标记为最终状态之后，可以让用户知道该文档是最终版本，并将其设置为"只读"文档。文档将禁止输入、编辑和校对，如图5-47所示。

2）用密码进行加密

给一份文档加上密码并保存后，需要输入正确的密码才能再次打开文档，可以有效地保护文档的安全性。利用该选项为打开的文档设置密码时需要注意的是该密码严格区分大小写。如图5-48所示。

若要取消密码，打开已加密文档后再次进入"加密文档"对话框，删除密码后保存文档即可。

3）限制编辑

在"保护文档"下拉列表中选择"限制编辑"命令后，会弹出"限制编辑"窗格，用户可以在这里对文档的操作权限进行设置，如图5-49、图5-50所示。

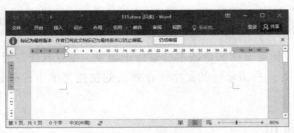

图5-47 "最终状态"文档

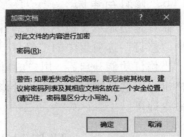

图5-48 加密文档

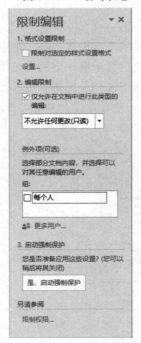

图5-49 "限制编辑"窗格

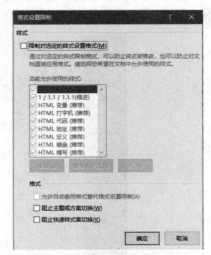

图5-50 格式设置限制对话框

2．宏

宏是由一系列 Office 命令和指令组合在一起形成的命令集合。这组指令集合被定义成一个新的单独的命令，用来完成某项特定的任务。以后只需要使用这一个命令即可执行其所包含的所有指令，实现任务执行的自动化，从而节省按键和鼠标操作的时间，避免大量重复的工作。在 Microsoft Word 中需要反复执行某项任务时，使用宏可以简化工作步骤，加速日常文档编排速度，提高工作效率。

Word 提供两种方法来创建宏：宏录制器和 Visual Basic 编辑器。其中使用宏录制器创建宏的步骤如下：

步骤 1：单击"视图"选项卡中的"宏"按钮，在下拉列表中选择"录制宏"命令，弹出"录制宏"对话框，如图 5-51 所示。

步骤 2：在"宏名"列表框中输入要录制的宏的名称。在"将宏指定到"中为新宏设置需要使用的按钮或键盘按键。在"将宏保存在"中设置新宏保存的文件。

默认的情况下，宏存放在 Word 事先定义好的一个通用模板文件 Normal.dot 中，该文件包含了所有基本宏，是一个共用文件，只要 Word 一启动，就会自动运行 Normal.dot 文件，以便所有的 Word 文档均能使用里面的宏。

步骤 3：单击"确定"按钮，开始录制新宏，用户可以在这里把所有需要保存在宏里面的操作编辑一遍。录制过程中如果要进行不希望保存在宏里的操作，可以选择"视图"选项卡中的"宏"下拉列表中的"暂停录制"命令，暂停录制。

步骤 4：编辑完成后，选择"视图"选项卡中的"宏"下拉列表中的"停止录制"命令返回 Word 窗口中，宏录制完成。

利用"视图"选项卡中的"宏"下拉列表菜单中的"查看宏"命令，可以对已经存的宏进行查看、运行、编辑等操作，如图 5-52 所示

图 5-51　"录制宏"对话框

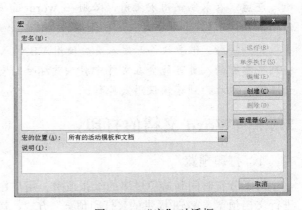

图 5-52　"宏"对话框

例如，录制可以插入一个 3 行 4 列表格的宏 Ins_table1，可使用【Ctrl+1】组合键。

步骤 1：选择"视图"→"宏"→"录制宏"命令，在弹出的"录制宏"对话框中设置宏名为 Ins_table1，如图 5-53 所示。

步骤 2：单击"键盘"按钮，弹出"自定义键盘"对话框，按【Ctrl+1】组合键，设置宏操作以后使用的快捷键，如图 5-54 所示。

图 5-53 "录制宏"对话框

图 5-54 "自定义键盘"对话框

步骤 3：单击"自定义键盘"对话框的"确定"按钮即可开始录制宏。在这里创建一个 3 行 4 列表格，如图 5-55 所示。

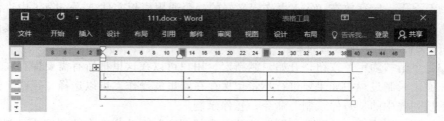

图 5-55 创建 3 行 4 列的表格

步骤 4：选择"视图"→"宏"→"停止录制"命令，宏录制完成。在以后需要该表格的地方，只要按下【Ctrl+1】组合键即可创建相应的表格。

注意：在录制使用宏之前，必须在 word 选项设置里面启用宏：选择"文件"→"选项"命令，在弹出的"word 选项"对话框的"信任中心"中设置即可。

特别提醒：很多软件开发人员会使用 VBA（Visual Basic for Applications）创建编写宏。某些别有意图的人员可能会在文件中引入破坏性的宏，利用用户的文档传播病毒，引发潜在的安全风险。因此，须谨慎使用宏操作。

5.2.5 Word 文档的打印

1. 打印预览

为了节省时间和避免过多的纸张浪费，用户在正式打印文档前，应按照设置好的页面格式进行文档预览。Word 提供的"打印预览"方式，就是系统为用户提供的预先观看打印效果的一种文档视图。它以所见即所得的方式，使用户可以在屏幕中查看最后的打印效果。

进行打印预览的方法：

单击"文件"，进入 Backstage 面板，选择"打印"命令，即可打开文档的预览窗口，如图 5-56 所示。

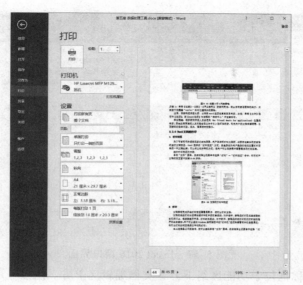

图 5-56 文档的打印和预览

2．打印

文档排版完成并经打印预览查看满意后，便可以打印文档。

文档的成功打印必须得到硬件和软件的双重保证。对于硬件，要确保打印机已经连接到主机端口上，电源接通并开启，打印纸已装好；对于软件，要确保所用打印机的打印驱动程序已经安装好。用户可以通过 Windows 控制面板中的"打印机"选项来查看软件的安装情况，也可以打印测试页确保文件顺利打印。

设置确定无误后，单击"打印"按钮，正式打印。

5.3 电子表格处理软件

Microsoft Office Excel 是微软公司（Microsoft）出品的 Office 系列办公软件中的一个组件，主要用于创建和编辑电子表格，进行数据的复杂运算、分析和预测，完成各种统计图表的绘制。另外，运用打印功能还可以将数据以各种统计报表和统计图的形式打印出来。目前，该软件广泛应用于金融、财务、企业管理和行政管理等各领域。从 1985 年的第一个版本 Excel 1.0 到现在的 Excel 2019，Excel 的功能越来越丰富，操作也越来越简便。

5.3.1 Excel 2016 基本操作

1．Excel 2016 的视图与窗口组成

1）Excel 2016 的窗口组成

Excel 2016 的窗口布局与 Word 2010 类似，但由于操作对象和操作方法不同，也有不一样的地方需要注意，如图 5-57 所示。

图 5-57　Excel 2016 窗口界面

（1）名称框。名称框位于功能区组下方，文档编辑区上方。用以显示当前选定的各个对象的地址或名称，也可通过名称框快速定位单元格。

（2）编辑栏。编辑栏用来显示或编辑当前单元格的内容、公式或图表。

（3）表格式的文档编辑区。Excel 文档的每一个页面（即工作表）以二维表格的形式出现，在工作区左侧及顶端，分别以字母或数字表示该表格的行号与列标。

（4）工作表标签。工作表下端（水平滚动条的左侧）为工作表标签，用以显示或切换工作表。

2）Excel 的视图

（1）视图。Excel 2016 电子表格具有以下 5 种视图查看方式：

① 普通视图：为 Excel 默认视图方式，可查看全局数据及结构。用户一般在普通视图下查看、录入、编辑数据，普通视图下没有标尺。

② 页面布局视图：页面必须输入数据或选定单元格才会高亮显示，可以清楚地根据当前打印纸张大小、方向、页边距等参数显示每一页的数据。页面布局视图下可直接输入页眉和页脚内容。

③ 分页预览：可清楚地显示并标记打印页，便于用户快速选择打印页。分页预览状态下可通过鼠标单击并拖动分页符调整分页符的位置，方便设置缩放比例。

④ 自定义视图：允许用户根据实际需要定义个性化视图，可保存不同的打印设置、隐藏行、列及筛选设置。

⑤ 全屏显示：菜单及功能区被隐藏，工作表区域放大到几乎整个显示器，便于大面积查看和使用表格编辑区，使用【Alt+V+U】组合键，即可快速切换至全屏视图。还可以将全屏视图命令添加到快速访问工具栏，按【Esc】键可退出全屏显示。

（2）窗口冻结与拆分。当工作表中数据太多、表格太大时，显示屏只能显示工作表的部分数据，这往往会给操作带来不便。而 Excel 提供的窗口拆分与冻结功能，可以帮助用户在一屏中对照比较工作表中相距较远的数据，使操作更为简便。

① 拆分工作表窗口。工作表窗口的拆分，就是将工作表窗口分为 2 个或 4 个小窗格，用户可以在任一窗格内通过拖动滚动条查看或编辑工作表的任一区域，且在任一窗格中编辑处理的结果都会保存在该工作表文件中，如图 5-58 所示。

- 拆分工作表窗口的方法：定位拆分位置之后，单击"视图"选项卡"窗口"选项组中的"拆分"按钮，在屏幕中将出现水平和垂直两条拆分线，同时窗口被分为 4 个窗格。拖动拆分线可以改变窗格的大小。
- 取消拆分的方法：单击"视图"选项卡"窗口"选项组中的"拆分"按钮或直接双击拆分线即可。

② 冻结工作表窗口。工作表窗口的冻结就是保证在工作表滚动时某些数据保持位置不变，始终可见，如工作表中的行列标志。冻结后的窗口也会被分为 2 或 4 个小窗格，如图 5-59 所示。但与拆分不同的是，顶部和左侧窗格会完全或部分冻结。被冻结的数据区域不会随工作表的其他部分同时移动，其中，左上方窗格完全固定；左下方窗格只能垂直滚动；右上方窗格只能水平滚动；右下方窗格未冻结。

图 5-58　窗口拆分效果　　　　　　　　图 5-59　窗口冻结效果

- 冻结工作表窗口的方法：选择要冻结的位置，单击"视图"选项卡"窗口"选项组中的"冻结窗格"按钮下的相关选项，冻结线将会出现在选定单元格的上方和左侧。
- 取消冻结的方法：单击"视图"选项卡"窗口"选项组中的"冻结窗格"按钮下的"取消冻结窗格"即可取消冻结。

2．Excel 的基本概念

通过对 Excel 窗口界面的描述可以看出，一个 Excel 文档（即工作簿）由多个编辑页面（即工作表）组成，而每张编辑页面又由多行多列形成大量的方格（即单元格）组成。掌握工作簿、工作表和单元格的概念对熟练使用 Excel 非常重要。

1）工作簿

工作簿指在 Excel 中用来保存并处理数据的文件，即一个 Excel 文档，它的扩展名为".xlsx"。通常在启动 Excel 后，系统会自动建立一个默认名为"工作簿 1.xlsx"的工作簿，以后再继续创建工作簿的名称默认为"工作簿 2.xlsx""工作簿 3.xlsx"……。

2）工作表

工作簿中的每一张二维表格称为工作表，由行号、列标和网格线组成。Excel 2016 的一个工作簿中默认有 1 个工作表，用户可以根据需要添加工作表，每一个工作簿最多可以包括 255 个工作表，且每张工作表都有一个名称，显示在工作表标签上。默认情况下一个工作簿会自动创建一张工作表，命名为 sheet1。当然，用户也可以根据需要增加或删除工作表。

工作表是一个由 1 048 576 行和 16 384 列组成的表格。位于其左侧区域的灰色编号为各行的行号，自上而下从 1 到 1 048 576，共 1 048 576 行；位于其上方的灰色字母为各列的列标，由左到右分别是"A""B"……"Z""AA""AB"……"ZZ""AAA"……"XFD"，共16 384 列。

3）单元格

工作表的各行与各列交叉形成的就是单元格，它是工作表的最小单位，也是 Excel 用于数据存储或公式计算的最小单位。一张工作表最多可包含 1 048 576 × 16 384 个单元格。在 Excel 中，通常用"列标行号"来表示某单元格，也被称为单元格地址或单元格名称，如"A3"表示该工作表中第 1 列第 3 行的单元格。

若某单元格周围显示为粗线，则被称为活动单元格或当前单元格，表示当前显示、输入或修改的内容都会在该单元格中。此时，其行号、列标会突出显示，该单元格的名称也会出现在名称框中，框线右下角为一个小方块，称为填充柄。将鼠标指向填充柄时，鼠标的形状变为黑十字，用于快速向邻近单元格填充数据。

3. Excel 数据的输入、编辑与格式化

在单元格中输入数据有多种方法。例如，可以通过手工单个输入，可以利用 Excel 提供的系统功能在单元格中自动填充数据或在多张工作表中输入相同数据，还可以在相关的单元格或区域之间建立公式或引用函数，完成计算结果数据的输入。

1）一般数据的输入

在 Excel 中，数据根据性质不同可分为数值型数据、文本型数据、日期型数据和逻辑型数据等几种。各种数据的输入方法大致相同：在选定的单元格中输入所需数据，再用【Enter】键或编辑栏上的"输入"按钮✓确认输入；或用【Esc】键或编辑栏上的"取消"按钮✕取消输入。但不同类型的数据也有各自的特性。

（1）数值型数据。数值型数据由数字、正负号和小数点等构成，在单元格中默认为右对齐，需要注意：

① 科学记数法数据：格式为"尾数 E 指数"，如"3.6E+04"表示 36000。

② 负数：可直接输入负号后跟数字，也可用括号将数字括起，如"–5"和"(5)"都表示 –5。

③ 分数：在单元格内显示为"分子/分母"格式，在编辑栏中显示为该分数对应的小数数值。输入时先输入 0 和空格，再输入分子/分母，否则将会显示为文本类型或时间日期类型。如"0 1/5"表示 1/5，即 0.2。

（2）文本型数据。文本型数据由字母、符号和数字等构成，在单元格中默认为左对齐，需要注意：

① 纯数字式文本数据：许多数字在使用时不再代表数量的大小，而是用于表示事物的特征和属性，如学生的学号。这些数据就是由数字构成的文本数据，在输入时应先输入"'"再输入数字，如"'3277654"（在单元格内单引号不会显示出来）。

② 单元格内文本换行：在 Excel 中，按【Enter】键表示确认输入，所以若要在同一个单元格内换行应按【Alt + Enter】组合键。

（3）时间日期型数据：默认为"yy–mm–dd　hh:mm"格式，在单元格中默认为右对齐。在处理过程中，系统也把它作为一种特殊的数值。例如，日期间相减可以得到这两个日期的间隔天数；某日期加减另一个数字可以得到该日期的前或后几天的日期。

① 若需输入当天日期：按【Ctrl + ;】组合键。

② 若需输入当前时间：按【Ctrl + Shift + ;】组合键。

（4）逻辑型数据。逻辑型数据只有两个值"TRUE"（真）、"FALSE"（假），在单元格中默认为居中对齐。

2）自动填充数据

通过 Excel 的自动填充数据功能可以为有规律的数据输入提供极大的便利。

（1）填充相同的数据。对于纯数值或不含数字的纯文本，直接拖动填充柄即可将相同的数据复制到鼠标经过的单元格里；对于含有数字的混合文本，按住【Ctrl】键再拖动填充柄即可。

（2）按序列直接填充数据。对于含有数字的文本，直接拖动填充柄即可使文本不变，数字按自然数序列填充；对于数值数据，Excel 能预测填充趋势，然后按预测趋势自动填充数据。例如，在单元格 A2、A3 中分别输入学号 20070821001 和 20070821002，选中 A2、A3 单元格区域，再往下拖动填充柄时，Excel 判定其满足等差数列，因此，会在下面的单元格中依次填充 20070821003、20070821004 等值。

（3）利用菜单命令填充数据。选定序列初始值，按住鼠标右键拖动填充柄，在松开鼠标后，会弹出快捷菜单，包括"复制单元格""填充序列""仅填充格式""不带格式填充""等差序列""等比序列"和"序列"等命令，单击选择即可。

单击"开始"选项卡"编辑"组中的"填充"按钮，在其下拉列表中有"向下""向右""向上""向左""两端对齐"和"序列"等选项，选择不同的命令可以将内容填充至不同位置的单元格中。

（4）采用自定义序列自动填充数据。虽然 Excel 自带一些填充序列，如"星期一"到"星期日"等，但用户也可以通过工作表中现有的数据项或自己输入一些新的数据项来创建自定义序列。其操作可以通过单击"文件"→"选项"打开"Excel 选项"对话框，单击"高级"→"常规"选项区域的"编辑自定义列表"按钮即可打开"自定义序列"对话框。

① 添加自定义序列：在选择"输入序列"里输入新序列后单击右侧的"添加"按钮即可将新序列添加到自定义序列中去。

② 更改自定义序列：选中要更改的序列，在"输入序列"框中进行改动。

③ 删除自定义序列：选中要删除的序列，单击"删除"按钮。

3）单元格的编辑与修饰

编辑单元格包括对单元格及单元格内数据的编辑，如修改单元格内容、移动或复制单元格以及插入或删除单元格等。修饰单元格即对单元格进行格式设置，如单元格内数据对齐方式的设置、边框或底纹的添加以及数据字体的设置等。

（1）修改单元格内容。修改单元格中的内容应先选定该单元格，使其成为活动单元格。若需要完全重新输入，可直接输入新内容；若只是修改部分原内容，则需按【F2】键或双击活动单元格或直接在编辑栏中对数据进行编辑，最后按【Enter】键或【Tab】键表示编辑结束。

（2）移动和复制单元格。单元格的移动或复制与 Word 中文本的移动或复制操作类似，但还需要注意以下几点：

① 在剪切或复制操作后，选定的文本会被闪烁的虚线框包围，在虚线框未消失前可做多次的粘贴操作。

② 若只需要粘贴一次，可以在目标单元格用【Enter】键代替粘贴操作。

③ 若通过鼠标拖动的方式进行移动和复制，则在拖动前需将鼠标指向选定区域边框，当鼠标指针显示为四方向箭头时才能拖动。

④ 若要将选定单元格整个插入到已有单元格间，则需要按住【Shift】键，复制则需要按住【Shift + Ctrl】组合键，再进行拖动，且必须先释放鼠标再松开按键。

（3）选择性粘贴。除了复制整个单元格外，Excel 还可以选择对单元格中的特定内容或格式进行复制，其操作步骤如下：

步骤 1：对所需单元格执行"复制"操作。

步骤 2：选定目标单元格，单击"开始"选项卡"剪贴板"选项组中的"粘贴"下拉按钮，选择"选择性粘贴"选项，弹出"选择性粘贴"对话框，如图 5-60 所示。

步骤 3：选中"粘贴"选项区域中所需选项，再单击"确定"按钮完成操作。

（4）插入单元格、行或列。在实际工作中可以根据需要插入单元格、整行或整列。

① 插入单元格。单击"开始"选项卡"单元格"选项组中的"插入"下拉按钮，选择"插入单元格"选项。

注意：若选定了多个单元格再插入，则插入的新单元格数量与选定的单元格数量相等。插入单元格时应在图 5-61 所示的"插入"对话框中选择相应的插入方式。

图 5-60 "选择性粘贴"对话框

图 5-61 "插入"对话框

② 插入行或列。

方法 1：单击"开始"选项卡"单元格"选项组中的"插入"下拉按钮，选择"插入工作表行"或"插入工作表列"选项即可。

方法 2：在"插入"对话框中选择插入方式为"整行"或"整列"。

（5）删除与清除单元格、行或列。

① 删除单元格、行或列。删除是指将选定对象从工作表中移走，并相应调整周围的单元格、行或列的位置。其操作方法为：选定需要删除的单元格、行或列，单击"开始"选项卡中"单元格"选项组中的"删除"按钮。

② 清除单元格、行或列。清除是指将选定的单元格中的内容、格式或批注等取消，但单元格仍保留在工作表中。其操作方法为：选定需要清除的单元格、行或列，单击"开始"选项卡"编辑"选项组中的"清除"按钮，在弹出的下拉列表中选择清除的类型即可，如图 5-62 所示。

（6）单元格的格式设置。单元格的格式设置包括数据类型的设置、对齐方式的设置、字体的设置和边框与底纹的设置等。常用的操作可以在"开始"选项卡"数字"选项组中选择相应的按钮完成，更详细的设置则应单击"数字"选项组右下角的对话框启动器按钮，打开"设

图 5-62 "清除"菜单

置单元格格式"对话框，通过对应的选项卡完成。

① 设置数字类型。Excel 为用户提供了丰富的数据类型，包括：常规、数值、货币、会计专用、日期、时间、百分比、分数、科学记数、文字、特殊和自定义等。每一种数据类型的格式都可以在"数字"选项卡中进行详细设置，如数值数据可以选择小数点的位数等，如图 5-63 所示。此外，用户还可以自定义数据类型，使工作表中的内容更加丰富。用户只需在"分类"列表框中选择"自定义"选项，就可以在"类型"框中设置数据类型格式了。

② 设置对齐方式。Excel 中不同的数据类型有各自默认的对齐方式，已在前面的章节介绍过。用户也可以根据实际情况在"对齐"选项卡中进行重新设置，如图 5-64 所示。

图 5-63　数字类型设置　　　　　　图 5-64　对齐方式设置

数据的对齐分为水平对齐和垂直对齐两种。在水平方向上，包括左对齐、右对齐和居中对齐等，还可以使用缩进功能使内容不紧贴单元格。在垂直方向上，包括靠上对齐、靠下对齐和居中对齐等。

Excel 还为用户提供了单元格内容旋转及文本控制功能。通过"方向"选项区域的设置，可以将选定的单元格内容完成 –90°～+90° 的旋转。通过"文本控制"选项区域的设置，可以完成数据内容的自动换行、多个单元格合并等功能。

① 设置字体。对一张工作表的各部分的字体做不同的设定，可以使工作表的内容更加清晰。这个设置可以在"字体"选项卡中完成，其设置方式与 Word 中的字体设置类似。

② 设置边框。工作表虽然是以表格形式出现，但其灰色的网格线在打印时并不会被打印出来。因此，用户在制作电子表格时还需要自行设定表格边框，使打印出来的表格更加美观。边框的设置可以在"边框"选项卡中完成，如图 5-65 所示。其中，"样式"列表框提供了不同边框的线型；"颜色"下拉列表框提供了不同边框的色彩；"预置"选项区域提供了边框应用的位置。需要注意的是，一定要先选择线型、颜色等，再应用到不同的边框位置，否则设置不会生效。

③ 设置底纹图案。为了使工作表各个部分的内容更加醒目、美观，Excel 还提供了对单元格添加底纹图案或背景颜色的功能。该设置可以在"填充"选项卡中完成，如图 5-66 所示。其中，"颜色"列表提供了不同的背景颜色；"图案样式"下拉列表框提供了不同的底纹图案；"图案颜色"下拉列表框提供了多种图案配色方案。

图 5-65　单元格边框设置　　　　　　　　图 5-66　单元格背景填充

4．Excel 工作表的编辑与设置

在一个 Excel 2016 工作簿中，默认的工作表只有 1 个，但用户可根据实际需要增添或删除工作表，也可以对已有工作表重命名。当工作表中的数据基本正确后，还要对工作表进行总体的格式设置，以使工作表版面更美观、合理。

1）工作表的添加、删除和重命名

（1）工作表的添加。在已存在的工作簿中可以添加新的工作表，其操作方法有如下 3 种：

方法 1：单击"开始"选项卡"单元格"选项组中的"插入"按钮，在下拉列表中选择"插入工作表"选项，在当前工作表前添加一个新的工作表。

方法 2：右击工作表标签，在弹出的快捷菜单中选择"插入"→"工作表"命令，也会在当前工作表前插入一个新的工作表。

方法 3：直接单击现有工作标签右侧的⊕按钮即会在最后一个工作表后插入一个新的工作表。

（2）工作表的删除。用户可以在工作簿中删除不需要的工作表，其操作方法有如下 2 种：

方法 1：单击"开始"选项卡"单元格"选项组中的"删除"按钮，选择下拉列表中的"删除工作表"→"删除当前活动工作表"选项。

方法 2：右击工作表标签，在弹出的快捷菜单中选择"删除"命令，删除当前工作表。

（3）工作表的重命名。默认情况下，工作表的名称依次为 Sheet1、Sheet2、……，为了方便使用，用户也可以根据工作表内容对其重新命名。其操作方法有如下 3 种：

方法 1：双击需要重命名的工作表标签，输入新的工作表名称。

方法 2：单击"开始"选项卡"单元格"选项组中的"格式"按钮，选择下拉列表中的"重命名工作表"选项，此时当前工作表名称将会反色显示，输入新的工作表名称即可。

方法 3：右击工作表标签，在弹出的快捷菜单中选择"重命名"命令，修改当前工作表名称。

2）工作表的移动或复制

实际应用中，有时需要将一个工作簿上的某工作表移到其他的工作簿中，或者需要将同一工作簿的工作表顺序进行重排，这就需要进行工作表的移动和复制操作。

（1）移动或复制工作表到其他工作簿中。先打开目的工作簿，再切换到待移动工作表，单击"开始"选项卡"单元格"选项组中的"格式"按钮，选择下拉列表中的"移动或复制工作表"选项，在弹出的"移动或复制工作表"对话框中选择目标工作簿并确定工作表的目标位置即可。如果是复制而非移动工作表，则应同时选中对话框中的"建立副本"复选框。

（2）在本工作簿中移动或复制工作表。直接用鼠标拖动待移动工作表标签到新位置即可在同一工作簿中移动工作表。若在按住【Ctrl】键的同时再拖动工作表标签到新位置则是在同一工作簿中复制工作表。

3）设置工作组

工作组就是将某工作簿中的多张工作表同时选中形成的工作表集合。利用工作组功能，用户只需一次输入，就可以更新工作组中所有工作表相同位置的数据。形成工作组后，在窗口标题栏中会有"［工作组］"标志。其具体设置方法是：

方法 1：按住【Ctrl】键，依次单击需要的工作表标签，可以使不连续的工作表形成工作组。

方法 2：单击第一个工作表标签，再按住【Shift】键，单击最后一个工作表标签，可以使连续的工作表形成工作组。

4）工作表的格式设置

用户在完成工作表数据编辑后，还需要对工作表进行格式设置，从而呈现出内容整齐、样式美观、风格明晰的数据表现形式。

（1）工作表列宽与行高的设置。一般地，Excel 的行高会根据单元格里的内容自动调整，但列宽则需要用户手动调整。手动调整列宽或行高的方法如下：

方法 1：用鼠标拖动行号间或列标间的分隔线即可粗略设置行高或列宽。

方法 2：在"页面布局"选项卡的"调整为合适大小"选项组中设置行高或列宽。

（2）条件格式设置。条件格式是指当指定条件为真时，Excel 将自动应用于单元格的格式。例如，需要对某列数据中 60 以下的数值显示为红色，90 以上的数值显示为蓝色，就可以采用条件格式，使系统自动判别数据段，自动设置两种不同的颜色格式。其具体操作步骤如下：

步骤 1：选中需要设置条件格式的单元格区域。

步骤 2：单击"开始"选项卡"样式"选项组中的"条件格式"按钮，选择"突出显示单元格规则"→"介于"选项，弹出图 5-67 所示对话框。

步骤 3：分别设置条件及格式，单击"确定"按钮即可。

（3）工作表自动套用格式。为了快速完成工作表修饰，用户也可以利用 Excel 提供的自动套用格式功能，便捷地设置整个工作表格式。Excel 2016 内置了大量工作表格式方案，自动套用格式就是利用这些已有方案对工作表中的各个组成部分进行格式设置。其操作方法如下：

单击"开始"选项卡"样式"选项组中的"套用表格格式"按钮，在图 5-68 所示的"套用表格格式"下拉列表中，选择适合的格式样式。

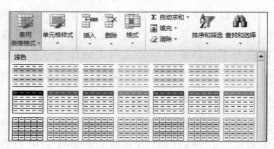

图 5-67　"介于"对话框　　　　　　　　　　图 5-68　"套用表格格式"下拉列表

5）保护工作表与工作簿

（1）保护工作表。保护工作表就是保护工作表中的各元素，防止对工作表的行列进行插入、删除和格式修改等操作，以及防止非授权用户更改锁定单元格的内容。其操作方法为：单击"审阅"选项卡"更改"选项组中的"保护工作表"按钮，在弹出的"保护工作表"对话框中进行设置，如图 5-69 所示。

为了防止其他人取消对工作表的保护，还可以在"保护工作表"对话框中设置"取消工作表保护时使用的密码"。

（2）保护工作簿。工作簿中的各元素也可以进行保护，以防止非授权用户添加、删除或隐藏工作表等。其操作方法为：单击"审阅"选项卡"更改"选项组中的"保护工作簿"按钮，在弹出的"保护结构和窗口"对话框中进行设置，如图 5-70 所示。

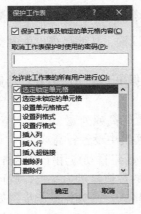

图 5-69　保护工作表

图 5-70　保护工作簿

与工作表的保护类似，为了防止他人取消对工作簿的保护，可以在"密码"文本框中设置取消工作簿保护时的密码。

（3）撤销保护。若用户需要取消工作表或工作簿的保护，可以单击"审阅"选项卡"更改"选项组中的"保护工作簿"按钮，在弹出的"保护结构和窗口"对话框中进行设置。若设置了取消密码，则还需在弹出的撤销保护提示框中正确输入密码。

5.3.2　Excel 公式及函数的应用

在实际工作中，往往会有大量数据项是相互关联的，通过规定多个单元格数据间的关联关系，可以实现这些数据的自动计算。公式和函数就是这些关联关系的数学体现，也是 Excel 的核心。在目标单元格中输入正确的公式或函数后，会立即在该单元格中显示出计算结果，且如果改变了工作表中与公式有关或作为函数参数的单元格中的数据，Excel 也会自动更新计算结果，这样就使大量数据的编辑与修改变得更为方便了。

1. 单元格的引用

公式与函数中用到的参数数据有些是用户即时输入的数据，更多的则是使用已有单元格中的数据。这种以已有单元格的地址代表单元格内数据内容的方式就被称为单元格的引用。掌握并正确使用不同的单元格引用类型是熟练应用公式与函数的基础。

1）相对引用

相对引用是指在复制或移动公式或函数时，参数单元格地址会随着结果单元格地址的改变而产生相应变化的地址引用方式，其格式为“列标行号”，如 A7、B6 等。

2）绝对引用

绝对引用是指在复制或移动公式或函数时，参数单元格地址不会随着结果单元格地址的改变而产生任何变化的地址引用方式，其格式为“$列标$行号”，如$A$7、$B$6 等。

3）混合引用

混合引用是指在单元格引用的两个部分（列标和行号）中，一部分是相对引用，另一部分是绝对引用的地址引用方式，其格式为“列标$行号”或“$列标行号”，如 A$7、$B6 等。

4）三维引用

三维引用是指在一张工作表中引用另一张工作表的某单元格时的地址引用方式，其格式为“工作表标签名!单元格地址”，如 Sheet1!A7 表示工作表 Sheet1 的 A7 单元格。

5）名称的应用

为了更直观地引用单元格，特别是单元格区域，可以给这些单元格命名。当公式或函数中引用了该名称时，就相当于引用了这个区域的所有单元格。

在命名时要注意：

（1）名称由字母、数字、下画线和小数点组成，且第一个字符必须是字母或小数点。

（2）名称最多可包含 255 个字符，且不区分大小写。

（3）名称不能与单元格名称相同，即不能是 S5、A7 等。

为单元格或单元格区域命名的操作方法为：选定需要命名的单元格区域，在编辑栏左端的“名称框”中输入该区域名称，并按【Enter】键确认；或者右击选定区域，在弹出的快捷菜单中选择“定义名称”命令，在弹出的“新建名称”对话框中的“名称”文本框输入名称即可。如图 5-71 所示，E2 到 E12 单元格区域就被命名为“score”，若某函数中引用了参数“score”就相当于引用了从 E2 到 E12 单元格中的所有数据。

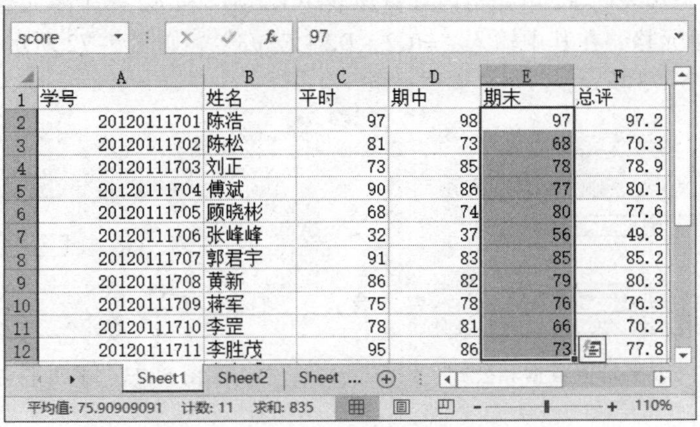

	A	B	C	D	E	F
1	学号	姓名	平时	期中	期末	总评
2	20120111701	陈浩	97	98	97	97.2
3	20120111702	陈松	81	73	68	70.3
4	20120111703	刘正	73	85	78	78.9
5	20120111704	傅斌	90	86	77	80.1
6	20120111705	顾晓彬	68	74	80	77.6
7	20120111706	张峰峰	32	37	56	49.8
8	20120111707	郭君宇	91	83	85	85.2
9	20120111708	黄新	86	82	79	80.3
10	20120111709	蒋军	75	78	76	76.3
11	20120111710	李罡	78	81	66	70.2
12	20120111711	李胜茂	95	86	73	77.8

图 5-71　单元格区域名称应用

2．公式

公式是用户为了减少输入或方便计算而设置的计算式，它可以对工作表中的数据进行加、减、乘、除、比较和合并等运算，类似于数学中的一个表达式。

1）公式的组成

在 Excel 中，公式必须以"="开头，由操作数和运算符共同组成，如"=A5+8"。操作数一般为数值、单元格地址、区域名称、函数或其他公式等。运算符则包括 4 个类型：算术运算符、比较运算符、文本运算符和引用运算符。

（1）算术运算符：+（加）、-（减）、*（乘）、/（除）、%（百分比）、^（幂指数）。

（2）比较运算符：=（等于）、>（大于）、>=（大于等于）、<（小于）、<=（小于等于）、<>（不等于）。

（3）文本运算符：&（连接符），用于将两个文本值连接起来产生一个连续的文本值。例如，"="micro"&"soft""的运算结果为"microsoft"。

（4）引用运算符：冒号":"（区域引用）、逗号","（联合引用）、空格" "（交叉引用）。例如，"C2:C10"表示从 C2 单元格到 C10 单元格之间（包括 C2 和 C10）的所有 9 个单元格；如"C2,C10"表示 C2 单元格和 C10 单元格两个单元格；"A1:A3 A2:C2"表示这两个区域的交集，即只有 A2 单元格。

如果公式中同时应用多种运算符，则按如下的优先级别由高到低依次进行运算：引用运算符→-（负号）→%（百分比）→^（幂指数）→*、/（乘、除）→+、-（加、减）→&（连接符）→ 比较运算符。

在运算中应注意，若公式中包含相同优先级的运算符，则从左到右进行运算。若要改变低级运算符的运算顺序，则可以用圆括号将其括起来。

2）公式的创建

创建公式类似于一般文本的输入，只是必须以"="作为开头，然后是表达式，且公式中所有的符号都应是英文半角符号。其操作步骤如下：

步骤 1：选定要输入公式的单元格。

步骤 2：在单元格或编辑栏中输入"="。

步骤 3：输入公式，按【Enter】键或单击编辑栏左侧的"输入"按钮进行确认。

【例 5-2】在某工作表的 F2 单元格内计算该表中 C2、D2 和 E2 三个单元格内数值的平均值。

单击定位 F2 单元格，在其中输入"=(C2 + D2 + E2)/3"，如图 5-72 所示，按【Enter】键即可得到结果，如图 5-73 所示。

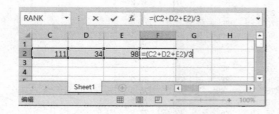

图 5-72 输入求平均值数据和公式

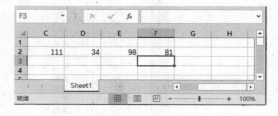

图 5-73 求出平均值结果

3）公式的编辑

（1）查看或修改公式。公式输入完毕后，结果单元格中只显示公式运算结果，若需查看或修改公式，可以双击单元格或在编辑栏中完成操作。

（2）移动或复制公式。移动或复制公式与移动或复制文本类似，需要注意的是：移动公式时，公式中的单元格引用不会发生改变；复制公式时，单元格内的绝对引用也不会发生改变，但相对引用会随着结果单元格的位置变化而变化。

例如，将 C1 单元格内的公式"=A1+$B$1"复制到 C2 单元格时，公式就会变为"=A2+$B$1"。另外，通过填充柄将公式复制到相邻单元格内也是常用的公式复制操作。

3．函数

函数可以看作是预定义好的公式，即对一个或多个执行运算的数据进行指定的计算并返回计算值的公式。其中，进行运算的数据称为函数参数，返回的计算值称为函数结果。为了方便用户使用，Excel 提供了大量不同种类的函数，包括：数学和三角函数、统计函数、时间日期函数、逻辑函数、财务函数、文本函数、查找或引用函数和工程函数等。

另外，除了自带的内置函数外，Excel 还允许用户根据实际需要自定义函数。

1）函数的格式

Excel 函数的基本格式是：函数名(参数 1,参数 2,参数 3,…)。其中，函数名是每一个函数的唯一标志，代表了该函数的功能；参数可以是数字、文本、逻辑值、单元格引用、名称甚至其他公式或函数等。例如，SUM(A5,4)表示 A5 单元格内的数值与数字 4 的算术和。

2）函数的调用

函数的使用与公式的使用类似，都必须以"="开头。如果用户熟悉所用函数的格式，可以直接在单元格或编辑栏中输入函数。但更多的用户则可以选择 Excel 提供的"插入函数"功能，在系统引导下逐步完成函数调用。

插入函数的操作方法为：选定目标单元格，单击"公式"选项卡中"函数库"选项组中的"插入函数"按钮，或单击编辑栏左侧的"插入函数"按钮，弹出"插入函数"对话框，如图 5-74 所示。在其中选择所需函数名称，并打开该函数的"函数参数"对话框（以 SUM 函数为例，如图 5-75 所示）；按照参数提示正确选择参数，并完成函数调用。

图 5-74　"插入函数"对话框

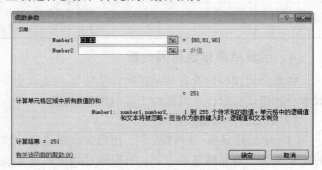

图 5-75　SUM 函数参数对话框

3）常用函数简介

熟练掌握各种常用函数的应用，可以使用户更容易地完成各种复杂的计算。表 5-4 至表 5-7 中就是一些常见函数的格式及功能。

表 5-4　常用数学函数

函　　数	格　　式	功　　能	举　　例
ABS	ABS(n)	返回数 n 的绝对值	ABS(-5)
MOD	MOD(n,d)	返回数 n 除以数 d 的余数	MOD(51,6)
SQRT	SQRT(n)	返回数 n 的平方根	SQRT(36)

表 5-5　常用统计函数

函　数	格　式	功　能	举　例
SUM	SUM(n1,n2,…)	返回所有有效参数之和	SUM
AVERAGE	AVERAGE(n1,n2,…)	返回所有有效参数的平均值	AVERAGE(A1:B2)
MAX	MAX(n1,n2,…)	返回所有有效参数的最大值	MAX(A1:B2,5)
MIN	MIN(n1,n2,…)	返回所有有效参数的最小值	MIN(A1:B2,5)
COUNT	COUNT(n1,n2,…)	返回所有参数中数值型数据的个数	COUNT(A1:F2)
COUNTIF	COUNTIF(n1,n2,…r)	返回参数中满足条件r的数据的个数	COUNTIF(C1:C9,>90)
RANK	RANK(n, n1,n2,…)	返回数n在参数列表中的排位	RANK(A1,A1:B2)

表 5-6　常用日期函数

函　数	格　式	功　能	举　例
NOW	NOW()	返回当前日期时间	NOW()
TODAY	TODAY()	返回当天日期	TODAY()
DAY	DAY(d)	返回日期d的日号	DAY(TODAY())
MONTH	MONTH(d)	返回日期d的月份	MONTH(TODAY())
YEAR	YEAR(d)	返回日期d的年份	YEAR(TODAY())
DATE	DATE(y,m,d)	返回由年y、月m和日d设置的日期	DATE(2010,2,9)

表 5-7　常用逻辑函数

函　数	格　式	功　能	举　例
IF	IF(r,n1,n2)	判断逻辑条件 r 是否为真，若为真则返回参数 n1 的值，否则返回 n2 的值	IF(A1>60,"Y","N")

4．运算结果错误原因分析

如果公式或函数没有显示正确计算结果，Excel 会显示一个出错值，错误可能是由公式或函数本身的错误引起，也可能由于其他因素引起。

1）常见的出错值及原因

（1）单元格显示"#####！"。出现该出错值表示输入到单元格中的数值太长或计算所产生的结果太长，单元格显示不下。可以通过增加列宽来显示正确结果。

（2）单元格显示"#VALUE！"。出现该出错值表示在公式或函数中使用了错误的参数或运算对象类型。

（3）单元格显示"#DIV/0！"。出现该出错值表示公式或函数中使用了 0 作为除数。

（4）单元格显示"#NAME？"。出现该出错值表示公式或函数中使用了 Excel 不能识别的文本。

（5）单元格显示"#N/A"。出现该出错值表示公式或函数中没有可用数值。

（6）单元格显示"#REF！"。出现该出错值表示公式或函数中引用的单元格无效。

（7）单元格显示"#NUM！"。出现该出错值表示公式或函数中引用的某个数字无效。

（8）单元格显示"#NULL！"。出现该出错值表示指定的数据区域为空集。

2）公式与函数中其他可能导致错误的因素

（1）公式与函数中的圆括号没有成对出现。

（2）公式与函数中缺少参数或参数过多。

（3）公式与函数嵌套超过 7 级。

5.3.3　Excel 数据图表

图表是 Excel 最常用的对象之一，它是依据选定的工作表单元格区域内的数据系列生成的，是工作表数据的图形表示方法。与工作表相比，图表能将抽象的数据形象化，生动地反映出数据的对比关系及趋势，且当数据源发生变化时，图表中对应的数据也会自动更新，操作简便，数据直观，用户一目了然。

1. 图表的组成与分类

1）常用图表类型

Excel 2016 提供了多种内部自定义图表类型，用户也可以根据实际工作需要，自定义其他的图表类型。绘制图表时一定要依照具体情况选择适当的图表类型。例如，在某商场的销售表中，若要了解商场每月的销售情况，需要分析销售趋势，可以使用折线图；若要分析各大彩电品牌在市场的占有率，应选择饼图，表明部分与整体之间的关系。正确选择图表类型，有利于寻找和发现数据间的相互关联，从而更大限度地发挥数据价值。

常用的图表类型包括以下种类：

- 柱形图：用于一个或多个数据系列中的各项值的比较。
- 折线图：显示一种趋势，是在某一段区间内的相关值。
- 饼图：着重部分与整体间的相对大小关系，没有 X 轴、Y 轴。
- 条形图：实际上是翻转了的柱形图。
- 面积图：显示数据在某一段时间内的累计变化。
- X Y 散点图：一般用于科学计算。
- 股价图：用于描绘股票走势，也可以用于科学计算。
- 曲面图：用于寻找两组数据间的最佳组合。
- 雷达图：用于比较若干数据系列的总和值。
- 树状图：以层次结构来显示组件之间的关系。
- 旭日图：适合用于显示分层数据，每个级别均通过一个环或圆形表示。
- 直方图：多用于查看数据的分布频率。
- 箱型图：用作显示一组数据分散情况资料的统计图。
- 瀑布图：用来展示初始值、以及该初始值的增减数值，适合分析财务数据。

2）图表的组成

无论哪种类型的图表都由多个对象组成，只是不同类型的图表，其组成对象会有所差异，但基本都会包括以下几个组成部分：

- 图表区：整个图表及其包含的元素。
- 绘图区：在二维图表中，以坐标轴为界并包含全部数据系列的区域。在三维图表中，绘图区以坐标轴为界包含数据系列、分类名称、刻度线和坐标轴标题。

- 图表标题：一般情况下，一个图表应该有一个文本标题，它可以自动与坐标轴对齐或在图表顶端居中。
- 数据系列：图表上的一组相关数据点，取自工作表的某行或某列。图表中的每个数据系列以不同的颜色和图案加以区别，在同一图表上可以绘制一个以上的数据系列。
- 数据标志：根据不同的图表类型，数据标志可以表示数值、数据系列名称和百分比等。
- 坐标轴：为图表提供计量和比较的参考线，一般包括 X 轴、Y 轴。
- 网格线：图表中从坐标轴刻度线延伸开来并贯穿整个绘图区的可选线条系列。
- 图例：是包含图例项和图例项标识的方框，用于标识图表中的数据系列。
- 数据表：在图表下方，以表格的形式显示每个数据系列的值。

2．图表的创建

Excel 的图表按显示位置不同可分为嵌入式图表和工作表图表（也称为独立式图表）。嵌入式图表是位于原始数据工作表中的一个图表对象。工作表图表是独立于数据源工作表而单独以工作表形式出现在工作簿中的特殊工作表，即图表与数据分开，一个图表就是一张工作表。无论哪种图表都与创建它们的工作表数据源相关联，修改工作表数据时，图表会随之自动更新。

【例 5-3】在图 5-76 所示的工作表中，以选中的数据区域 I2:J8 为数据源，创建柱形图。

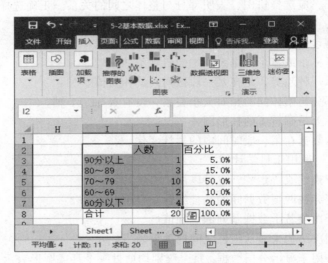

图 5-76　图表数据源

① 选中 I2:J8 为数据源。

② 单击"插入"选项卡"图表"选项组中右下角的对话框启动器按钮，弹出"插入图表"对话框。

③ 选择图表类型。在"所有图标"选项卡中选择"柱形图"类别，然后在列表框中选择"柱形图"类别中的第一张，如图 5-77 所示，单击"确定"按钮，当前表格上即出现图表，如图 5-78 所示。

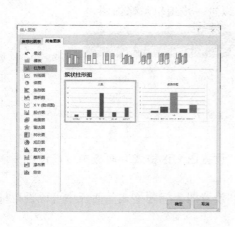

图 5-77　选择图表类型

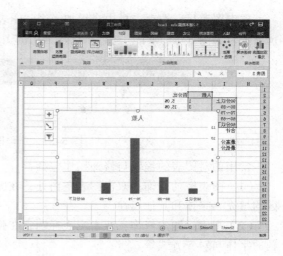

图 5-78　添加图表后

④ 修改图表数据源。若需重新修改数据源，在"图表工具|设计"选项卡"数据"选项组中选择"选择数据"命令，在编辑框中输入新的数据源区域，或直接由鼠标在工作表中选取新的数据区域即可，如图 5-79 所示。

⑤ 设置图表选项。在"图表工具|设计"选项卡"图标布局"选项组中，单击"添加图标元素"按钮，分别选择"轴标题"下的"主要横坐标轴"和"主要纵坐标轴"设置图表坐标轴标题，如本例中在"图表标题"框中输入该图表的标题为"分数分布"；在"分类(X)轴"中输入"分数段"；在"数值(Y)轴"中输入"人数"。另外，还可以利用"图表工具|设计"选项卡和"格式"选项卡设置图表细节。

⑥ 选择图表位置。把鼠标移动到插入的图表上，当指针变成四方箭头时，移动图标到合适位置，如图 5-80 所示。

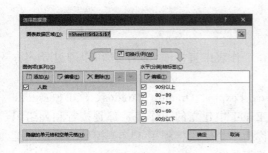

图 5-79　选择数据源

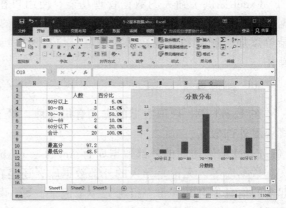

图 5-80　"分数分布"图表效果图

3．图表的编辑与修饰

图表的编辑与修饰是指按用户的要求对图表内容、图表格式、图表布局和外观进行编辑和设置，使图表的显示效果满足用户的需求。图表的编辑一般是针对图表的某个或某些对象进行的，图表的修饰则会直接影响到图表的整体风格。下面简单介绍图表的编辑与修饰。

选中图表后，选项卡栏中会增加一个"图表工具"选项卡，其下有"设计""格式"2个子选项卡，如图 5-81 所示，通过子选项卡中的工具，可以进一步编辑与修饰图表。

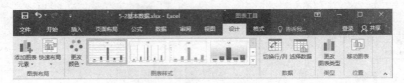

图 5-81　新增图表工具选项卡

常用的对图表的编辑与修饰操作包括：

（1）图表区的修饰：双击图表空白处，在弹出的"设置图表区格式"面板中可以设置图表区的填充、字体和其他属性。

（2）图表标题的修饰：双击图表标题，在弹出的"设置图表标题格式"面板中可以设置标题的字体与对齐方式等。

（3）坐标轴的修饰：双击坐标轴，在弹出的"设置坐标轴格式"面板中可以设置坐标轴的刻度、字体、数字等。

（4）数据系列的编辑与修饰：右击某数据系列，在弹出的快捷菜单中选择要编辑的内容，如"数据系列格式"命令可以修改数据系列的背景图案、调整系列次序和添加数据标志等；"添加趋势线"命令可以根据实际数据向前或后模拟数据变化趋势等。

（5）增加和删除图表数据：单击图表空白处，此时，源数据会被彩色的框线包围，每个框线的 4 个角为选定柄，拖动选定柄包围更多或更少的源数据，图表中的数据就会自动进行增加和删除了。

5.3.4　Excel 数据管理功能

Excel 提供了强大的数据管理功能，使用户在实际工作中可以及时、准确地处理大量的数据。这些数据在工作表中，常被建立为有结构的数据清单。在数据清单中，用户可以利用记录单添加、删除和查找数据，也可以快捷地进行数据的排序、筛选、分类汇总和数据透视等操作。

1. 数据导入

在 Excel 中，获取数据的方式有很多种，除了在工作表中直接输入外，还可以通过导入方式获取外部数据。

Excel 能够访问的外部数据库有 Access、Foxbase、Foxpro、Oracle、Paradox、SQL Server 和文本数据库等。无论是导入的外部数据库，还是在 Excel 中建立的工作表，都是按行和列组织起来的信息集合，且每一行称为一个记录，每一列称为一个字段，利用 Excel 提供的数据库工具可以对这些数据源的记录进行查询、排序和汇总等工作。

2. 数据清单

数据清单，又称工作表数据库，是一种特殊的工作表，可以像数据库一样使用。它采用二维表格结构，由若干数据列组成，每一列具有相同的数据类型，称为字段，且每一列的第一个单元格为列标题，称为字段名；除列标题所在行外，每一行被称为一条记录。在图 5-82 所示的数据清单中，"学号""姓名"等为字段名，每一列为一个字段，共 6 个字段；每一个同学的情况（行）为一条记录，共 11 条记录。

　　数据清单的创建可以通过在工作表中直接输入数据完成，但需要注意：数据清单与其他数据间应至少留出一个空行和空列，而数据清单本身则应避免包括空白行、列，且单元格不能以空格开头。另外，若工作表中已输入了标题行，也可以通过"记录单"来创建数据清单。

　　记录单不在 Excel 的功能区中，需自行添加，添加方法为：选择"文件"→"选项"命令；打开"Excel 选项"对话框，在"快速访问工具栏"中的"从下列位置选择命令"中选择"不在功能区中的命令"，在列表中选中"记录单"，然后选择"添加"并确定，即添加在快速工具栏中，单击快速工具栏中的"记录单"，弹出记录单对话框。在图 5-83 的示例中，工作表名为"Sheet1"，故弹出的记录单对话框也被命名为"Sheet1"，其中学号、姓名和成绩等都是字段名，输入的数据以文本框方式出现，而公式计算的结果则直接显示，如"期末成绩"项。

　　在记录单中用户可以完成的操作包括：

　　（1）添加记录：单击"新建"按钮，在出现的空白记录中依次输入新记录所包含的信息。按【Enter】键，表示数据输入完毕；单击"关闭"按钮，完成新记录的添加并关闭记录单。

　　（2）删除记录：单击"删除"按钮，将从数据清单中删除当前显示的记录。

　　（3）查看记录：单击"上一条"或"下一条"按钮，依次浏览各记录；若要缩小查看范围，也可以单击"条件"按钮，在出现的空白记录单中，输入相应的查看条件就可以在指定范围内查看记录。

图 5-82　数据清单示例

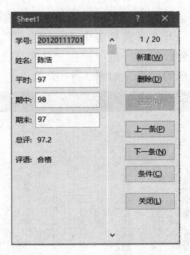

图 5-83　记录单

3．数据排序

　　排序是指依据某列或某几列的数据顺序，重新调整各数据行的位置，数据顺序可以是从小到大，即升序；也可以是从大到小，即降序。各类字符的排序规则是：空格<数字<大写字母<小写字母<汉字。

1）利用工具按钮进行简单排序

用户只要分别指定关键字及升/降序，就可完成单关键字数据排序操作。其具体操作方法为：在数据清单中，单击作为排序依据字段中的任一单元格，单击"开始"选项卡"编辑"选项组中的"排序和筛选"按钮，选择相应排序方法，即可完成排序操作。

例如，在图 5-84 所示的数据清单中，若要按总成绩从高到低排序，可以单击"总评"单元格，单击"开始"选项卡"编辑"选项组中的"排序和筛选"按钮，选择"降序"，其结果如图 5-85 所示。

2）利用对话框命令进行多重条件排序

在排序过程中，若针对给定的排序依据有相同的排序记录，用户还可以指定第二个排序依据，进行多重条件排序。这些排序依据依次被称为"主要关键字"和"次要关键字"。

多重条件排序的操作方法为：单击"开始"选项卡"编辑"选项组中的"排序和筛选"按钮，选择"数据"→"自定义排序"选项，弹出"排序"对话框。分别设置各关键字，单击"确定"按钮，完成排序操作。

4．数据筛选

对数据进行筛选，就是在数据库中查找满足条件的记录，它是一种用于查找数据的快速方法。使用"筛选"功能可在数据清单中显示满足条件的数据行，而不满足条件的数据行则被暂时隐藏但并非被删除。对记录进行筛选有两种方式："自动筛选"和"高级筛选"。

1）自动筛选

自动筛选功能是通过筛选按钮进行简单条件的数据筛选。其操作步骤如下：

步骤 1：单击数据清单中任一单元格，单击"数据"选项卡"排序和筛选"选项组中的"筛选"按钮（默认自动筛选），每个字段名右侧会出现一个筛选按钮，如图 5-86 所示。

步骤 2：单击筛选条件对应的筛选按钮，在下拉列表中设置筛选条件，完成筛选操作。

若在筛选列表中选择"全部"，则显示所有数据；利用"全部"下面的复选框可以仅选择部分数据进行显示；在"自定义自动筛选方式"对话框中设置筛选条件，可以按条件筛选需要显示的数据，如图 5-87 所示。

图 5-84　期末成绩降序排序结果

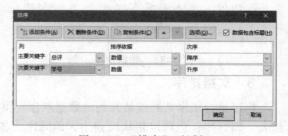

图 5-85　"排序"对话框

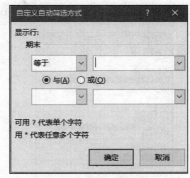

图 5-86 "筛选"按钮　　　　　　　图 5-87 "自定义自动筛选方式"对话框

若要取消自动筛选，可以再次单击"数据"选项卡"排序和筛选"选项组中的"筛选"按钮，此时，筛选操作被取消，所有数据都显示出来。

2）高级筛选

使用自动筛选，可以在数据清单中筛选出符合指定条件的数据。但对于条件复杂的筛选操作，利用高级筛选功能更为有效。其操作步骤如下：

步骤 1：建立条件区域，条件区域一般与数据清单在同一工作表中，且至少与数据清单相隔一行或一列，如图 5-88 所示，表示要筛选的数据是"成绩"和"总成绩"都在 80 以上的同学。

步骤 2：单击"数据"选项卡"排序和筛选"选项组中的"高级"按钮，弹出"高级筛选"对话框，如图 5-89 所示。选择"列表区域"及"条件区域"，单击"确定"按钮，完成高级筛选。

图 5-88 筛选条件设置　　　　　　　图 5-89 "高级筛选"对话框

需要注意的是：若筛选条件在同一行上代表多个条件是"与"的关系；若筛选条件在不同行上代表多个条件是"或"的关系。

若要删除高级筛选，可以单击"数据"选项卡"排序和筛选"选项组中的"筛选"→"清除"按钮。

5．分类汇总

分类汇总是在数据清单中快速汇总各项数据的方法。该功能分为两部分操作，一是对数据按指定列（分类字段）排序，即完成分类操作（可以通过排序操作完成）；二是对同类别的数据进行汇总统计（包括求和、求平均值、计数、求最大或最小值等）。其操作步骤如下：

步骤 1：按分类依据，对数据清单进行排序。

步骤 2：单击"数据"选项卡"分级显示"选项组中的"分类汇总"按钮，弹出"分类汇总"对话框，如图 5-90 所示。其中"分类字段"为分类依据，"汇总方式"为汇总统计算法，"选定汇总项"为选择参加汇总统计的字段，单击"确定"按钮，完成分类汇总操作，如图 5-91 所示。

图 5-90 "分类汇总"对话框

1 2 3		A	B	C	D	E	F
	1	班级	姓名	笔试成绩	上机成绩	平时成绩	总成绩
	2	0501班	陈康	80	81	90	82.2
	3	0501班	陈宇	77	83	85	79.8
	4	0501班	平均值		82	87.5	81
	5	0502班	刘国强	80	77	70	77.4
	6	0502班	刘宇	70	62	70	68.4
	7	0502班	刘志强	83	81	85	83
	8	0502班	平均值		73.3333	75	76.27
	9	0503班	鲁凡	71	80	75	73.6
	10	0503班	聂中教	71	80	75	73.6
	11	0503班	平均值		80	75	73.6
	12	总计平均值			77.7143	78.5714	76.86

图 5-91 分类汇总结果

取消分类汇总操作，只需在图 5-90 所示的对话框中单击"全部删除"按钮，屏幕就会回到未分类汇总前的状态。

6. 数据透视表

数据透视表是一种可以对大量数据快速汇总和建立交叉列表的交互式表格。它能够对行和列进行转换，以查看源数据的不同汇总结果，还可以根据需要显示区域中的明细数据。数据透视表是一种动态工作表，它提供了一种以不同角度观看数据清单的简便方法。

1）创建数据透视表

用户可以通过 Excel 创建数据透视表。其操作步骤如下：

步骤 1：单击"插入"选项卡"表格"选项组中的"数据透视表"按钮，弹出"创建数据透视表"对话框，如图 5-92 所示。

步骤 2：选择要分析的数据和放置透视表的位置。在"选择一个表或区域"中输入源数据所在的位置，或直接在工作表中用鼠标选择所需数据，在"选择放置数据透视表的位置"→"现有工作表"位置文本框输入放置位置或工作表中用鼠标选择放置位置。单击"确定"按钮，如图 5-93 所示。

图 5-92 创建数据透视表

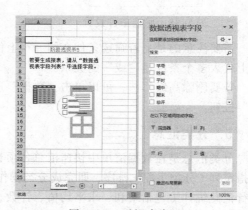

图 5-93 透视表窗口

步骤 3：设置数据透视表布局。拖动右侧"选择要添加到报表的字段"列表框中相应字段到"列标签""行标签""报表筛选"或"数值"框中，就可以形成数据透视表，如图 5-94 所示。

2）编辑数据透视表

作为一种交互式报表，数据透视表可以根据用户需求，重新组织编辑。编辑数据表可通过选中数据表后，用选项卡中增加的"数据透视表工具"选项卡中的工具完成。

利用"数据透视表工具"选项卡上的工具按钮，用户可以完成隐藏或显示明细数据、设置字段汇总方式、设置报告格式等操作。

利用"数据透视表字段列表"（见图 5-93），用户可以拖动其他字段到数据透视表中，以增加数据项，也可以从数据透视表中将已有字段拖出，删除该数据项。

3）修饰数据透视表

为了使数据透视表变得更加美观，用户还可以对数据透视表进行格式设置。其操作方法为：单击"数据透视表工具|设计"选项卡，使用其中的工具进行设计、修饰；或者选中数据透视表，使用右键快捷菜单中"数据透视表选项"命令弹出的对话框（见图 5-95）进行设计。

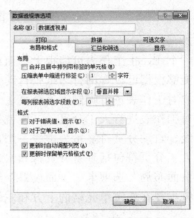

值	列标签			
	0501班	0502班	0503班	总计
平均值项:笔试成绩	76.75	77.8	74.14285714	75.9375
平均值项:上机成绩	81.5	73.4	78.28571429	77.5625
平均值项:平时成绩	85	76	77.85714286	79.0625
平均值项:总成绩	79.35	76.56	75.72857143	76.89375

图 5-94　数据透视表　　　　　　　　图 5-95　数据透视表选项对话框

在制作完成一张工作表后，可将其打印出来。与 Word 文档的打印不同，Excel 工作表因为没有明显的页面分隔，所以在打印之前，首先要设置页面区域，做好分页工作。

5.3.5　Excel 电子表格的打印

1. 设置打印区域与分页

1）设置打印区域

用户在打印前，首先要对打印的区域进行设置，否则，系统会把整个工作表作为打印区域。设置页面区域有 2 种方法：

方法 1：在工作表中选定需要打印的区域，选择"文件"→"打印"命令，在设置选项区域做出相应选择，Excel 就会把选定的区域作为打印区域，如图 5-96 所示。

方法 2：在工作表中选定需要打印的区域，在"页面布局"选项卡"页面设置"选项组中，可以快速设置纸张方向、纸张大小、打印区域和添加分隔符、添加 Excel 背景、打印标题等。通过选择"打印内容"列表中的"选定区域"按钮，就可以控制只打印指定的区域。

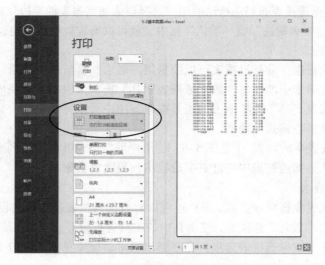

图 5-96　设置打印区域

2）分页

一个 Excel 工作表可能很大，而用来打印的纸张大小是有限的。对于超过一页的工作表，系统能够根据已设置的打印纸张自动分页。但为了保证打印内容的完整性和协调性，有时也需要用户对工作表进行强制人工分页。

对工作表进行人工分页，一般就是在工作表中插入分页符。默认情况下，人工分页符显示为实线，自动分页符显示为虚线，用户可以在分页预览视图中进行查看。

人工分页符包括垂直分页符和水平分页符。其插入方法为：选定要开始新页的单元格，单击"页面布局"选项卡"页面设置"组中的"分隔符"按钮，选择"插入分页符"选项，此时分页符出现在选定单元格的上方和左侧。

2. 页面设置

工作表在打印前，要进行页面的设置，即对打印页面进行布局和格式的合理安排。用户可以通过选择"文件"→"打印"命令，单击"打印"面板右下角的"页面设置"按钮，在弹出的对话框中对页面、页边距、页眉/页脚和工作表进行设置。

（1）"页面"选项卡：用户可以设置纸张大小及打印方向；设置打印的缩放比例、打印质量和起始页码。

（2）"页边距"选项卡：用户可以设置页边距大小；编辑页眉或页脚的位置；选择打印内容的对齐方式。

（3）"页眉/页脚"选项卡：用户可以选择系统预定义的页眉或页脚；也可以通过单击"自定义页眉"或"自定义页脚"按钮，编辑定义新的页眉或页脚。

（4）"工作表"选项卡：用户可以选择要打印的区域；设置多页打印时的"标题行"和"标题列"，以及指定打印顺序等。

3. 打印预览与打印

1）打印预览

为了保证打印质量，在打印前，一般都需要先进行打印预览。打印预览可以在屏幕上模拟

显示打印结果，这样就可以防止由于没有设置好报表的外观，而使打印的报表作废。打印预览在"文件"|"打印"的右边区域。

2）打印

在确认了打印预览效果后，用户可以单击"打印"按钮，开始打印；或者通过打印面板设置其他打印项。

（1）"打印机"选项区域：用于选定打印机和设置打印机属性。

（2）"打印内容"选项区域：用于选择打印范围及打印区域。

（3）"页数"选项区域：用于选择打印的份数及打印方式。

5.4 演示文稿处理软件

演示文稿是由一系列幻灯片组成的，幻灯片是演示文稿的基本演示单位。在幻灯片中可以插入图形、图像、动画、影片、声音、音乐等多媒体素材。

PowerPoint 2016 是微软公司 Office 2016 套件中的一个应用软件，它的主要功能是进行幻灯的制作和演示，可有效帮助用户演讲、教学和产品演示等，更多地应用于企业和学校等教育机构。最新的 PowerPoint 提供了比以往更多的方法，在 PowerPoint 2013 版本的基础上新增了10 多种主题，允许用户根据幻灯片中的内容自动生成多种多样的设计版面效果；提供了墨迹公式功能，通过它可快速将需要的公式手动书写出来，并将其插入到幻灯片中；提供了屏幕录制功能，允许用户录制计算机屏幕中的任何内容，让用户创作更加完美的作品。

5.4.1 PowerPoint 2016 基本操作

1. PowerPoint 2016 的视图与窗口组成

1）PowerPoint 2016 的窗口组成

PowerPoint 2016 制作的电子演示文稿有多种视图，最主要的编辑视图为普通视图。普通视图下 PowerPoint 2016 的窗口组成如图 5-97 所示。

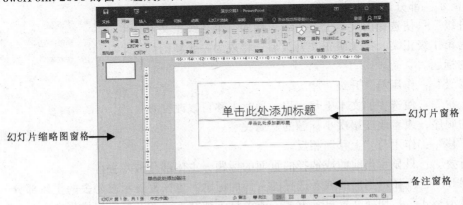

图 5-97 PowerPoint 2016 窗口组成

普通视图中 PowerPoint 2016 选项卡功能区组下的编辑区分成 3 个窗格：

（1）幻灯片缩略图窗格。该窗格位于最左侧，以缩略图方式显示当前演示文稿中的所有幻灯，可以方便地查看所有幻灯片，重新排列、添加或删除幻灯片。

（2）幻灯片窗格。该窗格位于左侧上方，是一块较大的工作空间，显示当前正在编辑的幻灯片。在此窗格可以为幻灯片添加文本、图片、表格、SmartArt 图形、图表、图形对象、文本框、电影、声音等对象，可以为对象设置超链接、动画等属性。

（3）备注窗格。该窗格位于左侧下方，用于输入要应用于当前幻灯片的备注信息。如果需要在备注中加入图形，则必须转入备注页才能实现。

拖动窗格之间的分割线可调整各个窗格的大小。

2）PowerPoint 的视图

视图是 PowerPoint 为用户提供的查看和使用演示文稿的方式，共有 5 种：普通视图、大纲视图、幻灯片浏览视图、备注页和阅读视图。用户通过单击"视图"选项卡中"演示文稿视图"选项组的各个视图按钮，可以切换不同的视图。

（1）普通视图。当 PowerPoint 启动后，一般都进入普通视图状态。普通视图是最常用的一种视图模式，是一个"三框式"结构的视图。即包含 3 种窗格：幻灯片窗格、幻灯片缩略图窗格和备注窗格。幻灯片的编辑和制作大部分在普通视图下进行。其中幻灯片的选择、插入、删除、复制一般在普通视图的幻灯片缩略图窗格中进行，而每一张幻灯片内容的添加、删除等操作均在幻灯片窗格中进行。

（2）大纲视图。单击"视图"选项卡中"演示文稿视图"选项组中的"大纲视图"按钮，视图方式切换为大纲视图方式。在左边的窗格内显示演示文稿所有幻灯片上的全部文本，并保留除色彩以外的其他属性。通过大纲视图，可以浏览整个演示文稿内容的纲目结构全局，因此大纲视图是综合编辑演示文稿内容的最佳视图方式。在大纲视图下，在左窗格内选中一个大纲形式的幻灯片时，幻灯片窗格则显示该幻灯片的全部详细情况，并且可以对其进行操作。

当切换到大纲视图后，可以通过使用选项卡中的按钮对幻灯片进行操作，也可在左窗格中，使用右击弹出的快捷菜单（该菜单包含了以前大纲工具栏里所有工具）对幻灯片进行编辑操作，如图 5-98 所示。部分选项功能如下：

- "升级"：使选择的文本上升一级。例如，第 2 级正文上升为第 1 级正文，第 1 级正文升级后，将成为一张新幻灯片的标题。
- "降级"：作用与"升级"相反。
- "上移"：使选中的文本上移一层。通过上移可以改变页面的顺序，或者改变层次小标题的从属关系。
- "下移"：作用与"上移"相反。
- "折叠"：只显示当前的或选择的页面的标题，主体部分被隐去。
- "展开"：既显示当前的或者选择的页面的标题，也恢复显示被隐去的主体部分。
- "显示格式"：切换文本显示方式，或者显示纯文本，或者显示格式化文本。

图 5-98 大纲视图快捷菜单

（3）幻灯片浏览视图。幻灯片浏览视图是一种观察文稿中所有幻灯片的视图，如图 5-99 所示。在幻灯片浏览视图中，按缩小了的形态显示文稿中的所有幻灯片，每个幻灯片下方显示该幻灯片的演示特征（如定时、切入等）图标。在该视图中，用户可以检查文稿在总体设计上设计方案的前后协调性，重新排列幻灯片顺序，设置幻灯片切换和动画效果，设置（排练）幻灯片放映时间等。但是要注意的是：在该视图中不能对每张幻灯片中的内容进行操作。

（4）阅读视图。阅读视图就是播放幻灯片，按照预定的方式一副副动态地显示演示文稿的幻灯片，直到演示文稿结束。用户在制作演示文稿过程中，可以通过阅读视图来预览演示文稿的工作状况，体验动画与声音效果，观察幻灯片的切换效果，还可以配合讲解为观众带来直观生动的演示效果。

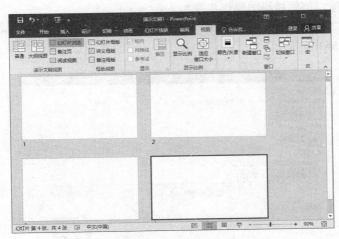

图 5-99　幻灯片浏览视图

（5）备注页。备注页视图是专为幻灯片制作者准备的，使用备注页，可以对当前幻灯片内容进行详尽说明。单击"视图"选项卡中"演示文稿视图"选项组中的"备注页"按钮，可以完整显示备注页。在备注页中，可以添加文本、图形、图像等内容。

2．演示文稿的创建和保存

演示文稿的基本操作包括新建演示文稿和保存演示文稿。

1）新建演示文稿

在 PowerPoint 中，有多种方式可以实现演示文稿新建，常用方法如下：

（1）新建空演示文稿有 2 种方法。

方法 1：如果没有打开演示文稿文件，启动 PowerPoint 2016 程序后，系统自动进入"新建"面板，在这里单击"空白演示文稿"，即可新建一个名称为"演示文稿 1.pptx"的空白演示文稿。

方法 2：在打开的演示文稿文件窗口中新建空演示文稿，选择"文件"→"新建"命令，进入"新建"面板，选择"空白演示文稿"，系统即建立一个名称为"演示文稿 X"的新演示文稿。X为正整数，系统根据当前打开的演示文稿数量自动确定。

幻灯片版式是 PowerPoint 软件中的一种常规排版的格式，通过幻灯片版式的应用可以对文字、图片等更加合理简洁地完成布局，版式由文字版式、内容版式、文字和内容版式与其他版式这 4 个版式组成。

（2）根据模板和主题新建演示文稿。模板和主题决定幻灯片的外观和颜色，包括幻灯片背景、项目符号，以及字形、字体颜色、字号、占位符位置和各种设计。PowerPoint 提供多种模板和主题，同时可在线搜索合适模板和主题。此外，用户可以根据自身的需要，自建模板和主题。

根据模板和主题建立新演示文稿的方法是：选择"文件"→"新建"命令，在"新建"面板中直接双击需要的模板，即可根据指定模板创建新的演示文稿；或者单击某模板后，在系统弹出的面板中进一步选择配色方案，然后单击"创建"按钮，创建新的演示文稿，名称依然为"演示文稿 X.pptx"。

（3）相册。在 PowerPoint 中，可以快速创建相册，它是一个演示文稿，由标题幻灯片和图形图像集组成，每个幻灯片包含一个或多个图像。可以从图形文件、扫描仪或与计算机相连的数码照相机获取图像。创建相册的操作步骤如下：

步骤 1：单击"插入"选项卡中"图像"选项组中的"相册"按钮。PowerPoint 将显示"相册"对话框，如图 5-100 所示。

图 5-100 "相册"对话框

步骤 2：在"相册"对话框中构建相册演示文稿。可以使用控件插入图片，插入文本框（用于显示文本的幻灯片），预览、修改或重新排列图片，调整幻灯片上图片的布局以及添加标题。

步骤 3：单击"创建"按钮以创建已经构建的相册。

2）保存演示文稿

演示文稿的保存方式与 Word 文档的保存类似。用户可以通过选择"文件"→"保存"或者"另存为"命令来进行保存，PowerPoint 演示文稿可以保存的主要文件格式见表 5-8。

表 5-8　PowerPoint 可以保存的主要文件格式

保存为文件类型	扩 展 名	用于保存的文件
PowerPoint 演示文稿	.pptx	PowerPoint 演示文稿，默认为支持 XML 的文件格式
启用宏的 PowerPoint 演示文稿	.pptm	包含 Visual Basic for Applications（VBA）（Visual Basic for Applications 是 Microsoft Visual Basic 的宏语言版本，用于编写基于 Microsoft Windows 的应用程序，内置于多个 Microsoft 程序中）代码的演示文稿
PDF 文档格式	.pdf	由 Adobe Systems 开发的基于 PostScript 的电子文件格式，该格式保留了文档格式并允许共享文件
启用宏的 PowerPoint 放映	.ppsm	包含预先批准的宏的幻灯片放映，可以从幻灯片放映中运行这些宏
PowerPoint 加载项	.ppam	用于存储自定义命令、Visual Basic for Applications 代码和特殊功能（如加载项）的加载项

续表

保存为文件类型	扩 展 名	用于保存的文件
Windows Media 视频	wmv	另存为视频的演示文稿。 PowerPoint 演示文稿可按高质量（1024×768 像素，30 帧/秒）、中等质量（640×480 像素，24 帧/秒）和低质量（320×240 像素，15 帧/秒）进行保存
GIF（图形交换格式）	.gif	作为用于网页的图形的幻灯片
JPEG（联合图像专家组）文件格式	.jpg	作为用于网页的图形的幻灯片
设备无关位图	.bmp	作为用于网页的图形的幻灯片
大纲/RTF	.rtf	演示文稿大纲为纯文本文档，可提供更小的文件大小，并能够和具有不同版本的 PowerPoint 或操作系统的其他人共享不包含宏的文件
PowerPoint 图片演示文稿	.pptx	其中每张幻灯片已转换为图片的 PowerPoint 演示文稿。将文件另存为 PowerPoint 图片演示文稿将减小文件大小

3．演示文稿的编辑

演示文稿的编辑指对幻灯片进行选择、复制、移动、插入和删除等操作。这些操作可以在普通视图、幻灯片浏览视图下进行，而不能在放映视图模式下进行。

1）选择幻灯片

在普通视图和幻灯片浏览视图的幻灯片缩略图窗格中，单击幻灯片，则表明选中该幻灯片。如果需要选择多张不连续幻灯片，按住【Ctrl】键，然后单击希望选择的幻灯片即可；如果需要选择多张连续的幻灯片，按住【Shift】键，单击第一张幻灯片，然后单击最后一张幻灯片即可。

2）复制幻灯片

选中需要复制的幻灯片，复制操作可以通过 4 种方法来实现。

方法 1：选项卡。单击"开始"选项卡"剪贴板"选项组中的"复制"按钮，然后，光标移动到目标位置，单击"开始"选项卡"剪贴板"选项组中的"粘贴"按钮。

方法 2：快捷菜单。将鼠标指针放在选中的幻灯片上，右击并在弹出的快捷菜单中选择"复制"命令，光标移动到目标位置，右击并在弹出的快捷菜单中选择"粘贴"命令。

方法 3：快捷键。按【Ctrl+C】组合键，然后将光标移动到目标位置，按【Ctrl+V】组合键。

方法 4：拖动鼠标。按住【Ctrl】键，用鼠标拖动选中的幻灯片到目标位置，松开鼠标和【Ctrl】键。

3）移动幻灯片

选中需要移动的幻灯片，移动操作也可以通过 4 种方法来实现。

方法 1：选项卡。单击"开始"选项卡"剪贴板"选项组中的"剪切"按钮，然后将光标移动到目标位置，单击"开始"选项卡"剪贴板"选项组中的"粘贴"按钮。

方法 2：快捷菜单。将鼠标指针放在选中的幻灯片上，右击并在弹出的快捷菜单中选择"剪切"命令，将光标移动到目标位置，右击并在弹出的快捷菜单中选择"粘贴"命令。

方法 3：快捷键。按【Ctrl+X】组合键，然后将光标移动到目标位置，按【Ctrl+V】组合键。

方法 4：拖动鼠标。直接用鼠标拖动选中的幻灯片到目标位置，然后松开鼠标。

4）插入幻灯片

插入幻灯片指在已经建立好的演示文稿中添加幻灯片，包括插入新幻灯片和插入其他演示文稿中的幻灯片。添加的幻灯片将被插入到当前打开的演示文稿中的正在操作的幻灯片的后面。

（1）插入新幻灯片。插入新幻灯片的操作步骤如下：

步骤 1：在普通视图或者幻灯片浏览视图窗口中确定需要插入的幻灯片的位置。

步骤 2：单击"开始"选项卡"幻灯片"选项组中的"新建幻灯片"按钮，或者按【Ctrl+M】组合键，插入一张新的幻灯片。

（2）从其他演示文稿中插入。一般情况下，可以在当前编辑的演示文稿中插入其他演示文稿文件中的一些幻灯片。具体操作步骤如下：

步骤 1：在普通视图或者幻灯片浏览视图窗口中确定需要插入的幻灯片的位置。

步骤 2：单击"开始"选项卡"幻灯片"选项组中的"新建幻灯片"按钮，在弹出的下拉列表中选择"重用幻灯片"命令。在窗体右边会弹出"重用幻灯片"任务窗格。单击"浏览"按钮，在弹出的下拉列表中浏览文件，选择源文件，单击"确定"按钮，在预览框里面显示源文件的所有幻灯片，如图 5-101 所示。

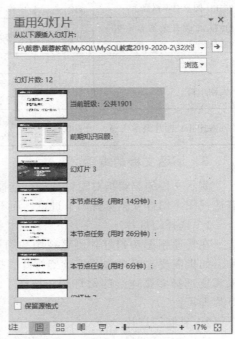

图 5-101　选定重用的幻灯片

步骤 3：选择需要插入的幻灯片，然后单击，将源文件的选定幻灯片插入到当前演示文稿编辑状态幻灯片的后面。

5）删除幻灯片

选中需要删除的幻灯片，可以通过 2 种方法现实幻灯片删除操作。

方法 1：快捷菜单。将鼠标指针放在选中的幻灯片上，右击并在弹出的快捷菜单中选择"删除幻灯片"命令。

方法 2：按键盘上的【Delete】键或【Backspace】键。

4．幻灯片基本操作（插入对象、编辑对象）

演示文稿实质上是由一系列幻灯片组成，每张幻灯片都可以有独立的标题、说明文字、数字、图标、图像以及多媒体组件等元素对象。演示文稿的制作，实际上就是对每一张幻灯片内容的具体安排，即对文本、图片、声音、视频和其他对象等元素对象的具体布置。为了使制作的演示文稿更加吸引观众，PowerPoint 允许用户在任意位置插入对象。在内容上，可以添加如Word（文本、表格）、Excel、图表、组织结构图、图示等对象，在形式上，可以通过超链接功能实现更加合理的演示效果。

在幻灯片中还常包含一些视频、音频、图像、公式和特殊格式的内容（如专门软件制作的图片、图表等），可以通过调用其专用程序来编辑它们，然后将编辑成果插入幻灯片中。要调用专门程序，只需要通过"插入"选项卡"文本"选项组中的"对象"→"新建"按钮来实现。插入对象的方式有"新建"和"由文件创建"两种。

1）插入文本

通常文本是演示文稿的主体，插入文本是演示文稿最常用的操作。

（1）插入文本。文本必须插入在文本框中，多数幻灯片版式中包含文本框。当用户新建一张幻灯片时，在新建的幻灯片中标题栏占位符、正文占位符处出现的"单击此处添加标题"或者"单击此处添加副标题"，表示用户可添加文本到此处，如图 5-102 所示。另外，用户也可以自行在幻灯片的任意位置添加文本框，然后在文本框中插入文本。

无论是幻灯片版式上自带的文本框还是用户自己在幻灯片上插入的文本框，文本框的大小、位置、框线颜色等的设定与在 Word 中的相同。

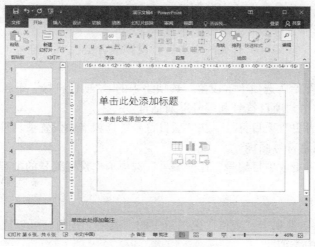

图 5-102　文本占位符

（2）格式化文本。在演示文稿中没有样式，因此，针对选定的文本，字体、字号、对齐方式、行距等需分别设置。当然，用户也可在母版上统一格式化文本，既简便又统一。

① 字符格式：对选定需要格式化的文本进行格式化的方法有 2 种。

方法 1：利用"开始"选项卡"字体"选项组对文字进行如字体、字号以及加粗、倾斜等设定；同时会出现"绘图工具|格式"选项卡。

方法 2：右击，在快捷菜单中选择"字体"，在弹出的"字体"对话框中对文字进行设定。

② 行距：行距是行与行之间的距离，行距设置可以通过 2 种方法实现。

方法 1：单击"开始"选项卡"段落"选项组中右下角的对话框启动器按钮，弹出"段落"对话框，对"缩进和间距"以及"中文版式"进行设定。

方法 2：右击并选择"段落"，会弹出"段落"对话框，可进行"缩进和间距"以及"中文版式"设定。

注意：默认情况下，"开始"选项卡"段落"选项组中是不显示"缩进和间距"以及"中文版式"命令按钮的。

③ 对齐方式：设置文本的对齐方式也可以通过 2 种方法实现。

方法 1：单击"开始"选项卡"段落"选项组中的"左对齐""居中""右对齐"等按钮设定。

方法 2：右击并选择"段落"命令，会弹出"段落"对话框，可在"常规"选项卡中选择"左对齐""居中""右对齐""两端对齐""分散对齐"命令。

（3）项目符号和编号

在演示文稿中，段落前面添加项目符号或编号，将会使演示文稿更加有条理、易于阅读。在 PowerPoint 中，总共有 5 级项目符号，且每一级项目符号都不相同，它们代表了 5 级文字。用户可以通过【Tab】键和【Shift+Tab】组合键来改变文字级别。

在创建了项目符号（或编号）文本之后，用户可以更改项目符号（或编号）的外观，如颜色、大小、形状等，还可以更改项目符号（或编号）与文本之间的距离以及使用图形作为项目符号。值得注意的是，如果要更改项目符号（或编号），应选中与此项目符号（或编号）相关的文本，而不是选择项目符号（或编号）本身。

选中与项目符号（或编号）有关的文本后，设置或者更改项目符号（或编号）可以通过以下步骤实现：

步骤 1：单击"开始"选项卡"段落"选项组中的 "项目符号"下拉按钮，选择"项目符号和编号"选项，弹出"项目符号和编号"对话框。

步骤 2：设置或者更改项目符号，在"项目符号"选项卡中设置项目符号的形状、大小、颜色等，并能自定义项目符号图标。

步骤 3：设置或者更改项目编号，在"编号"选项卡中设置编号的类型、大小、颜色和起始编号等。

2）插入表格

通过单击"插入"选项卡"表格"选项组中的"表格"按钮，可以插入表格。表格的设计与编辑方法与 Word 中类似。

3）插入图表

Office 带有创建、编辑图表的专用程序 Microsoft Graph。它是 Office 工具中的一个组件，Office 的组件制作图表时，均是调用它来完成的。因此，在 PowerPoint、Word、Excel 等组件中，制作图表的方法基本相同。差别仅在于调用 Microsoft Graph 的途径可能不同。

（1）创建图表。创建图表的方法有多种，通过"插入"选项卡插入图表的步骤如下：

步骤 1：调用 Graph，在需插入图表的幻灯片上，单击"插入"选项卡"插图"选项组中的"图表"按钮，在弹出的对话框中选择图表类型，单击"确定"按钮。

步骤 2：输入数据，将制作图表用的数据输入"数据表"中，一张按默认选项制成的图表即出现在幻灯片上，如图 5-103 所示。

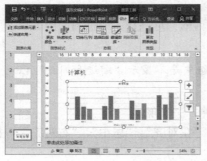

图 5-103　幻灯片图表示意图

（2）编辑图表。无论是用何种方法创建的图表，编辑方法均是相同的。图表的类型、图表的各个元素、图表的大小均可根据需要进行调整。用户可使用选项卡、功能面板和快捷菜单进行设置。

① 类型选择。图表的类型有柱形图（默认）、条形图、折线图、饼图等。选择或改变图表类型可在图表区域内单击鼠标右键，再选择快捷菜单中的"更改图表类型"命令，然后进行选择。

② 图表元素的增添。组成图表的元素，如图表标题、坐标轴、网格线、图例、数据标签等，用户均可添加或重新设置。例如，添加标题的方法是：单击"图表工具|设计"选项卡"图表布局"选项组中的"添加图标元素"按钮，选择标题属性，然后在标题框中输入图表的标题即可。

③ 图表大小的调整。用鼠标拖动图表区的框线可以改变图表的整体大小。改变图例区、标题区、绘图区等大小的方法相同，即在相应的区中单击，边框线出现后，用鼠标拖动框线即可。此外，图表的大小、在幻灯片上的位置（也可用鼠标拖动）等还可以精确设定。方法是：在图表区内右击，选择"设置图表区域格式"命令，然后在"大小与属性"中设定。

4）插入 SmartArt 图形

插入组织结构图的方法为：单击"插入"选项卡"插图"选项组中的 SmartArt 按钮，在弹出的对话框左侧选择类型，并在右侧选择一种该类型下的具体图形，单击"确定"按钮，在幻灯片中添加一个组织结构图模板，如图 5-104 所示。

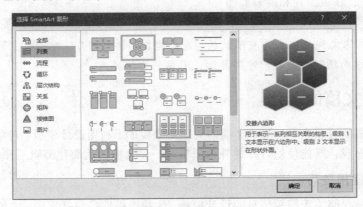

图 5-104　插入 SmartArt 图形

5）插入音频和视频

要使幻灯片在放映时增加视听效果，可以在幻灯片中加入多媒体对象，如音乐、电影等，从而获得满意的演示效果，增强演示文稿的感染力。

（1）在幻灯片中插入音频。在幻灯片中插入的音频包括文件中的音频、剪贴画音频和录制音频。

① 在幻灯片中插入文件中的音频的操作步骤如下：

步骤 1：使演示文稿处于"普通视图"方式并选定要插入声音的幻灯片。

步骤 2：单击"插入"选项卡"媒体"选项组中的"音频"下拉按钮，选择下拉列表中的"PC 上的音频"选项，弹出"插入音频"对话框，找到要插入的音频。

步骤 3：选中要插入的声音文件图标，将其插入到当前幻灯片，这时在幻灯片中可以看到声音图标，同时出现声音播放系统，如图 5-105 所示。

② 在幻灯片中插入录制的操作步骤如下：

步骤 1：在普通视图中，选定要插入声音的幻灯片。

步骤 2：单击"插入"选项卡"媒体"选项组中的"音频"下拉按钮，选择下拉列表中的"录制音频"选项，弹出"录音"对话框，如图 5-106 所示。

步骤 3：单击红色录制按钮即开始录音，录音完毕后单击停止按钮。

步骤 4：单击"确定"按钮完成插入录制音频。

图 5-105　声音播放系统

图 5-106　"录音"对话框

（2）在幻灯片中插入视频。从幻灯片中插入视频的操作步骤和插入音频的操作步骤大体一致，只是选择的是"视频"命令，此外不同就是插入视频中有"联机视频"，要实现该功能只需找到网站视频链接，将其粘贴到"插入视频"对话框中的文本框中，单击"插入"按钮即完成了从网站插入视频。

6）插入图片、联机图片和屏幕截图

图片、联机图片和屏幕截图可以直接插入到幻灯片中。其中，形状可直接在幻灯片绘制。

注意：插入图像文件的格式是有限制的。凡是能在"插入图片"对话框上预览的均能插入，不能以插入文件方式插入的图片，可用复制、粘贴的方法插入。

5.4.2　演示文稿的美化

完成演示文稿的过程中，对演示文稿的美化是必要的，利用设计模板、母版、配色方案等，设定演示文稿的外观，既能使幻灯片的外观风格统一，又能大大简化编辑工作量。

1．母版的使用技巧

幻灯片母版是存储关于模板信息的设计模板，这些模板信息包括字形、占位符大小和位置、背景设计和配色方案等。使用幻灯片母版的目的是便于用户进行全局更改（如替换字形），并使该更改应用到演示文稿中的全部或部分幻灯片。

设计模板：包含演示文稿样式的文件，包括项目符号和字体的类型和大小、占位符大小和位置、背景设计和填充、配色方案以及幻灯片母版和可选的标题母版。

占位符：一种带有虚线或阴影线边缘的框，绝大部分幻灯片版式中都有这种框。在这些框内可以放置标题及正文，或者图表、表格和图片等对象。

配色方案：作为一套的 8 种协调色，这些颜色可应用于幻灯片、备注页或听众讲义。配色方案包含背景色、线条和文本颜色以及选择的其他 6 种使幻灯片更加鲜明易读的颜色。

母版有 4 种类型：标题母版、幻灯片母版、讲义母版和备注母版。在 PowerPoint 中，"视图"选项卡的"母版视图"组中有幻灯片母版、讲义母版和备注母版 3 种类型，标题母版在幻灯片母版设置时进行添加或者删除。

- 幻灯片母版：控制幻灯片上标题和正文文本的格式与类型。
- 讲义母版：用于添加或修改在每页讲义中出现的页眉或页脚信息。
- 备注母版：用来控制备注页的版式以及备注文字的格式。

1）打开幻灯片母版

幻灯片母版、标题母版中，通过设置背景效果、标题文本的格式和背景对象、占位符大小和位置以及配色方案等元素，使演示文稿在外观上协调一致。修改幻灯片母版的方法为：打开需修改母版的演示文稿后，单击"视图"选项卡"母版视图"选项组中的"幻灯片母版"，进入幻灯片母版视图。

幻灯片母版上有：自动版式的标题区、对象区、日期区、页脚区、数字区。用户可根据需要修改它们。

2）向幻灯片母版中插入对象

向幻灯片母版中插入的对象，将出现在以该母版为基础创建的每一张幻灯片上，插入方法与在普通视图幻灯片中插入对象的方法一样。

3）更改文本格式

当更改幻灯片母版中的文本格式时，每一张幻灯片上的文本格式都会跟着更改。如果要对正文区所有文本的格式进行更改，则可以首先选择对应的文本框，然后再设置文本的字体、字形、字号、颜色等。如果只改变某一层次的文本的格式，则先选中该层次的文本，然后设置格式。例如，需将第三级文本设置为加粗格式，则先选中母版中的第三级文本，然后单击"格式"组中的"加粗"按钮。

4）母版版式设置

母版版式的设置是指控制母版上各个对象区域是否显示。若不需要，则选中后删除即可。删除后若要恢复，则在"幻灯片母版"选项卡"母版版式"选项组中，选中相应的复选框即可。

5）更改幻灯片背景

改变幻灯片的颜色、图案、阴影或者纹理，即改变幻灯片的背景。更改背景时，既可将改变应用于单独的一张幻灯片，也可应用于全体幻灯片和幻灯片母版。

（1）填充。"设置背景格式"选项面板中的"填充" ⬦ 中包括：纯色填充、渐变填充、图片或纹理填充以及图案填充。如果要更改幻灯片的背景配色方案，在幻灯片视图或母版视图中，单击"幻灯片母版"选项卡"背景"选项组中的"背景样式"按钮，选择"设置背景格式"选项，在弹出的"设置背景格式"面板中选择所需选项，因"填充"工具使用方法比较类似，下面以"纯色填充"为例简单讲解。

① 如果所需要的颜色是属于配色方案中的颜色，则直接选择"背景样式"列表框中的 12 种颜色之一。

② 如果所需要的颜色不属于配色方案，则可单击"填充"选项，然后选择"纯色填充"，单击其下"颜色"后面的"漆桶"按钮，在弹出的颜色面板中选择所需要的颜色。

③ 如果要将背景色改成默认值，单击"设置背景格式"面板下方的"重置背景"按钮。

④ 如果要将上述改变应用于全体幻灯片，则单击"设置背景格式"面板下方的"全部应用"按钮。

（2）图片。"设置背景格式"选项面板中的"图片" ⊡ 中提供了"图片更正"和"图片颜色"设置功能。其中"图片更正"中可以调节"锐化和柔化"功能以及"亮度和对比度"功能，调节方法都是左右滑动均衡器，直到达到满意效果。"图片颜色"中可以设置图片"颜色饱和度""色调"等参数。

（3）效果。"设置背景格式"选项面板中的"效果" ⬠ 提供了 23 种不同的艺术背景效果，选择理想的效果，调整透明度和画笔（铅笔）大小，然后单击"全部应用"按钮，即完成设置。

2．主题的使用

主题是包含演示文稿样式的文件，包括项目符号和字体的类型和大小、占位符大小和位置、背景设计和填充、配色方案以及幻灯片母版和可选的标题母版。

使用主题，可以使用户设计出来的演示文稿的各个幻灯片具有统一的外观。通过改变主题，可以使文稿有一个全新的面貌。用户在创建了一个全新的文稿后，也可以将它保存下来，作为主题使用。保存为主题的演示文稿可以包含自定义的备注母版和讲义母版。

主题是控制演示文稿统一外观的一种快捷方式。系统提供的主题是由专业人员设计的，因此各个对象的搭配比较协调，配色方案比较醒目，能够满足绝大多数用户的需要。在一般情况下，使用主题建立演示文稿，不用做过多修改。用户既可以在建立演示文稿之前预先选定文稿所用的主题，也可以在演示文稿的编辑过程中更改主题。

1）更改应用的主题

PowerPoint 允许用户应用演示文稿主题之后再进行更改。其操作步骤如下：

步骤 1：在"主题"组中，选定所需的主题单击，即可将该主题应用到当前选定的幻灯片上；或者右击"主题"组中的"主题"缩略图，在弹出的快捷菜单中，选择"应用于所有幻灯片"或者"应用于选定幻灯片"命令，如图 5-107 所示。

步骤 2：单击"设计"选项卡"变体"或"自定义"选项组中的选项继续进行修改，如图 5-108 所示。

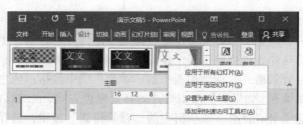

图 5-107　主题应用快捷菜单

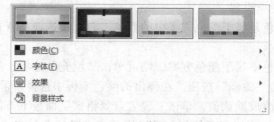

图 5-108　"变体"选项组

2）自定义模板

为了使用户的文稿具有统一的外观，而且又具有用户的个人色彩，可以在已有的模板基础上添加一些用户自己的东西，然后保存为新的模板供以后调用。

模板文件的扩展名为".potx"。

3．幻灯片版式的使用

幻灯片版式指幻灯片内容在幻灯片上的排列方式。版式由占位符组成，而占位符可放置文字（标题和项目符号列表等）和幻灯片内容（表格、图表、图片、形状和剪贴画等）。

每次添加新幻灯片时，都可以在"幻灯片版式"任务窗格中为其选择一种版式，也可以选择一种空白版式。

1）规范应用幻灯片版式

规范的方法：单击"开始"选项卡"幻灯片"选项组中的"新建幻灯片"下拉按钮，在其下拉列表选择适合的版式，然后将文字或图形对象添加到版式中的提示框中，也可以在选择完一种版式后再进行更换，方法是：在幻灯片页面旁边右击，选择快捷菜单中的"版式"命令。

2）自定义版式结构

微软从 PowerPoint 2007 开始增加了自定义版式功能，并将这一功能与母版功能结合。自定义版式的操作步骤如下：

步骤 1：进入母版视图：单击"视图"选项卡"母版视图"选项组中的"幻灯片母版"按钮，进入母版视图后，会在左侧看到一组母版，其中第一个视图大一些，这是基本版式，其他的是各种特殊形式的版式。

步骤 2：创建版式：单击"幻灯片母版"选项卡"编辑母版"选项组中的"插入版式"按钮，在出现的版式中要添加预设的标题框、图片框、文字框等对象，用于固定页面中各种内容出现的位置。分别选择"文本""图片""图表"等。

步骤 3：建立完成后，单击"幻灯片母版"选项卡"关闭"选项组中的"关闭母版视图"按钮。回到幻灯片设计窗口，选择已经自定义的版式即可应用。

4．配色方案的使用

配色方案由幻灯片设计中使用的 12 种颜色（用于背景、文本和线条、阴影、标题文本、填充、强调和超链接）组成。演示文稿的配色方案由应用的设计主题确定。

用户可以通过在"设计"选项卡"变体"选项组单击"其他"按钮，在弹出的列表中选择"颜色"来查看幻灯片的配色方案。所选幻灯片的配色方案在任务窗格中显示为已选中。

主题包含默认配色方案以及可选的其他配色方案，这些方案都是为该主题设计的。Microsoft PowerPoint 中的默认或"空白"演示文稿也包含配色方案。

可以将配色方案应用于一个幻灯片、选定幻灯片或所有幻灯片以及备注和讲义。

1）使用标准配色方案

在 PowerPoint 中，不同设计模板提供配色方案的数量不同（至少 21 种）。用户可依据不同的情况，选用其中的一种，以保持文稿外观的一致性。

2）自定义配色方案

如果标准配色方案不能满足需要，用户可自定义（修改标准）配色方案。方法是：单击"颜色"按钮，在弹出的下拉列表中选择"自定义颜色"选项（见图 5-109），在弹出的"新建主题颜色"对话框中更改需要更改的颜色，单击"保存"按钮即完成更改，如图 5-110 所示。

图 5-109　标准配色方案

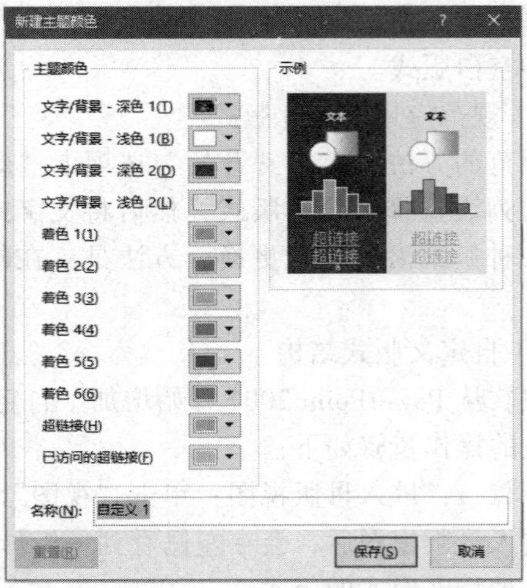

图 5-110　新建颜色方案

注意：背景颜色一般不在此处更改。

5．动画效果的使用

PowerPoint 中可以使幻灯片上的文本、图形、图示、图表和其他对象具有动画效果，这样就可以突出重点、控制信息流，并增加演示文稿的趣味性。

若要简化动画设计，只需将预设的动画方案应用于所有幻灯片中的项目、选定幻灯片中的项目或幻灯片母版中的某些项目上。也可以使用"动画"选项卡中的工具，在运行演示文稿的过程中控制项目在何时以何种方式出现在幻灯片上（如单击鼠标时由左侧飞入）。

自定义动画可应用于幻灯片、占位符或段落（包括单个的项目符号或列表项目）中的项目。除预设或自定义动作路径之外，还可使用进入、强调或退出选项。同样还可以对单个项目应用多个动画，这样就可使项目在飞入之后飞出。

大多数动画选项包含可供选择的相关效果。这些选项包含：在演示动画的同时播放声音，在文本动画中可按字母、字或段落应用效果（如使标题每次飞入一个字，而不是一次飞入整个标题）。

可以对单张幻灯片或整个演示文稿中的文本或对象动画进行预览。

下面以"自定义动画"为例，描述添加动画效果过程。

选择要设置动画的对象，然后单击"动画"选项卡"动画"选项组中的"动画样式"按钮，如图 5-111 所示。

图 5-111　自定义动画

单击"动画"选项卡"高级动画"选项组中的"添加动画"按钮，会出现"进入""强调""退出""动作路径"等4种效果大类。其中"进入"效果主要设置对象的进入主窗口舞台的方式，可以选择能看到的几种进入效果（如劈裂、飞入、弹跳等），选择其中一种效果，预览这种效果（选中"自动预览"选项）。

如果在已出现效果中找不到理想的效果，可以选择"更多进入效果"，如图5-112所示。在"其他效果"中，选中"预览效果"（最下边）后，在对话框不遮挡主窗口主要内容的情况下，可以直接预览这种效果。

对于选中对象可以增加"强调""退出"和"动作路径"等效果。值得强调的是，一个对象可以应用多种效果。单击"动画窗格"的"播放自"按钮，即可预览效果。

采用同样方法给其他对象设置动画效果。在主窗口文本框前面可以看到数字序号，它们表示动画播放的先后顺序。

放映时，动画播放的次序是按照设置动画的先后顺序（按前面标注的数字序号）播放，如果想要调整顺序可以直接拖

图 5-112　其他动画效果

动或者利用右侧倒数第三行"重新排序"按钮，选择后进行上下移动，以改变播放顺序。

完成动画设置后，可以预览效果。

6．链接的使用

利用超链接，不但可进行幻灯片之间的切换，还可以链接到其他类型的文件。用户可以通过"超链接"命令和"动作按钮"来建立超链接。其一般操作步骤是：

步骤 1：选中幻灯片中需要插入超链接的对象（文字、图片或者按钮）后，单击"插入"选项中"链接"组中的"超链接"按钮，或在对象上单击右键，然后在快捷菜单中选择"超链接"命令。

步骤 2：在"插入超链接"对话框，"链接到"选项区域有"现有文件和网页""本文档中的位置""新建文档""电子邮件地址"4 种选择。选定其中某一项后，右边的设置项目会相应改变。例如，选中"本文档中的位置"后，右侧的设置项目是"请选择文档中的位置"。

步骤 3：设置完成后，单击"确定"按钮。

7．幻灯片切换效果的使用

幻灯片切换效果是指幻灯片整张进入时的展示效果。设定幻灯片切换效果的操作步骤如下：

步骤 1：选中要设置效果的幻灯片后，单击"切换"选项卡中"切换到此幻灯片"和"计时"选项组中的相应效果选项，如图5-113所示。

图 5-113　幻灯片切换

步骤 2：单击"预览"按钮，可以在主窗口中预览效果。

步骤 3：选择了一种切换效果后，可在"计时"组中设置幻灯片切换的速度（精确到秒）。

步骤 4：在"换片方式"选项区中有两个选项，分别是"单击鼠标时"和"设置自动换片时间"。如果选择前者，那么在幻灯片放映时，只有在单击时，才会换页；如果选择后者，并且在其下的矩形框中输入换页间隔时间的秒数，在幻灯片放映时将会自动地、每隔几秒钟放映一张幻灯片。

步骤 5：如果希望在幻灯片出现时能给予观众听觉上的刺激，那么就应该使用声音选项。单击"声音"列表框右侧的下拉按钮，然后在声音列表中选择换页时所需的声音效果。这样，在幻灯片放映当中，当这张幻灯片出现在屏幕上时，会发出声音或者播放一段乐曲向观众致意。在"声音"框下面有一个选项"播放下一段声音之前一直循环"。如果选中它，声音将会循环播放，直至幻灯片集中有一张幻灯片或一个对象调用了其他的声音文件。借助"计时"组中的"全部应用"按钮可同时设定多张幻灯片的切换效果。

5.4.3 演示文稿的放映与输出

演示文稿做好以后，是需要演讲者放映的，根据需要，演讲者可以设置不同的放映方式。在演示文稿放映时，幻灯片之间需要进行切换，因此，还应该设置幻灯片之间的切换方式。

1．演示文稿的放映

1）排练计时

演讲者可以在正式放映演示文稿之前，使用 PowerPoint 提供的计时器来进排练，掌握最理想的放映速度。同时，通过排练也可以检查幻灯片的视觉效果。

排练计时的操作步骤：

步骤 1：单击"幻灯片放映"选项卡中"设置"选项组中的"设置幻灯片放映"按钮，设定放映范围（排练起始点）等放映参数。

步骤 2：单击"幻灯片放映"选项卡中"设置"选项组中的"排练计时"按钮，进入幻灯片时间预排窗口。

步骤 3：在排练窗口的左上角有一个计时器，如图 5-114 所示，上面两个时间及三个按钮功能的含义如下：

图 5-114 计时器

左边白色的时间表示当前幻灯片放映所需的时间，右边灰色的时间表示幻灯片集（累计）放映所需的全部时间。

- "重复"按钮 ⟳：重复本张幻灯片的放映，但不会重复幻灯片集的放映，时间也将返回本次幻灯片开始放映时刻，重新开始计时。
- "暂停"按钮 ❚❚：单击该按钮，使幻灯片放映暂停。
- "下一项"按钮 ➡：单击该按钮，将继续放映（排练）下一个对象（对象：设定过自定义动画的指下一个项目或下一张幻灯片；未设定自定义动画的指下一张幻灯片）。

步骤 4：在排练结束或中止排练后，将会显示一个消息框，询问是否使用这次排练所记录的放映时间。

步骤 5：回到幻灯片浏览视图中，将会看到每张幻灯片左下方都有一个数字，记录着这一张幻灯片放映所需的时间，单位是秒。被隐藏的幻灯片下没有放映时间显示。

2）设置演示文稿的放映

单击"幻灯片放映"选项卡中"设置"选项组中的"设置幻灯片放映"按钮，然后在弹出的"设置放映方式"对话框中设置，如图 5-115 所示。

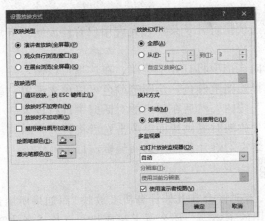

图 5-115　"设置放映方式"对话框

- "放映类型"区域：主要设定演示文稿的放映方式，即 "演讲者放映（全屏幕）""观众自行浏览（窗口）"和"在展台浏览（全屏幕）"。
- "放映幻灯片"区域：设定放映全部还是部分幻灯片。
- "换片方式"区域：设定是人工放映还是使用排练时间来进行放映。

3）启动放映

演示文稿启动放映有多种方法。按【F5】键，幻灯片即从头开始放映；在"幻灯片放映"按钮栏中有 4 种幻灯片放映方式："从头开始""从当前幻灯片开始""联机演示""自定义幻灯片放映"。在幻灯片放映时，用户可以随意地控制放映的流程：在屏幕上任意处右击，将打开一个快捷菜单，用户使用它就可以控制放映的过程。该快捷菜单各项命令的功能如图 5-116 所示。

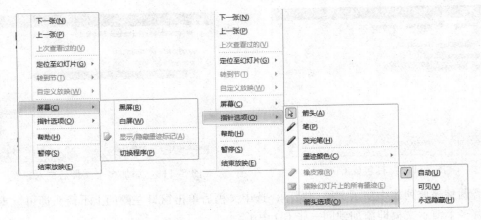

图 5-116　放映快捷菜单及其子菜单

①"下一张"：选择该命令，可以继续放映下一张幻灯片。

②"上一张"：选择该命令，可以返回到上一张幻灯片中。

③"上次查看过的"：放映第二张幻灯片后才被高亮显示，单击可回到上次查看过的幻灯片，并且开始放映。

④"定位至幻灯片"：指向该选项，将打开次级菜单。次级菜单中列出文稿中的所有幻灯片，用户可快速跳到任何一张幻灯片。

⑤"屏幕"：指向该选项将打开子菜单，允许用户暂停放映幻灯片、黑屏显示和擦除幻灯片上的笔记。

⑥"指针选项"：指向该选项将打开子菜单，在这里可以做一些指针或其他与指针有关的动作，"墨迹颜色"是选择绘图笔颜色。绘图笔颜色可以预先设置：单击"幻灯片放映"选项卡中的"设置幻灯片放映"按钮，然后在弹出的对话框中进行设置。

⑦"帮助"：在幻灯片放映时提供帮助。单击它后将打开"幻灯片放映帮助"对话框。

⑧"结束放映"：可结束幻灯片放映，返回编辑窗口。

2．演示文稿的输出

演示文稿制作完毕后，有时候会在其他计算机上放映，而如果所用计算机未安装 PowerPoint 软件或者缺少幻灯片中使用的字体等，那么就无法放映幻灯片或者放映效果不佳，这时就可以把演示文稿打包到 CD 中，便于携带和播放。如果用户的 PowerPoint 的运行环境是 Windows 7，就可以将制作好的演示文稿直接刻录到 CD 上，做出的演示 CD 可以在 Windows 98 SE 及以上环境播放，而无须 PowerPoint 主程序的支持。但是要注意，需要将 PowerPoint 的播放器 pptview.exe 文件一起打包到 CD 中。

1）选定要打包的演示文稿

一张光盘中可以存放一个或多个演示文稿。打开要打包的演示文稿，选择"文件"→"导出"命令，在"导出"面板中单击"将演示文稿打包成 CD"，然后单击右侧"打包成 CD"按钮，这时打开的演示文稿就会被选定并准备打包了，如图 5-117 所示。

如果需要将更多演示文稿添加到同一张 CD 中，将来按设定顺序播放，可单击"添加"按钮，从"添加文件"对话框中找到其他演示文稿，这时窗口中的演示文稿文件名就会变成一个文件列表，如图 5-118 所示。

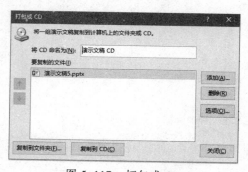

图 5-117　打包成 CD

图 5-118　添加多个文件后的对话框

如需调整播放列表中演示文稿的顺序，选中文稿后单击窗口左侧的上下箭头即可。重复以上步骤，多个演示文稿即添加到同一张 CD 中了。

2）设置演示文稿打包方式

如果用户需要在没有安装 PowerPoint 的环境中播放演示文稿，或需要链接或嵌入 TrueType 字体，单击图 5-118 中的"选项"按钮就会打开"选项"对话框，如图 5-119 所示。其中"包含这些文件"选项区域中有 2 个复选框：

（1）链接的文件：如果用户的演示文稿链接了 Excel 图表等文件，就要选中"链接的文件"复选框，这样可以将链接文件和演示文稿共同打包。

（2）嵌入的 TrueType 字体：如果用户的演示文稿使用了不常见的 TrueType 字体，最好将"嵌入的 TrueType 字体"复选框选中，这样能将 TrueType 字体嵌入演示文稿，从而保证在异地播放演示文稿时的效果和设计相同。

若用户的演示文稿含有商业机密，或不想让他人执行未经授权的修改，可以输入"打开每个演示文稿时所用密码"或"修改每个演示文稿时所用密码"。上面的操作完成后单击"确定"按钮回到图 6-22 所示对话框界面，就可以准备刻录 CD 了。

3）刻录演示 CD

将空白 CD 盘放入刻录机，单击图 5-117 中的"复制到 CD"按钮，就会开始刻录进程。稍等片刻，一张专门用于演示 PPT 文稿的光盘就做好了。将复制好的 CD 插入光驱，稍等片刻就会弹出 Microsoft Office PowerPoint Viewer 对话框，单击"接受"按钮接受其中的许可协议，即可按用户先前设定的方式播放演示文稿。

4）把演示文稿复制到文件夹

可以把演示文稿及其相关文件复制到一个文件夹中，这样用户既可以把它做成压缩包发送给别人，也可以用其他刻录软件自制演示文稿光盘。

把演示文稿复制到文件夹的方法与打包到 CD 的方法类似，按上面介绍的方法操作，完成前两步操作后，不单击"复制到 CD"按钮，而是单击其中的"复制到文件夹"按钮，在弹出的对话框中输入文件夹名称和复制位置（见图 5-120），单击"确定"按钮即可将演示文稿和 PowerPoint Viewer 复制到指定位置的文件夹中。

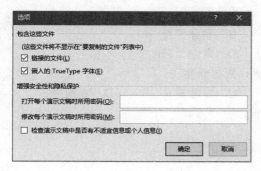
图 5-119 "选项"对话框

图 5-120 "复制到文件夹"对话框

小 结

本章概要介绍了常用文字处理软件、电子表格软件及演示文稿制作工具软件。介绍了 Word 的基础知识，介绍了在 Word 中建立与编辑文档以及文档格式化的基本操作，着重介绍了图文混排功能及表格的应用；介绍了 Excel 的基础知识，Excel 的工作簿和工作表的基本操作，着重介绍了 Excel 中公式的建立、图表的建立与编辑以及 Excel 提供的数据管理功能；介绍了 PowerPoint 窗口的基本界面，各个视图的功能，PowerPoint 演示文稿的编辑，文本、艺术字、图表等对象的插入、格式化等操作，以及演示文稿的美化以及放映的方法。

习　题

一、选择题

1. 在桌面上双击某 Word 文档，（　　）。
   A. 仅会打开 Word 应用程序窗口
   B. 仅会打开该文档窗口
   C. 既打开 Word 应用程序窗口又打开该文档窗口
   D. 以上均不对

2. 打开 Word 文档一般是指（　　）。
   A. 把文档的内容从内存中读入并显示出来
   B. 为指定的文件开设一个新的、空的文档窗口
   C. 把文档的内容从磁盘调入内存并显示出来
   D. 显示并打印出指定文档的内容

3. 在 Word 中可以同时显示水平标尺和垂直标尺的视图方式是（　　）。
   A. 普通视图　　　　B. Web 版式视图　　　　C. 大纲视图　　　　D. 页面视图

4. Word 提供的（　　）功能，可以大大减少断电或死机时由于忘记保存文档而造成的损失。
   A. 快速保存文档　　　　　　　　　　B. 自动保存文档
   C. 建立备份文档　　　　　　　　　　D. 为文档添加口令

5. 当一页已满而文档正继续被输入时，Word 将插入（　　）。
   A. 硬分页符　　　　　　　　　　　　B. 硬分节符
   C. 软分页符　　　　　　　　　　　　D. 软分节符

6. 若想控制段落的第一行第一个字的起始位置，应该调整（　　）。
   A. 悬挂缩进　　　　B. 首行缩进　　　　C. 左缩进　　　　D. 右缩进

7. 下列操作中（　　）不能用于选定整个文档。
   A. 按【Ctrl + A】组合键
   B. 按【Ctrl + Home】组合键
   C. 将鼠标指针移入文本选定区，三击
   D. 选择"开始"选项卡"编辑"选项组中的"选择"→"全选"选项

8. 在 Word 的"最近使用的文档"中可以显示最近打开过的文件，一般默认为（　　）。
   A. 20 个　　　　B. 3 个　　　　C. 4 个　　　　D. 25 个

9. 格式刷可以复制格式，若要对选中的格式重复复制多次，应（　　）格式刷进行操作。
   A. 单击　　　　B. 右击　　　　C. 双击　　　　D. 拖动

10. 在 Word 表格中，（　　）不能完成删除行的操作。
    A. 选定一行，按【Delete】键
    B. 选定一行，单击"剪切"按钮
    C. 选定一行，按【Backspace】键
    D. 选定一行，在快捷菜单中选择"删除行"命令

11. 在 Word 编辑时，文字下面有红色波浪下划线表示（　　）。

A. 已修改过的文档　　　　　　　　　　B. 对输入的确认

C. 可能是拼写错误　　　　　　　　　　D. 可能的语法错误

12. 在"开始"选项卡"字体"选项组中，单击按钮 U 表示（　　　）。

A. 对所选文字加下画线　　　　　　　　B. 对所选文字加底纹

C. 改变所选文字颜色　　　　　　　　　D. 对所选文字加边框

13. 若要在 Word 中插入艺术字，可选择（　　　）命令项。

A. "插入"选项卡→"艺术字"　　　　　B. "开始"选项卡→"艺术字"

C. "设计"选项卡→"艺术字"　　　　　D. "引用"选项卡→"艺术字"

14. 若要设置打印输出时的页边距，应从（　　　）选项卡中单击（　　　）按钮。

A. 开始　　页眉和页脚　　　　　　　　B. 布局　　页边距

C. 引用　　页面设置　　　　　　　　　D. 视图　　页面设置

15. 如果要在 Word 文档中插入数学公式，正确的操作是（　　　）。

A. 单击"开始"选项卡中的"公式"按钮

B. 单击"插入"选项卡中的"公式"按钮

C. 单击"引用"选项卡中的"公式"按钮

D. 以上的操作都不正确

16. 以下文件中，（　　　）是 Excel 文件。

A. Excel1.doc　　　B. file.dot　　　C. myfile.xcl　　　D. data.xlsx

17. 一个 Excel 文件对应于一个（　　　）。

A. 工作表　　　B. 工作簿　　　C. 单元格　　　D. 页面

18. 一张 Excel 工作表中最多有（　　　）个单元格。

A. 65 536×65 536　　　　　　　　　　B. 256×256

C. 1 048 576×16 384　　　　　　　　　D. 65 536×256

19. 工作表中的行号和列号是采用（　　　）。

A. 行号用字母表示，列号用数字表示　　B. 行号和列号均用数字表示

C. 行号用数字表示，列号用字母表示　　D. 行号和列号均用字母表示

20. 以下单元格引用中，属于绝对引用的有（　　　）。

A. $A$2　　　B. $A2　　　C. B$2　　　D. A2

21. 在 Excel 中，输入当天的日期可按（　　　）组合键。

A. Shift + ;　　　B. Ctrl + ;　　　C. Shift +:　　　D. Ctrl + Shift

22. 在 Excel 工作表中，如果当前单元格地址为 C6，在工作表第一行前插入一行后，该单元格的地址显示为（　　　）。

A. D6　　　B. C7　　　C. D7　　　D. C6

23. 在单元格内输入"average(2,4)"并确定后，会在该单元格显示（　　　）。

A. 6　　　B. 3　　　C. average(2,4)　　　D. 2

24. 在 Excel 中，计算选定列 C3:C7 的最大值，不正确的操作是（　　　）。

A. 单击列号，在快捷菜单中选择最大值

B. 单击状态栏，在快捷菜单中选择最大值

C. 单击粘贴函数按钮，在常用函数中选择 MAX

D. 在编辑栏输入"=MAX(C3:C7)"

25. 在 Excel 工作表中，假设 A2=7，B2=6.3，选择 A2:B2 区域，并将鼠标指针放在该区域右下角填充句柄上，拖动至 E2，则 E2=（   ）。

    A. 3.5   B. 4.2   C. 9.1   D. 9.8

26. 如果 A1:A5 单元格的值依次为 10、15、20、25、30，则 COUNTIF(A1:A5,">20")等于（   ）。

    A. 1   B. 2   C. 3   D. 4

27. 若 A1 单元格为数值型数字 3，B1 单元格为 TRUE，则公式 SUM(A1,B1,2)的计算结果为（   ）。

    A. 5   B. 6   C. 2   D. 公式错误

28. 在 Excel 中，若单元格中出现一连串的"######"符号，则表示（   ）。

    A. 该单元格数据输入错误   B. 该单元格宽度不足以显示其内容

    C. 该单元格内是一个错误的公式   D. 以上均不正确

29. 选定当前工作表为 Sheet1 和 Sheet3，若在 Sheet1 工作表的 E2 单元格内输入 a 时，则 Sheet2、Sheet3 工作表内 E2 单元格为（   ）。

    A. Sheet2 工作表和 Sheet3 工作表的 E2 单元格均为空

    B. Sheet2 工作表的 E2 单元格为 a，Sheet3 工作表的 E2 单元格内容为空

    C. Sheet2 工作表的 E2 单元格为空，Sheet3 工作表的 E2 单元格为 a

    D. Sheet1、Sheet2 工作表的 E2 单元格均为 a

30. Excel 中"清除"命令按钮的各项菜单中，不能实现（   ）。

    A. 清除单元格数据的格式   B. 清除单元格的批注

    C. 清除单元格中的数据   D. 移除单元格

31. PowerPoint 演示文稿文件的扩展名是（   ）。

    A. .doc   B. .pptx   C. .xls   D. .jpg

32. 下列不是 PowerPoint 视图的是（   ）。

    A. 普通视图   B. 页面视图   C. 备注页视图   D. 大纲视图

33. 如要终止幻灯片的放映，可直接按（   ）键。

    A. Ctrl + C   B. End   C. Esc   D. Alt + F4

34. 下列操作中，不能退出 PowerPoint 的操作是（   ）。

    A. 单击"文件"中的"关闭"命令

    B. 在标题栏上右击，选择"退出"命令

    C. 按【Alt + F4】组合键

    D. 单击 PowerPoint 窗口右上角的"关闭"按钮

35. 在 PowerPoint 使用（   ）选项卡中的"设置背景格式"按钮改变幻灯片的背景。

    A. 开始   B. 切换   C. 设计   D. 审阅

36. 需要在 PowerPoint 演示文稿中添加一页幻灯片时，可单击（   ）按钮。

    A. 新建文件   B. 新建幻灯片

    C. 打开   D. 复制

37. PowerPoint 在（   ）视图下可以在同一屏上浏览到多张幻灯片。

    A. 大纲   B. 幻灯片浏览   C. 阅读   D. 幻灯片母版

38. PowerPoint 演示文稿中利用超链接，不能链接到的目标是（   ）。

    A. 另一个演示文稿   B. 本计算机上的某个文档

C.　幻灯片中的某个对象　　　　　　　D.　本幻灯片中的某一张幻灯片

39. PowerPoint 演示文稿中按（　　　）键幻灯片即从头开始放映。

　　A.　F3　　　　　　　B.　F4　　　　　　　C.　F5　　　　　　　D.　F6

40. PowerPoint 中被建立了超链接的文本将变成（　　　）。

　　A.　斜体的　　　　　　B.　黑体的　　　　　C.　带下画线的　　　D.　凸出的

二、填空题

1.　默认环境中，为防止意外关闭而造成文档丢失，正在编辑的文档每隔＿＿＿＿＿＿＿＿分钟就会自动保存一次。

2.　在编辑 Word 文本时，若需另起一段，应按下＿＿＿＿＿＿＿＿键。

3.　在 Word 中，若想设置两行文本之间的行间距，应选择"开始"选项卡中的＿＿＿＿＿＿选项组，并打开相应的对话框。

4.　若要使用 Word 提供的替换功能，应在"开始"选项卡的＿＿＿＿＿＿＿＿选项组中单击"替换"按钮。

5.　在 Word 中，水平标尺上左侧有首行缩进、＿＿＿＿＿＿＿＿、左缩进三个滑块置，从而可以锁定这三个边界的位置。

6.　启动 Word 应用程序时，会自动创建一个空文档，其默认文件名是＿＿＿＿＿＿＿＿。

7.　在 Word 中，按＿＿＿＿＿＿＿＿键可以在"插入"与"改写"两种状态间切换。

8.　删除插入点左侧的一个字符可按＿＿＿＿＿＿＿＿键。

9.　删除插入点右侧的一个字符可按＿＿＿＿＿＿＿＿键。

10.　利用键盘完成复制操作时，应先选中要复制的文本，按＿＿＿＿＿＿＿＿组合键完成复制。

11.　利用键盘完成粘贴制操作时，定位在目标位置，按＿＿＿＿＿＿＿＿组合键完成粘贴。

12.　文本框是一种特殊的＿＿＿＿＿＿＿＿，它如同一个容器，可以包含文档中的任何对象，如文本、表格、图形或它们的组合。

13.　"撤消"可取消最近的一次或几次操作，使用时应单击快速访问工具栏上的"撤消"按钮，或按下＿＿＿＿＿＿＿＿组合键。

14.　在 Word 中，若要对文档进行字数统计，可以通过＿＿＿＿＿＿＿＿选项卡来实现。

15.　若需创建艺术字，应使用"插入"选项卡＿＿＿＿＿＿＿＿选项组中的"艺术字"按钮。

16.　在 Word 中，给图片或图像插入题注应该选择＿＿＿＿＿＿＿＿选项卡的"插入题注"按钮。

17.　用鼠标直接拖动选定的文本块，可以将该文本块移动到指定位置，若需复制文本则可在拖动的同时按下＿＿＿＿＿＿＿＿键。

18.　在 Word 中，选定一个矩形区域的操作是将光标移动到待选择的文本的左上角，然后按住＿＿＿＿＿＿＿＿键和鼠标左键拖动到文本块的右下角。

19.　Word 提供了若干模板，方便用户制作格式相同而具体内容不同的文档，模板文件的扩展名是＿＿＿＿＿＿＿＿。

20.　在 Word 中，能快速回到文档开头的快捷组合键是＿＿＿＿＿＿＿＿。

21.　在 Excel 中，若在某单元格内输入"(5)"，则会显示为＿＿＿＿＿＿＿＿。

22.　在 Excel 中，若要在某单元格内显示分数"1/2"应输入＿＿＿＿＿＿＿＿。

23.　Excel 中，在 E5 单元格内输入公式"=sum(A\$5:D\$5)"，向下拖动填充柄后，则在 E7

单元格内的公式为_____。

24. 若要引用 sheet1 工作表中的 a6 单元格应输入_____。

25. 在 Excel 中的某个单元格中输入文字，若要文字能自动换行，可单击"开始"选项卡_____选项组中的"自动换行"按钮。

26. 除了直接在单元格中编辑内容外，还可以使用_____进行编辑。

27. 向 Excel 单元格中输入由数字组成的文本数据，应在数字前加_____。

28. 向单元格中输入公式时，公式前应冠以_____。

29. 公式 SUM("3",2,TRUE)=_____。

30. Excel 单元格中，默认方式下，数值数据_____对齐。

31. PowerPoint 2016 有普通视图、大纲视图、幻灯片浏览视图、_____和阅读视图共 5 种视图。

32. 启动 PowerPoint 程序后，最左边的窗格是_____窗格。

33. 选择连续多张幻灯片时，用鼠标选中第一张幻灯片，然后按住_____键，再用鼠标选择最后一张幻灯片。

34. 演示文稿母版包括幻灯片母版、_____和备注模板共 3 种。

35. 在 PowerPoint 中默认有 5 级文字，若需对文字升级,可以使用_____组合键。

36. 在 PowerPoint 的_____选项卡可以将幻灯片切换到黑白模式或灰度模式。

37. 在 PowerPoint 中要用到拼写检查、中文简繁体转换等功能时,应在_____选项卡中进行操作。

38. PowerPoint 的"排练计时"功能位于_____选项卡。

39. 在 PowerPoint 中对幻灯片进行另存、新建、打印等操作时应在_____中进行操作。

40. 在 PowerPoint 中，若要终止幻灯片的放映，应按下_____键。

三、判断题

1. 在 Word 文档中不能选定"列"字块。   （   ）

2. 在 Word 中，通过"屏幕截图"功能，不但可以插入未最小化到任务栏的可视化窗口图片，还可以通过屏幕剪辑插入屏幕任何部分的图片。   （   ）

3. 在 Word 中，字的大小用"号"及"磅"两个单位来衡量，且五号字小于八号。
                                                                （   ）

4. 在 Word 中，不但可以给文本选取各种样式，而且可以更改样式。   （   ）

5. 在 Word 中创建一个新文档，将自动命名为"Word1""Word2"等。   （   ）

6. Word 提供的目录功能，只能自动创建目录，若需修改页码等，还要手动更正。
                                                                （   ）

7. 在 Word 中的普通视图中可看到文档的分栏并排显示效果。   （   ）

8. 在 Word 中，利用格式刷可以复制源文本的格式到新文本。   （   ）

9. 若在 Word 中用【Delete】键删除了一段文本，则该文本将以临时文件形式放入回收站，用户可以在回收站中利用"还原"命令还原该文本。   （   ）

10. 在 Word 中，不但能制作文档目录，还可以插脚注、尾注和题注等。 （   ）

11. 在 Word 中对文件的编辑进行了误操作，可使用"恢复"按钮进行恢复。（   ）

12. Word 是一个文字处理软件，所以在文档中只能插入而不能编辑表格或图片。( )

13. 在 Word 中，修改某段文字的字体格式前，必须先选定该文字。 ( )

14. 在 Word 窗口中可以显示或隐藏标尺。 ( )

15. 在 Word 文档中可以显示或隐藏段落标记。 ( )

16. 若公式 COUNT(A1:A3)=2，则公式 COUNT(A1:A3,3)=5。 ( )

17. Excel 工作表中，单元格的宽度和高度是固定的，不能改变。 ( )

18. 某单元格内创建公式完毕后，用户只能查看公式结果而不能再查看公式。 ( )

19. 在 Excel 的函数中，可以引用本工作簿其他工作表中的单元格数据作为参数。

( )

20. Excel 中，"图表向导"不能生成以单独工作表形式出现的独立式图表。 ( )

21. Excel 的数据类型包括数值型、字符型、日期时间型和逻辑型。 ( )

22. 在 Excel 中，单元格的删除和清除是同一种操作的两种说法。 ( )

23. 在 Excel 中只能插入和删除行、列，但不能插入和删除单元格。 ( )

24. 在 Excel 中，单元格内输入的字符不能超过单元格宽度。 ( )

25. Excel 工作表中，单元格的地址是唯一的，由所在的行和列决定。 ( )

26. 在 Excel 的三种单元格引用方式中，$BC234 是属于绝对引用。 ( )

27. Excel 所创建的文档文件就是一张 Excel 的工作表。 ( )

28. 在 Excel 中，当鼠标指针移到自动填充柄上时会变成黑十字形状。 ( )

29. 在 Excel 中，函数的结果会随着参数单元格内的数值的变化而变化。 ( )

30. 使用 Excel 的分类汇总功能前，应先使用排序功能对分类字段进行排序。 ( )

31. 在 PowerPoint 中，在某幻灯片上插入的音乐对象不可以循环播放。 ( )

32. 若要设置幻灯片在放映时的切换效果，应该在"幻灯片放映"选项卡中设置。

( )

33. 在 PowerPoint 中，只有图片、表格等对象才能设置动画效果，文本不可以。

( )

34. 在没有安装 PowerPoint 软件的计算机上是不可能观看演示文稿的。 ( )

35. 当幻灯片进行放映时，演讲者可以添加墨迹标记。 ( )

36. 模板和主题决定幻灯片的外观与颜色，用户可直接使用 PowerPoint 提供的模板与主题，但不能自建模板与主题。 ( )

37. 在幻灯片浏览视图中，不可以编辑某张幻灯片上的文字。 ( )

38. PowerPoint 没有为用户提供图表功能。 ( )

39. 在 PowerPoint 中，利用标题母版可以控制任何一张幻灯片上的标题格式。 ( )

40. 在 PowerPoint 中，在使用设计模板建立新的演示文稿时，模板格式不能修改。

( )

第6章 "互联网+"应用基础

本章导读

前面的章节以计算机个体为对象，讲解了计算机相关知识，包括计算机硬件系统组成、计算机软件系统、计算机应用系统、计算机程序设计基础知识。掌握这些知识能够让我们更理解计算机，使用计算机为我们服务。在使用计算机为我们服务的过程中，会产生各种各样的数据并通过多种形式保存下来。由于电子数据自身的流动性特点，使得数据传递到另外一个媒体上后，原始数据并不丢失，这为电子数据共享提供了可能。最初的电子数据共享具有多种方式，纸带、磁盘、磁鼓，主机-终端系统等。20世纪60年代，地理位置不同的多台计算机构成之间的电子数据实现了共享，由此创造出计算机网络。因为电子数据的共享，使得一份电子数据通过计算机网络可以备份到多台计算机上，这样使得计算机网络具有三大特征：资源共享、数据通信和健壮性。

正因为计算机技术、通信技术的发展，计算机网络得到进一步发展，从巨型机-多终端系统转变到局域计算机网络，进一步扩展到多局域计算机网络组合成大的计算机网络集合，并把采用工业标准 TCP/IP 协议所构建起来的计算机网络集合，称为因特网，或者互联网。近三十年来，集成电路技术、移动通信技术、传感器技术等迅猛发展，互联网也得到了进一步更新，从移动互联网时代进入物联网时代，朝智慧化网络方向发展。这使得资源共享从原来的数据资源、硬件资源扩展到所有信息资源，也加速了人类社会被数字化、信息化和网络化包围的进程。数字化为信息通过网络传输和计算机处理提供基础。信息化是信息传输、处理、利用的具体实现方式，是新生产力的集中体现。信息化是在完备的网络基础之上构建起来的。网络化指几乎所有的信息都转换成能被计算机识别和处理的 0 和 1。"信息化是指培育、发展以智能化工具为代表的新的生产力并使之造福于社会的历史过程。"

本章以信息资源共享，数据通信作为开篇，引出计算机网络的主要目的和功能；然后介绍了互联网的发展历史及现有的网络形式；接下来重点介绍了互联网的关键技术；最后以互联网+作为收篇，介绍互联网+的概念和行业应用。

学习目标

- 了解信息、信息资源和信息资源共享等基本知识；
- 了解数据通信、移动通信、移动互联网、物联网的基本知识；
- 了解计算机网络的发展、功能、分类及互联网的应用等基本知识；
- 理解计算机网络协议、IP 地址及域名系统的概念；
- 理解计算机网络的概念、功能、信息检索方法；
- 了解互联网+的基本知识。

6.1 信息资源共享

6.1.1 基本术语

1. 信息

维纳认为：物质、能源和信息是构成现实世界的三大要素。信息就是信息，不是物质也不是能量。一位科学家说过：没有物质的世界是虚无的世界，没有能源的世界是死寂的世界，没有信息的世界是混乱的世界。可见信息的重要性。但是到底什么是信息？很难有一个全面的回答和定义。但是信息在交流中发挥作用，通过通信系统传输、交换、存储和处理，加载在文字、数据、图像、音频、视频等介质之中。

信息是加载在载体上的一段文字、一张图片、一段视频、一首音乐等，对于受众而言，初次见到的时候，其内容是不确定的。即文字、图片、视频和音乐都是载体，受众是从这些载体中去获取想要获取的内容，将所看见的这些对象的不确定变成确定。这就是信息获取过程，信息是普遍存在的。

信息一般具有如下特征：可识别、可转换、可传递、可加工处理、可多次利用（无损耗性）、在流通中扩充和主客体二重性。信息是物质相互作用的一种属性，涉及主客体双方；信息表征信源客体存在方式和运动状态的特性，所以它具有客体性，绝对性；但接收者所获得的信息量和价值的大小，与信宿主体的背景有关表现了信息的主体性和相对性。信息特征还包括信息的能动性。信息的产生、存在和流通，依赖于物质和能量，没有物质和能量就没有能动作用。信息可以控制和支配物质与能量的流动。

2. 数据

数据是指对客观事件进行记录并可以鉴别的符号，是对客观事物的性质、状态以及相互关系等进行记载的物理符号或这些物理符号的组合。它是可识别的、抽象的符号。

它不仅指狭义上的数字，还可以是具有一定意义的文字、字母、数字符号的组合、图形、图像、视频、音频等，也是客观事物的属性、数量、位置及其相互关系的抽象表示。例如，"0、1、2..." "阴、雨、下降、气温" "学生的档案记录、货物的运输情况"等都是数据。

在计算机科学中，数据是指所有能输入到计算机并被计算机程序处理的符号的介质的总称，是用于输入电子计算机进行处理，具有一定意义的数字、字母、符号和模拟量等的通称。现在计算机存储和处理的对象十分广泛，表示这些对象的数据也随之变得越来越复杂。

在本书中，数据局限于由电子计算机处理的电子数据，例如二进制 0 和 1。

3. 信息资源

信息资源由信息生产者、信息和信息技术三大要素组成。信息生产者是生产信息的劳动者，包括原始信息生产者、信息加工者或信息再生产者。信息既是信息生产的原料，也是产品。它是信息生产者的劳动成果，对社会各种活动直接产生效用，是信息资源的目标要素。信息技术是能够延长或扩展人的信息能力的各种技术的总称，是对声音、图像、文字等数据和各种信息进行收集、加工、存储、传输和利用的技术。信息技术作为生产工具，对信息收集、加工、存储和传递提供支持与保障。

信息资源具有以下几个特点：

（1）能够重复使用，其价值在使用中得到体现，从而实现共享性。

（2）信息资源的利用具有很强的目标导向，不同的信息在不同的用户中体现不同的价值。

（3）具有整合性。人们对其检索和利用，不受时间、空间、语言、地域和行业的制约。

（4）它是社会财富，任何人无权全部或永久买下信息的使用权；它是商品，可以被销售、贸易和交换。

（5）具有流动性。

4．信息资源共享

信息需要在传输过程中发挥作用，信息资源的特点决定了其本身具有共享性。信息资源共享就是指将信息资源依据一定的原则发送给需求请求用户。每个用户获取相同的资源内容，可能获取到不同的信息意义。

6.1.2　信息资源共享方式

信息资源通过共享被利用。如何把信息传输给信息需求方，从计算机发明后出现过很多方法。如通过磁盘、磁带等存储工具，把资源从一台计算机复制到另外一台计算机。在巨型机、小型机时代，因为设备的昂贵，所以资源需求方通过远程终端接入巨型机、小型机来实现处理器资源共享。信息技术的发展，使得计算机与计算机之间的信息沟通成为可能。计算机技术和通信技术的不断发展和对传输健壮性的要求，促使计算机网络的诞生。通过通信技术把位置不同的计算机连接在一起，共享计算机的软硬件资源，这就是计算机网络的核心功能所在。计算机网络的不断演进，使得网络不断扩展壮大，形成互联网、移动互联网、物联网，并以此为基础，构建智慧化的城市。

信息资源共享方式为客服-服务器方式。服务器是共享的信息资源提供者，客户端是共享的信息资源需求者。客户端向服务器发出资源获取请求，服务器接收到该请求后，经过鉴权认证，对授权用户提供资源共享服务，一般情况下，就是响应该请求，将该请求所需要的资源发送给客户端。

6.2　数据通信

数据通信是通信技术和计算机技术相结合而产生的一种新的通信方式。传递的信息均以二进制数据形式来表现。通过传输信道将数据终端与计算机联结起来，而使不同地点的数据终端实现软、硬件和信息资源的共享。

一个简要的通信系统框图由信源、信道、干扰源、信宿组成，如图 6-1 所示。

图 6-1　通信系统框图

- 信源：信息产生者。
- 信道：信息传输的路径。
- 干扰源：信息在信道中传输过程中受到的其他影响传输质量的因素。
- 信宿：信息接收者。

6.2.1 数据通信分类

数据通信系统按照调制方式可以分为基带传输系统和调制传输系统；基带传输系统在通信系统中传输的是基带信号，未经调制过的信号。调制传输系统在通信系统中传输的是调制信号，将基带信号经过频率、幅度、相位等调制，将调制信号传输到接收机，接收机再解调，还原成原来的基带信号。

数据通信系统按照传输信号的特征可以分为模拟通信系统和数字通信系统。模拟通信系统是指在通信系统中传输的连续不间断的模拟信号。数字通信系统指在通信系统中传输的是数字信号。当前计算机网络系统中传输的信号都是数字信号。

数据通信系统按照传输介质分可以分为有线通信系统和无线通信系统。有线通信指通信信号的传输介质是看得见、摸得着的物理介质，如双绞线、同轴电缆和光纤。无线通信指通信信号的传输介质是微波、无线电波等传输介质。

6.2.2 数据通信发展

数据通信是随着计算机的发展而发展起来的。早期的计算机体型巨大，一般以一台或者多台计算机为中心，提供远程信息处理。这些系统依靠数据通信手段把众多的远程终端连接起来，构成一个面向终端的集中式处理系统。终端与计算机之间的数据传输采用数据通信模式。20 世纪 60 年代末，以美国的 ARPA 计算机网的诞生为起点，开辟了计算机技术的一个新领域——网络化与分布处理技术。20 世纪 70 年代后，计算机网与分布处理技术获得了迅速发展，从而也推动了数据通信的发展。1976 年，CCITT 正式公布了分组交换数据网的重要标准——X.25 建议，其后又经过多次的修改与完善，为公用与专用数据网的技术发展奠定了基础。20 世纪 90 年代后，光通信技术应用到数据通信领域，并获得飞速发展，成为数据通信的主要通信技术。

6.2.3 移动通信

通信系统中，通信双方有一方或两方处于运动中的通信称为移动通信。移动通信系统由移动台、基站、移动交换中心组成。移动通信应用到陆地移动通信、海洋移动通信和空中移动通信，包括集群移动通信、移动电话、卫星通信、民航陆空通信等。移动通信采用的频段包括低频、中频、高频、甚高频和特高频。

移动通信

1. 特点

移动通信首先体现在其移动性，要保持物体在移动状态下的通信，因此，它属于无线通信，或者无线和有线结合。其次，移动通信电波传播条件复杂，电磁波会在传播过程中产生发射、折射、绕射、多普勒效应等现象，产生多径干扰、信号传播延迟和展宽等现象。再次，因为移动性，造成移动用户之间存在互调干扰、领道干扰和同频干扰等。

2．移动通信的发展

移动通信从发明到现在，总共经历了 5 代。

第一代移动通信是模拟移动通信，由贝尔实验室 1984 年开发并部署。

第二代移动通信从模拟制式变成数字通信制式，目前仍然在使用。数字通信制式比模拟通信制式提供更多的话音容量。2G 制式有 GSM 系统和 CDMA 系统。

第三代移动通信标准统称为 IMT-2000 国际移动通信标准。主要有 WCDMA、CDMA2000 和 TD-SCDMA 三个通用标准。3G 提供比 2G 更多的话务容量，支持 IP 业务，提供网上冲浪。

第四代移动通信标准由国际电信联盟无线电通信组制定，主要目标是移动设备具有能够容纳预期移动数据传输数量的能力和使用移动网络达到带宽上网的能力。当前第四代移动通信正服务于我们生活中的各个方面。

第五代移动通信是在 4G 移动通信技术上的升级和延伸，支持的速度更快，网络更密集，资源利用率更高。

6.3　计算机网络与互联网

计算机网络自 20 世纪 60 年代产生以来，经过半个世纪，特别是最近 20 多年的迅猛发展，已越来越多地被应用到政治、经济、军事、生产、教育、科学技术及日常生活等各个领域。它的发展，给人们的日常生活带来了很大的便利，缩短了人际交往的距离，甚至已经有人把地球称为"地球村"。

6.3.1　计算机网络基础

1．计算机网络定义

计算机网络是利用通信线路将具有独立功能的计算机连接起来，并以功能完善的网络软件实现信息交换和网络资源共享的系统。一般而言，计算机网络涉及以下问题。

1）传输介质

连接两台或两台以上的计算机所需要的物理介质称为传输介质。传输介质可以是同轴电缆、双绞线和光纤等有线介质，也可以是微波、激光、红外线、通信卫星等无线介质。

2）通信协议

计算机之间要交换信息、实现通信，彼此之间需要有某些约定和规则，即网络协议。目前，大部分网络协议是国际标准化组织制定的，也有一些是大型的计算机网络生产厂商自己制定的。

3）网络硬件设备

不在同一个地理位置的计算机系统要实现数据通信、资源共享，需要各种网络连接设备把各个计算机连接起来，如中继器、Hub、交换机、网卡、路由器等。此外，还需要服务器、工作站、防火墙等硬件设备。

4）网络管理软件

目前网络管理软件很多，包括各种网络应用软件、网络操作系统等。网络操作系统是网络中最重要的系统软件，是用户与网络资源之间的接口，承担着整个网络系统的资源管理和任务分配。目前，网络操作系统主要有 UNIX、微软的 Windows Server 等。

5）网络管理人员

这类人也可称作网络工程师，他们的主要任务是对网络进行设计、管理、监控、维护、查杀病毒等，保证网络系统能够正常有效地运行。

2. 计算机网络产生和发展

计算机网络的产生主要来源于计算机的发展，在 20 世纪 50 年代，计算机的生产数量很少，造价昂贵，没有操作系统及管理软件，根本形成不了规模性的计算机网络。随着计算机应用的扩展，在 20 世纪 60 年代，面向终端的计算机通信网得到了很大的发展。在专用的计算机通信网中，最著名的是美国的半自动地面防空系统（Semi-Automatic Ground Enviroment，SAGE），它被誉为计算机通信发展史上的里程碑。该系统将远距离的雷达和其他设备的信息，通过通信线路汇集到一台旋风型计算机上，第一次实现了远距离的集中控制和人机对话。从此，计算机网络逐步形成，并日益发展。对计算机网络发展起巨大推动作用的另一个技术是报文分组交换（Packet Switching）技术。研究分组交换技术的典型代表是美国国防部高级研究计划局（Advanced Research Project Agency，ARPA）的 APRANET。1969 年 12 月，美国第一个使用分组交换技术的 ARPANET 投入运行。ARPANET 的成功使计算机网络的概念发生了根本变化，由面向终端的计算机网络转变为以通信子网为中心的网络。

20 世纪 80 年代末，局域网技术发展成熟，出现光纤及高速网络技术、多媒体网络、智能网络，整个网络就像一个对用户透明的大的计算机系统，计算机网络发展成以因特网（Internet）为代表的互联网。因特网是全球最大最具影响力的计算机互联网络，也是世界范围的信息资源宝库，它把世界各地的计算机网络、数据通信网以及公用电话网，通过路由器和各种通信线路在物理上连接起来，利用 TCP/IP 协议实现不同类型的网络之间相互通信，它是一个"网络的网络"。

3. 计算机网络的组成

在逻辑功能上，计算机网络可以分为资源子网和通信子网两部分，如图 6-2 所示。通信子网相当于通信服务提供者，资源子网相当于通信服务使用者。

1）资源子网

资源子网负责全网的数据处理业务，向网络用户提供各种网络资源与网络服务。它由主计算机系统、终端、终端控制器、联网外设、各种软件资源与信息资源组成。

2）通信子网

通信子网由通信介质、通信设备组成，完成网络数据传输、转发等通信处理任务。

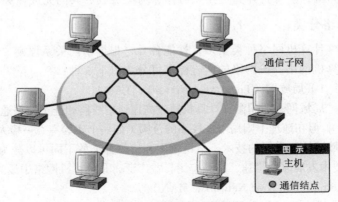

图 6-2　计算机网络组成

4．计算机网络的功能

计算机网络的主要功能有资源共享、数据通信、提高可靠性和分布式处理。

1）资源共享

资源共享是计算机网络最有吸引力的功能之一。在计算机网络中，有许多昂贵的资源，如大型数据库、高性能计算机等，其不可能为每一个用户所拥有，所以必须实行资源共享。资源共享包括：

（1）软件资源共享，如应用程序、数据等。数据文件和应用程序可以由多名用户来使用。这种共享可以高效地利用硬盘空间，也能够使多用户项目的协作更加轻松。

（2）硬件资源共享。在网络中，经常会共享一些连接到计算机上的硬件设备，以此来增加硬件的使用效率和减少硬件的投资，如网络打印机、大型磁盘阵列等。

2）数据通信

通信和数据传输是计算机网络另一项主要功能，用以在计算机系统之间传送各种信息。利用该功能，地理位置分散的生产单位和业务部门可通过计算机网络连接在一起进行集中控制和管理。另外，也可以通过计算机网络传送电子邮件，发布新闻消息和进行电子数据交换，极大地方便了用户，提高了工作效率。

3）提高可靠性

安全可靠性是计算机网络得以正常运转的保障。在一个系统内，若单个部件和计算机暂时失效，就必须通过替换的办法来维持系统的继续运行，如单机硬盘崩溃，就要更换新的硬盘，若事先未备份，该硬盘上的数据就会全部丢失。但在计算机网络中，每种资源，特别是一些重要的数据和资料，可以存放在多个地点，方便用户通过多种途径来访问这些资源。建立网络之后，可以方便地通过网络进行信息的转储和备份，从而避免了单点失效对用户产生的影响，大大提高了系统的可靠性。

4）分布式处理

单机的处理能力是有限的，且由于种种原因，计算机之间的忙闲程度是不均匀的。从理论上讲，在同一网内的多台计算机可以通过协同操作和并行处理来增强整个系统的处理能力，并使网内各计算机负载均衡。这样一方面可以通过计算机网络将不同地点的主机或外设采集到的数据信息送往一台指定的计算机，在此计算机上对数据进行集中和综合处理，通过网络在各计算机之间传送原始数据和计算结果；另一方面，当网络中某台计算机任务过重时，可将任务分派给其他空闲的计算机，使多台计算机相互协作、均衡负载、共同完成任务。

5．计算机网络分类

局域网

计算机网络种类繁多，性能各异，根据不同关系原则，可以划分不同的计算机网络。按网络的实施标准可分为以下 3 种：

1）局域网（Local Area Network，LAN）

局域网一般用微型计算机通过高速通信线路相连（速率通常在 10 Mbit/s 以上），但在地理上则局限在较小的范围（如一个实验室、一幢大楼、一个校园）。

局域网按照采用的技术、应用范围和协议标准的不同可以分为共享局域网与交换局域网。局域网技术发展非常迅速，并且应用日益广泛，是计算机网络中最为活跃的领域之一。

2）城域网（Metropolitan Area Network，MAN）

城域网的作用范围在广域网和局域网之间，如一个城市，作用距离约为 5~50 km。城域网设计的目标是要满足几十千米范围内的大量企业、机关、公司的多个局域网互联的需求，以实现大量用户之间的数据、语音、图形与视频等多种信息的传输功能。

3）广域网（Wide Area Network，WAN）

广域网的作用范围通常为几十到几千千米。广域网覆盖一个国家、地区，或横跨几个洲，形成国际性的远程网络。所以广域网有时也称远程网。它将分布在不同地区的计算机系统互联起来，达到资源共享的目的。

几种网络的性能比较见表 6-1。

表 6-1　网络分类性能比较

网络分类	传输距离/km	范　围	传输速率
局域网 LAN	<2	办公室、大楼园区	1 Mbit/s~2 Gbit/s
城域网 MAN	<10	城市	<155 Mbit/s
广域网 WAN	>10	省、国家、世界	<45 Mbit/s

6.3.2　Internet 基础

Internet 是全世界最大的国际性计算机互联网络，它将不同地区而且规模大小不一的网络采用公共的通信协议（TCP/IP 协议集）互相连接起来。连入 Internet 的个人和组织能在 Internet 上获取信息，也能互相通信，享受连入其中的其他网络提供的信息服务。当前 Internet 已广泛应用于教育科研、政府军事、娱乐商业等许多领域，成为人们生活中最理想的信息交流工具（电子邮件、视频），理想的学习场所（电子书库、BBS 交流、远程教学），多彩多姿的娱乐世界（电影、音乐、旅游咨询），理想的商业天地（电子商务）。Internet 还在不断地变化、发展，正逐步虚拟现实的世界，形成一个崭新的信息社会。

1. Internet 的起源和发展

Internet 起源于 20 世纪 60 年代末美苏冷战时期。1969 年，美国国防部高级研究计划署（Defense Advanced Research Projects Agency，DARPA）资助建立了 ARPANET，它把美国几所著名大学的计算机主机连接起来，采用分组交换技术，通过专门的通信交换机和专门的通信线路相互连接。这就是最早出现的计算机网络，也被公认为 Internet 的雏形。

ARPANET 建立初期只有 4 个结点，由于可靠性高，规模迅速扩张，不久就从夏威夷到瑞典，横跨西半球。1972 年，在美国华盛顿举行的第一届计算机通信国际会议上，ARPANET 首次与公众见面。

1983 年，ARPA 把 TCP/IP 协议集作为 ARPANET 的标准协议，其核心就是 TCP（传输控制协议）和 IP（网际协议）。后来，该协议集经过不断地研究、试验和改进，成为 Internet 的基础。现在判断一个网络是否属于 Internet，主要就看它在通信时是否采用 TCP/IP 协议集。

1985 年，美国国家科学基金会 NSF（National Science Foundation）认识到计算机网络对科学研究的重要性，接管 ARPANET，斥巨资建立起六大超级计算机中心，用高速通信线路把它们连接起来。这就构成了当时全美的 NSFNET（国家科学基金网）骨干网。NSFNET 是一个三级计算机网络，以校园网为基础，通过校园网形成区域性网络，再互连为全国性广域网，覆盖了全美主要的大学和研究所。之后，随着越来越多的计算机，包括德国、日本等外国的计算机接入 NSFNET，一个基于美国、连接世界各地网络的广域网逐步发展，最终形成了国际互联网。

1990 年，ARPANET 正式退役，由它演变而来的 Internet 逐步发展为全球最大的互联网络。

1992 年，由于 Internet 用户数量急剧增加，连通机构日益增多，应用领域也逐步扩大，Internet 协会 ISOC（Internet Society）应运而生。该组织是一个非政府、非营利的行业性国际组织，以制定 Internet 相关标准、开发与普及 Internet 及与之相关的技术为宗旨。

1996 年启动了下一代 Internet 研究，提出了 IPv6，解决了 Internet 上的 IP 地址缺乏问题。

今天，Internet 已连接了几十万个网络、上亿台主机，其应用渗透到了各个领域，从学术研究到股票交易、从学校教育到娱乐游戏、从联机信息检索到在线居家购物。

2．Interent 在中国

1987 年 7 月，国家科学技术名词审定委员会推荐将 Internet 译名为"因特网"。我国 Internet 起步较晚，但发展速度却非常快。其发展历程如下：

1986 年，北京计算机应用技术研究所与德国卡尔斯鲁厄大学（University of Karlsruhe）合作启动了国际互联网项目 CANET（中国学术网，Chinese Academic Network）。1987 年 9 月 14 日，在德国和中国间建立了 E-mail 连接，正式建成国际互联网电子邮件结点，并自北京向德国卡尔斯鲁厄大学发出第一封电子邮件：Across the Great Wall, we can reach every corner in the world,（越过长城，走向世界），揭开了中国人使用互联网的序幕。

1988 年，中科院高能物理所采用 X.25 协议通过西欧 DECNET，实现了计算机国际远程连网以及与欧洲和北美地区的电子邮件通信。 1990 年，中国正式在 INTERNIC（Stanford Research Institute's Network Information Center）注册了中国的顶级域名 cn。

1993 年 3 月，高能物理所租用了一条 64 kbit/s 的卫星线路与斯坦福大学联网。这条专线是中国连入 Internet 的第一根专线。1994 年 4 月，中国向美国 NSF 提出连入 Internet 的要求得到认可，同时 64 kbit/s 国际专线开通，实现了与 Internet 的全功能连接。从此我国被国际上正式承认为拥有全功能 Internet 的国家。

1994 年 5 月，高能物理所建立了中国第一台 Web 服务器，推出中国第一个网站"中国之窗"，与分布在全国各地的多家网络公司有着密切的合作联系，在国内外有着十分重要的影响。

1997 年，我国 Internet 事业步入高速发展阶段。同年 6 月，国家批准中科院组建中国互联网络信息中心（China Internet Network Information Center，CNNIC）。该中心每年发布两次中国互联网发展状况统计报告。2010 年 1 月，在《第 25 次中国互联网络发展状况统计报告》中显示，截至 2009 年 12 月 31 日，我国网民总人数达到 3.84 亿人，目前我国互联网普及率为 28.9%，高于世界平均水平。手机网民大幅增长，达到 2.33 亿人，且农村网民突破 1 亿。

1997 年 10 月，我国的四大骨干网实现互联互通。

（1）中国科技网（China Science and Technology Network，CSTNET）：非营利、公益性网络，其服务主要包括网络通信服务、信息资源服务、超级计算机服务和域名注册服务。中国科技网作为最早进入 Internet 并拥有丰富信息资源的国家级科技信息网，对我国网络事业的发展起到了积极的推动作用。

（2）中国教育与科研网（China Education and Research Network，CERNET）：非营利性网络，主要为学校、科研和学术机构及政府部门服务。它是中国第一个覆盖全国的自行设计和建设的大型计算机网络，由国家教委主持，清华、北大、电子科大等十所高校承担建设。目前已有 800 多所大学和中学的局域网连入其中。

（3）中国公众互联网 CHINANET：由中华人民共和国邮电部主建及经营管理，它是面向社会公开，服务于社会公众的大规模的网络基础设施和信息资源的集合，它的基本功能就是要保证大范围的国内用户之间的高质量互通，进而保证国内用户与国际 Internet 的高质量互通。

（4）国家公用经济信息通信网暨金桥网（China Golden Bridge Network，CHINAGBN）：是面向企业的网络基础设施，是中国可商业运营的公用互联网。据计划，金桥网将建立一个覆盖全国，并与 30 多个省、自治区、直辖市，500 个中心城市，12 000 个大型企业，100 个重要企业集团相连接的国家公用经济信息通信网。

6.3.3 移动互联网

1．移动互联网定义

移动互联网，就是将移动通信和互联网二者结合起来，成为一体。是指互联网的技术、平台、商业模式和应用与移动通信技术结合并实践的活动的总称。移动通信与互联网互相融合，优势互补，决定了其用户数量快速增长，到 2018 年 9 月底，全球移动互联网用户已达 15 亿。

2．移动互联网发展历史

2000—2003 年，互联网界发生了两件最让然瞩目的事件，其一是中国移动通信的"移动梦网"实施的计划正式开通，该平台成为国内运营商构筑手机上网的首要平台，同时也是移动用户 WAP 的起点。

2003—2007 年，自 2004 年移动互联门户开启后，出现了搜索、音乐、阅读、手游等领域的众多应用，但是更多关注于商业模式。

2007—2010 年，以 iOS 和 Android 两大手机操作系统为主的移动终端阵营逐渐形成，从而推动了移动应用的快速发展。

2010—2013 年，基于移动终端应用，发展了移动互联的内容服务。主要关注于社交和阅读。

2013 年至今，移动互联网飞速发展，从网络基础设置和内容提供都得到加强。4G 商用并推广，移动支付、共享单车、网约车、众筹、外卖、社交电商、移动直播、短视频等出现在公众视野，使我们的生活质量得到很大提升。

3．移动互联网的特点

与传统互联网相比，移动互联网具有以下几个特点：

（1）便捷性。移动互联网的基础网络是一张立体网络，2G、3G、4G、5G、WiFi 和蓝牙构成无缝覆盖，使得移动终端具有方便联通网络的特性。

（2）便携性。移动互联网的基本载体是移动终端。这些移动终端包括智能手机、平板电脑、智能眼镜、智能手表、智能饰品等智能穿戴。

（3）实时性。移动互联网实时性体现在其低时延方面，当前 5G 的时延已经在毫秒以下。

6.3.4 物联网

1．物联网定义

国际电信联盟（ITU）给物联网定义为：物联网主要解决物品与物品（Thing to Thing，T2T），人与物品（Human to Thing，H2T），人与人（Human to Human，H2H）之间的互连。从功能角度：ITU 认为"世界上所有物体都可以通过因特网主动进行信息交换，实现任何时刻、任何地点、任何物体之间的互联、无所不在的网络和无所不在的计算"。从技术角度：ITU 认为"物联网涉及射频识别技术（Radio Frequency Identification，RFID）、传感器技术、纳米技术和智能技术等"。可见，物联网集成了多种感知、通信与计算技术，不仅使人与人之间的交流变得更加便捷，而且使人与物、物与物之间的交流变成可能，最终将使人类社会、信息空间和物理世界（人—机—物）融为一体。目前，世界科技大国都将物联网技术作为重点发展方向。2011年，我国科技部发布了《国家"十二五"科学和技术发展规划》，将物联网作为新一代信息技术纳入国家重点发展的战略性新兴产业，同时将物联网列入"新一代宽带移动无线通信网"国家科技重大专项中。

2．物联网发展历史

物联网之前被称为传感网，其概念是在 1999 年提出来的。2003 年，美国《技术评论》提出传感网络技术将是未来改变人们生活的十大技术之首。直到 2005 年 11 月 17 日，在突尼斯举行的信息社会世界峰会上，国际电信联盟（ITU）发布了《ITU 互联网报告 2005：物联网》，正式提出了"物联网"的概念。

EPOSS 在《Internet of Things in 2020》报告中分析预测，未来物联网的发展将经历四个阶段：

- 2010 年之前，RFID 被广泛应用于物流、零售和制药领域；
- 2010—2015 年，物体互联；
- 2015—2020 年，物体进入半智能化；
- 2020 年之后，物体进入全智能化。

3．物联网的特点

（1）各种感知技术的广泛应用。物联网部署了海量的多种类型传感器，每个传感器都是一个信息源，不同类别的传感器所捕获的信息内容和信息格式不同。传感器获得的数据具有实时性，按一定的频率周期性地采集环境信息，不断更新数据。

（2）建立在互联网上的泛在网络。通过各种有线和无线网络与互联网融合，将物体的信息实时准确地传递出去。在传输过程中，为了保障数据的正确性和及时性，必须适应各种异构网络和协议。

（3）不仅提供了传感器的连接，其本身也具有智能处理的能力，能够对物体实施智能控制。

6.4　互联网相关技术

6.4.1　互联网层次结构

20 世纪 80 年代，Internet 所用的 TCP/IP 协议成为了既成事实的网络工业标准。基于 TCP/IP 协议的互联网分成 4 个层次：网络接口层、网络层、传输层和应用层，如图 6-3 所示。

（1）网络接口层：对应 OSI 的物理层和数据链路层，完成对实际的网络媒体的管理，定义如何使用实际网络来传送数据。

（2）网际层：使用 IP 协议，负责提供基本的数据包传送功能，让每一个数据包都能够到达目的主机（但不检查是否被正确接收）。

（3）传输层：提供结点间的数据传送服务，如 TCP 协议、UDP 协议（User Datagram Protocol 用户数据报协议）、ICMP 协议（Internet Control Messages Protocol，因特网控制报文协议）等，确保数据已被送达并接收。

（4）应用层：对应 OSI 的应用层、表示层、会话层，为用户提供各种服务，如简单电子邮件传输（SMTP）、文件传输（FTP）、远程登录（Telnet）等。

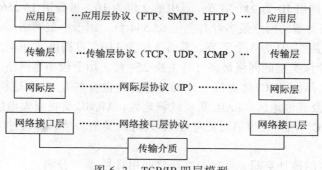

图 6-3　TCP/IP 四层模型

支持 Internet 的操作系统都采用 TCP/IP 协议，如常用的操作系统 Windows、Linux、UNIX、OSX、Android 和 iOS 等操作系统内部都实现了该协议，方便用户直接上网。

6.4.2　IP 地址

在 Internet 上连接的所有计算机都是以独立的身份出现，称之为主机。为了实现各主机间的通信，每台主机都必须有唯一的标识符，称为 IP 地址（IP Address）。目前，IP 地址有两个版本，IPv4 和 IPv6。

IP 地址和域名系统

IPv4 地址由 32 位二进制构成，如中国民航飞行学院教学管理系统的 IP 地址为：11010011010100111000001110001110。为了便于记忆，这些二进制位被等分为 4 组，每组 8 位即一个字节，并用圆点进行分隔，每个字节的数值范围是 0～255。这种写法被称为点分十进制表示法，如上文提到的 IP 地址可写为 211.83.131.142，如图 6-4 所示。

32 位的 IP 地址由网络标识（Network ID）和主机标识（Host ID）两个部分组成，前者标识主机连接到的网络，后者标识某网络内某主机的主机号。如图 6-5 所示。

B1	B2	B3	B4
11010011	01010011	10000011	10001110
211 .	83 .	131 .	142

图 6-4　IP 地址的表示

网络标识	主机标识

图 6-5 IP 地址的组成

为了便于管理，IP 地址分为 5 类，即 A 类、B 类、C 类、D 类和 E 类。A 类、B 类和 C 类 IP 地址划分如表 6-2 所示。另外，D 类地址为网络广播使用。E 类地址保留为实验使用。同时，IP 地址规定，全为 0 或全为 1 的地址另有专门用途，不分配给用户。

表 6-2　IP 地址的分类

类　　型	网络 ID	第 一 字 节	主机 ID	最大网络数	最大主机数
A 类	B1，且以 0 起始	1～127	B2 B3 B4	127	16 777 214
B 类	B1 B2，且以 10 起始	128～191	B3 B4	16 256	65 534
C 类	B1 B2 B3，且以 110 起始	192～223	B4	2 064 512	254

（1）A 类地址：网络 ID 为 1 个字节，其中第 1 位为 0，可提供 127 个网络号；主机 ID 为 3 个字节，每个该类型的网络最多可有主机 16 777 214 台，用于大型网络。

（2）B 类地址：网络 ID 为 2 个字节，其中前 2 位为 10，可提供 16 256 个网络号；主机 ID 为 2 个字节，每个该类型的网络最多可有主机 65 534 台，用于中型网络。

（3）C 类地址：网络 ID 为 3 个字节，其前 3 位为 110，可提供 2 064 512 个网络号；主机 ID 为 1 个字节，每个该类型的网络最多可有主机 254 台，用于较小型网络。

所有的 IP 地址都由 NIC 负责统一分配，目前全世界共有 3 个这样的网络信息中心：INTERNIC 负责美国及其他地区；ENIC 负责欧洲地区；APNIC 负责亚太地区。因此，我国申请 IP 地址要通过 APNIC。用户在申请时要考虑 IP 地址的类型，然后再通过国内的代理机构提出申请。

IPv6 具有 128 位的地址空间，字段与字段之间用冒号 ":" 分隔。

6.4.3　域名系统

二进制形式和十进制形式的 IP 地址让人难以记忆。因此，Internet 规定了一套命名机制，即域名系统（Domain Name System，DNS）。按该机制定义的名字则被称为域名（Domain Name）。采用域名系统将 IP 地址和域名映射起来，方便用户记忆。

域名系统采用层次树状结构，由若干分量组成，各分量间也用圆点分隔，其结构如下：

主机名．三级域名．二级域名．顶级域名

例如，中国民航飞行学院的域名为 www.cafuc.edu.cn。

（1）最右边是顶级域名（Top-level Domain），包括国家或地区顶级域名和国际顶级域名。

（2）最左边是主机名，用于标识计算机，一个局域网中不能有两个同名的主机。

（3）每级域名都由英文或数字组成。

常见的域名代码见表 6-3。

表 6-3　常见域名代码

域 名 代 码	国家名字	域 名 代 码	机 构 名 称
.cn	中国	.com	商业机构
.us	美国	.edu	教育机构
.uk	英国	.net	网络服务机构
.de	德国	.gov	政府机构
.jp	日本	.int	国际机构
.fr	法国	.org	非营利组织

在使用域名进行通信时，需要先将域名转换成 IP 地址。负责完成域名到 IP 地址转换的主机称为域名服务器（DNS Server），根据域名确定 IP 地址的过程称为域名解析。

Internet 上的 IP 地址是唯一的，一个 IP 地址对应一个计算机。一个域名对应一个或多个 IP 地址：比如百度的 IP（119.75.218.70）（119.75.217.109）。一台计算机上面可以有多个服务，也就是一个 IP 地址可以对应多个域名，采用不同的端口区分不同的域名。

6.4.4　HTML

1．HTML 概念

HTML 是超文本标记语言（Hyper Text Markup Language）的缩写，它是构成 Web 页面（Page）的主要工具。用 HTML 标记文档或给文档添加标记，使文档可在 WWW 上发布。

2．HTML 作用

HTML 语言作为一种网页编辑语言，其作用如下：

（1）格式化文本。如设置标题、字体、字号、颜色；设置文本的段落、对齐方式等。

（2）建立超链接。通过超链接检索在线的信息，只需用鼠标单击，就可以到达任何一处。

（3）创建列表。把信息用一种易读的方式表现出来。

（4）插入图像。使网页图文并茂，还可以设置图像的各种属性，如大小、边框、布局等。

（5）建立表格。表格为浏览者提供了快速找到需要信息的显示方式，还可以用表格来设定整个网页的布局。

（6）加入多媒体。可以在网页中加入音频、视频、动画，还能设定播放的时间和次数。

（7）交互式窗体、计数器等。为获取远程服务而设计窗体，可用于检索信息、定购产品等。

3．HTML 文件组成

一个 HTML 文件可由下列 3 部分组成。

（1）标签：是 HTML 的基本元素，可以说一个 HTML 文件大部分都是由字符信息加一些标记呈现出来的。也就是说，只要在 HTML 文件中适当的位置上加所需标签，就可依照各标签所代表的意义实现各种特殊的功效。基本的标签可分为两种：单一标签（只要一个标签就能完成所要表示的功能）和成对标签（需要两个标签组合才能完成所需功能）。

（2）文字与图形资料：是指要提供给浏览信息的人阅读的内容。WWW 显示的图形一般都以独立文件的形式存在，如果要显示图形（图形文件要用其他程序建立），就必须用特殊的标签指向图形文件。

（3）统一资源定位器（Uniform Resource Locator，URL）：是 WWW 上文件的参照格式，浏览者在浏览器的地址处输入 URL 格式的内容，就可获取所指主机的主页。

4．HTML 文件的基本结构

HTML 文件是一种纯文本格式的文件，HTML 文件包括头部（head）和主体（body）。文件的基本结构为：

```
<HTML>
  <HEAD>
    <TITLE> 网页的标题 </TITLE>
  </HEAD>
  <BODY>
    网页的内容
  </BODY>
</HTML>
```

5．HTML 标签

1）标签定义

HTML 文件由标签和被标签的内容组成。标签（Tag）能产生所需的各种效果，就像一个排版程序，它将网页的内容排成理想的效果。这些标签名称大都为相应的英文单词首字母或缩写，如 P 表示 Paragraph（段落）、IMG 为 Image（图像）的缩写，很好记忆。各种标签的效果差别很大，但总的表示形式却大同小异，大多数成对出现，格式为：

<标签> 受标记影响的内容 </标签>

说明：

① 每个标签都用"<"（小于号）和">"（大于号）围住，如<P>，<Table>，以表示这是 HTML 代码而非普通文本。注意，"<"与标签名之间不能留有空格或其他字符。

② 在标签名前加上符号"/"便是其结束标记，表示这种标签内容的结束，如</FONT>。标签也有不用</标签>结尾的，称为单标签。

③ 标签字母大小写皆可，没有限制。

2）标签属性

标签只是规定这是什么信息，或是文本，或是图片，但怎样显示或控制这些信息，就需要在标签后面加上相关的属性来表示，每个标签有一系列的属性。标签要通过属性来制作出各种效果。格式为：

<标签 属性 1=属性值 属性 2=属性值 ...>
        受影响的内容</标记>

例如字体标签<FONT>，有属性 size 和 color 等。属性 size 表示文字的大小，属性 color 表示文字的颜色。表示为：

<FONT size=3 color=red> 属性示例 </FONT>

需要注意的是：

（1）并不是所有的标签都有属性，如换行标签就没有。

（2）根据需要可以用该标签的所有属性，也可以只用需要的几个属性，在使用时，属性之间没有顺序。多个属性之间用空格隔开。

属性和标签一样，都不区分大小写。但为了阅读方便，本书用大写字母表示标签，小写字母表示属性。

6.4.5　互联网应用

Internet 之所以发挥了如此大的作用，主要就是因为它具有极高的工作效率、丰富的信息资源和服务资源。它向用户提供的各种功能称为"Internet 服务"或"Internet 的应用"。目前，主要的服务大致可分为 3 类：信息查询与发布，主要指 WWW 服务等；信息交流，主要指电子邮件服务和即时通信服务等；资源共享，主要指文件传输服务、电子资源访问等。

1．World Wide Web

World Wide Web 称为全球信息网，简称 3W 或 WWW，也称万维网。它是一个基于超文本查询方式的信息检索服务工具，可以为网络用户提供信息的查询和浏览服务。

WWW 将位于 Internet 上不同地点的相关数据信息有机地编织在一起，提供友好的信息查询接口，用户仅需要提出查询要求，而到什么地方查询及如何查询则由 WWW 自动完成。因此，通过 WWW，一个不熟悉网络使用的人也可以很快成为 Internet 行家。以下为几个常用的术语和概念。

（1）超文本（Hypertext）：非线性文本，不同于标准文本的按顺序定位，它通过链接其他文本的方式突破了线性方式的局限。超文本可看成超媒体的子集，而超媒体还包括图形、图像、声音、视频、动画等多种媒体形式。

（2）超文本传输协议（Hypertext transfer Protocol，HTTP）：网页访问所需的通信协议。采用请求/响应模型，由客户端向服务器发送一个请求，包含请求的方法、地址、协议版本、客户信息等；服务器以一个状态行作为响应，返回相应的内容，包括消息协议的版本，成功或者错误编码，服务器信息及可能的实体内容等。

（3）统一资源定位（Uniform Resource Locator，URL）：给网络资源的位置提供一种抽象的识别方法，从而使系统能对资源进行各种操作（如存取、更新、查找属性等）；URL 由 3 部分组成：传输协议（即访问方式）、地址标识服务器名称、在该服务器上定位文件的全路径名，如 http://www.cafuc.edu.cn/structure/index。URL 的访问方式除了 HTTP 协议外，还可以是 FTP 或 Telnet 等协议。

（4）浏览器：指可以显示网页服务器或者文件系统的 HTML 文件内容，并让用户与这些文件交互的一种软件。常见的浏览器如 Microsoft 的 IE（Internet Explorer，见图 6-6）、360 浏览器、火狐浏览器、Safari 浏览器等。现在的浏览器作用已不再局限于网页浏览，还包括信息搜索、文件下载、音乐欣赏、视频点播等。

2．电子邮件 E-mail

E-mail 是电子邮件（Electronic Mail）的简写。它是一种快速、简洁、低廉的信息交流方式，也是网络的第一个应用。因其具有其他通信工具无法比拟的优越性，E-mail 成为 Internet 上最频繁的应用之一。

图 6-6　Internet Explorer 11 界面

电子邮件系统采用简单邮件传输协议（Simple Message Transfer Protocol，SMTP）发送邮件，采用邮政协议（Post Office Protocol-Version3，POP3）接收邮件。和普通信箱类似，收发电子邮件必须注册一个电子信箱（E-Mail Box），用来标识发信人或收信人的地址，其格式为：用户名@邮件服务器名，如 youjian @ 163.com。

需要注意的是，同一个邮件服务器中的各个用户名必须是唯一的。通常，电子邮件服务可以通过浏览器完成，也可以通过专门的电子邮件服务软件完成。

3．文件传输 FTP

文件传输服务得名于其所用的文件传输协议 FTP。它提供交互式的访问，允许用户在计算机之间传送文件，且文件的类型不限，如文本文件、二进制可执行文件、声音文件、图像文件、数据压缩文件等。

运用这个服务，用户可以直接进行任何类型文件的双向传输，其中将文件传送给 FTP 服务器称为上传；而从 FTP 服务器传送文件给用户称为下载。一般在进行 FTP 文件传送时，用户要知道 FTP 服务器的地址，且还要有合法的用户名和口令。

文件传输服务也可以通过浏览器或专门的 FTP 软件完成，如 CuteFTP 和 LeapFTP。

4．即时通信

即时通信，是指能够即时发送和接受网络上其他主机发送过来的业务。目前，即时通信已经发展成集交流、资讯、娱乐、搜索、电子商务、办公协作和企业客户服务等为一体的综合化信息平台，如 QQ、微信、视频直播等。

5．博客

自 2002 年起，博客作为一种新的网络交流形式，发展相当迅速。它的全名应是 Web log，即"网络日志"，后来缩写为 BLOG。它是以网络作为载体，能简易便捷地发布用户个人心得，及时有效轻松地与他人进行交流，集丰富多彩的个性化展示于一体的综合性平台。它通常是由简短且经常更新的帖子构成。其中的内容包罗万象，从对其他网站的超链接和评论，到个人日记、照片、诗歌、散文、小说等。

6．网上娱乐

计算机网络与传统的娱乐相结合主要体现在三个方面：网上电影，人们可以随时查看最新电影动态，随时点播欣赏电影；网上音乐，人们可以更快捷地找到并聆听各人喜欢的音乐；网络游戏，将单机游戏扩展到网络，从人机对战到人人对战，更具有挑战性和参与度。特别是 VR 和 AR 等技术的应用，游戏者更是身临其境，体验度非常高。

7．电子商务

通常是指利用简单、快捷、低成本的电子通信方式进行的商务活动，这种活动利用网络的方式将顾客、销售商、供货商和雇员联系起来。

电子商务是 Internet 的直接产物，Internet 本身所具有的开放性、全球性、低成本、高效率的特点，也成为其内在特征。作为商业运营手段，它所具有的突出的优越性是传统媒介手段根本无法比拟的。

（1）电子商务将传统的商务流程电子化，一方面可以大量减少人力、物力，降低成本；另一方面突破了时间和空间的限制，使得交易活动可以随时随地进行，提高了效率。

（2）电子商务所具有的开放性和全球性的特点，为企业创造了更多的贸易机会。

（3）电子商务使得中小企业有可能拥有和大企业一样的信息资源，从而提高了中小企业的竞争能力。

（4）电子商务革新了传统流通模式，减少了中间环节，使生产者和消费者的直接交易成为可能。通过互联网，商家之间可以直接交流、谈判、签合同，消费者也可以把自己的反馈建议反映到企业或商家的网站，而企业或者商家则要根据消费者的反馈及时调整产品种类，提高服务品质，做到良性互动。

按照交易主体进行分类，电子商务主要六种类型，企业间电子商务（Business to Business，B2B）、企业与消费者之间（Business to Consumer，B2C）、消费者间电子商务（Consumer to Consumer，C2C）、企业与政府间电子商务（Business to Government，B2G）、消费者与政府间电子商务（Consumer to Government，C2G）以及线上线下方式（Online to Offline，O2O）。

8．电子政务

电子政务（E-Government）是指政府机构运用计算机、网络和通信等现代信息技术手段，借助 Internet 实现组织结构和工作流程的优化和重组，超越时间、空间和部门分隔的限制，建成一个精简、高效、廉洁、公平的政府运作模式，全方位地向社会提供优质、规范、透明和符合国际水准的管理和服务。

通过电子政务可实现政府办公自动化、政府部门间的信息共建共享、政府实时信息发布、各级政府间的远程视频会议、公民网上查询政府信息、电子化民意调查和社会经济统计等。

一般，电子政务可分为 3 类：政府间的电子政务 G2G（Government to Government）、政府—企业间的电子政务 G2B（Government to Business）和政府–公民间的电子政务 G2C（Government to Citizen）。

6.5 信 息 检 索

在现在信息社会，人们获取知识、科学研究以及终身教育都离不开信息检索。

6.5.1 信息检索的概念

1．信息检索（Information Retrieval）

信息检索是指将杂乱无序的信息有序化以形成信息集合，并根据需要从信息集合中查找出特定信息的过程，全称是信息存储与检索（Information Storage and Retrieval）。

信息检索的实质是将用户的检索标识与信息集合中存储的信息标识进行比较与选择，或称为匹配（Matching），当用户的检索标识与信息存储标识匹配时，信息就会被查找出来，否则就查不出来。

2．信息检索系统（Information Retrieval System）

任何具有信息存储与检索功能的系统，均可称为信息检索系统。从狭义上讲，信息检索系统可以理解为一种可以向用户提供信息检索服务的系统。

6.5.2 检索方法

信息检索有多种方法，如漫游法、直接查找法、搜索引擎检索法和网络资源指南检索法。下面主要介绍搜索引擎检索法和网络资源指南检索法。

1．搜索引擎检索法

该方法是最为常规、普遍的网络信息检索方法。搜索引擎是提供给用户进行关键词、词组或自然语言检索的工具。用户提出检索要求，搜索引擎代替用户在数据库中进行检索，并将检索结果提供给用户。它一般支持布尔检索、词组检索、截词检索、字段检索等功能。利用搜索引擎进行检索的优点是：省时省力，简单方便，检索速度快、范围广，能及时获取新增信息。其缺点是：由于采用计算机软件自动进行信息的加工、处理，且检索软件的智能性不高，造成检索的准确性不理想，与人们的检索需求及对检索效率的期望有一定差距。

2．网络资源指南检索法

该方法是利用网络资源指南查找相关信息的方法。可实现对网络信息资源的智能查找。网络资源指南通常由专业人员在对网络信息资源进行鉴别、选择、评价、组织的基础上编制而成，对于有目的的网络信息检索具有重要的指导作用。其局限性在于：由于其管理、维护跟不上网络信息的增长速度，使得其收录范围不够全面，新颖性、及时性不够强。

6.5.3　搜索引擎

1．搜索引擎

搜索引擎（Search Engine）是指根据一定的策略、运用特定的计算机程序搜集互联网上的信息，在对信息进行组织和处理后，为用户提供检索服务的系统。

搜索引擎一般由 3 部分组成：

（1）搜索器：负责收集信息的程序，其功能是在互联网中漫游，发现和搜集信息，也被称为 Robot、Spider、Crawler 或 Wanderer。

（2）索引数据库：理解搜索器搜索到的信息，从中抽取索引项，生成文档库的索引表，建立数据库。

（3）用户检索界面：通常是搜索引擎的主页，用于接纳用户查询并显示查询结果。

2．搜索方法

搜索引擎种类繁多，搜索方法也很多，不同的搜索方式，搜索效果也不同。当前的搜索引擎都支持文本搜索、语音搜索、图片搜索。图 6-7 所示为百度搜索界面。

图 6-7　百度搜索界面

6.5.4 网络数据库检索

随着互联网的扩展和升级，网络数据库迅猛发展。查阅网络版的电子期刊或其他文献时，可根据信息资源的数据结构，分为全文检索和文摘检索。

1. 全文检索（如中国期刊全文数据库 CNKI）

中国期刊网（http://www.cnki.net）是我国最大的全文期刊数据库，是目前世界上最大的连续动态更新的中国期刊全文数据库。其中收录从 1994 年至今（部分刊物回溯至 1979 年，部分刊物回溯至创刊）的期刊总计万余种。内容涉及自然科学、工程技术、人文与社会科学等各个领域，用户遍及全球各大国家与地区，实现了我国知识信息资源在互联网条件下的社会化共享与国际化传播。

CNKI 检索范围包括十大专辑：理工 A、理工 B、理工 C、农业、医药卫生、文史哲、政治军事与法律、教育与社会科学综合、电子技术与信息科学、经济与管理，共 168 个专题。检索条件包括检索词、检索项、模式、时间、范围、记录数和排序 7 个选择项。其中，检索词是用户必须输入的关键字，其余 6 项可以使用默认值。

CNKI 网站如图 6-8 所示。

图 6-8　CNKI 网站界面

2. 文摘检索（如美国的工程索引 EI）

工程索引（the Engineering Index,EI）是由美国工程信息中心（the Engineering Information Inc）编辑出版的工程技术领域的综合性检索工具。1884 年创刊，每年摘录世界工程技术期刊 3000 种，还有会议文献、图书、技术报告和学位论文等，内容包括全部工程学科和工程活动领域的研究成果。

EI 覆盖了工程技术的各个分支学科，如土木工程、能源、环境、地理、生物工程，电气、电子和控制工程，化学、矿业、金属和燃料工程，机械、自动化、核能和航空工程，计算机、人工智能和工业机器人等。出版形式有 EI 印刷版、EI 网络版和 EI Compendex 光盘。

EI 摘录质量较高，文摘直接按字顺排列，索引简便实用，且数据每周更新，确保了用户可以跟踪其所在领域的最新进展。

6.6 "互联网+"

人类社会正迈向万物感知、万物互联和万物智慧的数字化智慧时代，计算机网络越来越智慧化，正深度地与服务业、农业、工业、交通运输、金融和政府部门进行融合。新的网络架构和网络技术正在代替以 TCP/IP 协议为体系结构的上一代互联网，支撑在新业务需求下的网络安全、网络动态扩展（弹性）、网络感知和控制以及网络泛在移动性问题。新一代网络技术不再是单纯的技术更新，而是与各行各业、各个领域进行融合，从关注技术迭代转型到内容为王，结合大数据、人工智能、边缘计算、云计算等新兴技术，正从根本上改变人类社会的各个方面。

"互联网+"作为国家战略在近几年被提出，正是网络智慧化的具体体现。

1. "互联网+"的概念

互联网+是把互联网的创新成果与经济社会各领域深度融合，推动技术进步、效率提升和组织变革，提升实体经济创新力和生产力，形成更广泛的以互联网为基础设施和创新要素的经济社会发展新形态。"互联网+"的中心是互联网，在互联网的基础上添加与融合，然后通过传统产业升级完成创新，在保证网络公平、安全的基础下，形成开放、共享的社会经济运行新模式，推动融合性新兴产业成为经济发展的新动力和新支柱，提升公共服务能力，引领新一轮科技革命和产业变革，实现跨越式发展。

2. "互联网+"的推动力

互联网不断发展，并且不断与其他行业融合。其发展的推动力来源于三个方面：一是信息基础设施持续建设，以光通信为基础的广域网和移动通信为核心的终端网络，构成了当前信息社会的基础设施，主要体现在"云""网""端"三部分。

"云"是指云计算、大数据基础设施，为用户提供了便捷、低成本的计算资源。

"网"是"互联网""物联网"以及移动互联网，网络的发展使得网络业务承载能力不断得到提高，能够提供更高的数据流通和信息传输。

"端"则是用户直接接触的个人电脑、移动设备、可穿戴设备、传感器以及软件形式存在的应用。"端"是数据的来源、也是服务提供的界面。新信息基础设施正叠加于原有农业基础设施（土地、水利设施等）和工业基础设施（交通、能源等）之上，发挥的作用也越来越重要。

3. "互联网+"的应用方向

在《国务院关于积极推进"互联网+"行动的指导意见》中，提出了"互联网+"十一个方面的重点行动。这十一个重点行动，指明了互联网与哪些传统行业进行深度融合，即"互联网+"的应用方向。

1）"互联网+"创业创新

因为互联网本身具有的创新驱动作用、开放创新优势，通过互联网的信息共享，很容易实现各类要素资源聚集、开放和共享，因此可以提供支撑小微企业开放的创业创新服务环境；能够调动全社会力量，支持创新工场、创客空间、社会实验室、智慧小企业创业基地等新型众创空间发展，引导和推动全社会形成大众创业、万众创新的浓厚氛围，打造经济发展新引擎；能够利用互联网优势，对市场需求导向把握更加精准，多方资源共享与合作，前沿技术和创新成果及时转化，形成开放式创新体系。

2）"互联网+"协同制造

互联网与制造业融合，提升制造业数字化、网络化、智能化水平，实现产业链协作，形成基于互联网的协同制造新模式。以智能制造、大规模个性化定制、网络化协同制造和服务型制造为功能核心，形成制造业网络化产业生态体系。

主要表现形式有"互联网+工业"（"工业 4.0"）、"移动互联网+工业"、"云计算+工业"、"物联网+工业"和"网络众包+工业"等模式。即传统制造业企业采用移动互联网、云计算、大数据、物联网等信息通信技术，改造原有产品及研发生产方式，实现了智能、个性化定制制造。

3）"互联网+"现代农业

互联网与农业融合，形成现代新型农业。农业服务平台为专业大户、家庭农场、农民合作社、农业产业化龙头企业等新型农业生产经营主体提供支撑服务。如淘宝、京东、拼多多、微信商城等电商平台，抖音、快手、今日头条等视频直播销售模式，在支撑农产品直销方面起到很大的作用。农业物联网已经应用到智能节水灌溉、测土配方施肥、农机定位耕种等精准化作业，饲料精准投放、疾病自动诊断、废弃物自动回收等智能饲养等领域。在农产品的生产加工和流通销售各环节应用移动互联网、物联网、二维码、无线射频识别等信息技术，构建上下游追溯体系对接和信息互通共享，实现了农副产品"从农田到餐桌"全过程可追溯，保障"舌尖上的安全"。

4）"互联网+"智慧能源

互联网与能源融合，催生智慧能源。包括基于大数据技术的能源智能化生产、多能源协调互补的能源网络分布式布局、以电子商务平台为交易平台的绿色电力消费模式和以电力通信为基础的新型通信系统以及新业务。比如国家电网 App，各种电力巡线系统，太阳能、风能、水能、石化能源等多种能源的集中融合。

5）"互联网+"普惠金融

互联网与金融融合，伴随互联网的发展而发展。从依托互联网构建的"三金"工程，实现各大银行系统之间互联互通，快捷转账汇款，到互联网与银行、证券、保险、基金的创新融合，产生了满足不同实体经济需求的丰富、安全、便捷的金融产品和服务。如支付宝、余额宝、京东金融、中国移动 App、中国电信 App、中国联通 App、腾讯、百度金融、各大银行 App 等产品。

6）"互联网+"益民服务

互联网与民生的融合，是以互联网为载体，实现线上线下互动新兴消费服务模式。主要体现在基于互联网的医疗、健康、养老、教育、旅游、社会保障等新兴服务上面。如百度、阿里、腾讯先后出手互联网医疗产业，形成了巨大的产业布局网。百度其利用自身搜索霸主身份，推出"健康云"概念，基于百度擅长的云计算和大数据技术，形成"监测、分析、建议"的三层构架，对用户实行数据的存储、分析和计算，为用户提供专业的健康服务。阿里在移动医疗的布局主要是"未来医院"和"医药 O2O"。还有滴滴打车、好医生在线、中国大学 MOOC、超星学习通等线上线下融合产品。这些正在改变我们的学习、工作与生活模式。

7）"互联网+"高效物流

互联网与物流融合，是以互联网为基，集合大数据、云计算，构建跨行业、跨区域的物流信息服务平台，实现智能仓储体系，达到物流仓储自动化、智能化，降低物流成本。当前，京东物流、菜鸟驿站、顺丰、申通、货车帮 App 以及 EMS 等物流企业正在逐步共享物流信息，通过开放 API 实现物流信息资源共享。

8）"互联网+"电子商务

电子商务本身就是基于互联网的商务活动，互联网与电子商务的进一步融合，体现在农村电商、行业电商和跨境电商方面。与"互联网+"农业相匹配，农村电商主要体现在新型农业经营主体和农产品、农资批发市场与电商平台对接，实现农副产品标准化、物流标准化，满足农产品个性化定制服务的发展。行业电商主要针对能源、化工、钢铁、电子、轻纺、医药等行业企业，积极利用电子商务平台优化采购、分销体系，提升企业经营效率。

9）"互联网+"便捷交通

互联网与交通的融合，在提升交通水平方面起到了关键作用。国家提出了智慧交通战略，就是互联网与交通深度融合的具体体现。充分利用物联网、大数据、云计算、人工智能等新技术，在交通基础设施、运输工具、运行信息方面互联互通，信息共享，实现有序科学管理。铁路 12306、智慧民航、ETC、船联网、车联网等平台和技术的推广应用，给人们出行带来了切实的方便和好处。

10）"互联网+"绿色生态

互联网与生态文明深度融合，就是利用互联网、物联网、大数据、云计算等技术构建能源、矿产资源、水、大气、森林、草原、湿地、海洋等主要生态要素的资源环境承载能力动态监测网络；依托现有互联网、云计算平台，实现生态环境数据互联互通和开放共享；利用电子标签、二维码等物联网技术跟踪电子废物流向，通过搭建城市废弃物回收平台以及在线交易系统，创新再生资源回收模式。

11）"互联网+"人工智能

互联网与人工智能融合，体现在依托互联网平台提供人工智能公共创新服务，将人工智能技术应用在智能家居、智能终端、智能汽车、机器人等领域，形成创新活跃、开放合作、协同发展的产业生态。

人工智能涉及的关键技术主要有计算机视觉、智能语音处理、生物特征识别、自然语言理解、智能决策控制以及新型人机交互等，每一个技术方向均带动一个产业向智能化方向发展。人工智能技术与传统家居企业融合，可以提升家居产品的智能化水平和服务能力，创造新的消费市场空间。人工智能技术与汽车企业跨界交叉融合，能促进智能辅助驾驶、无人驾驶、复杂环境感知、车载智能设备等技术产品的研发与应用。人工智能技术与消费终端以机器人、无人机相融合，将智能感知、模式识别、智能分析、智能控制等智能技术在可穿戴设备、机器人、无人机等领域深入应用，可以提升这些产品的核心竞争力。

小　　结

本章简要介绍了信息、信息资源和信息资源共享的基本知识；介绍了数据通信、移动通信、移动互联网和物联网的基本知识；介绍了计算机网络的基础知识、Internet 基础和它的应用、信息检索的基本知识以及"互联网+"的基本知识。重点是信息、信息资源共享、计算机网络的定义、组成及计算机网络的功能、"互联网+"的概念和应用；难点是网络协议、层次结构、"互联网+"等。希望通过本章的学习，能够掌握计算机网络的基本概念、功能、拓扑结构等；了解物理网络的基本知识，如局域网的组成、网络互连设备。了解"互联网+"。掌握 Internet 的基本应用，如网上浏览、信息查询、收发电子邮件等。掌握信息检索的方法，如搜索引擎的使用、网络数据库的检索，并应用到实际生活中。

习　　题

一、选择题

1. 以下不是信息特征的是（　　）。

　　A. 可识别　　　　　　B. 可传递　　　　　　C. 可处理加工　　　D. 确定性

2. 以下对数据的描述，不正确的是（　　）。

　　A. 数据是对客观事件进行记录并可以鉴定的符号

　　B. 数据是对客观事物的性质、状态以及相互关系等进行记载的物理符号或这些物理符号的组合

　　C. 数据是指所有能输入到计算机并被计算机程序处理的符号

　　D. 数据是可识别的、抽象的符号

3. 以下（　　）不是信息资源的特点。

　　A. 具有流动性，能够实现共享

　　B. 针对不同的目标，不同的信息体现相同的价值

　　C. 具有整合性

　　D. 是社会财富，也是商品

4. 不属于移动通信的特点是（　　）。

　　A. 移动性　　　　　　　　　　　　B. 电磁传播条件复杂

　　C. 会产生多经干扰、邻频干扰　　　D. 没有同频干扰

5. 计算机网络的目标是（　　）。

　　A. 运算速度快　　　　　　　　　　B. 提高计算机使用的可靠性

　　C. 将多台计算机连接起来　　　　　D. 共享软件、硬件和数据资源

6. 一个计算机网络被构建之后，实现网络上的资源共享，需要通过（　　）来完成。

　　A. 网络协议　　　　B. OSI 模型　　　　C. 网络软件　　　　D. 网络服务

7. 管理和构成局域网的各种配置方式叫做网络的（　　）结构。

　　A. 星形　　　　　　B. 拓扑　　　　　　C. 分层　　　　　　D. 以太网

8. 按照网络所覆盖的地域，可以将网络分为广域网、（　　）和局域网。

　　A. 公共电话　　　　B. 以太网　　　　　C. 令牌网　　　　　D. 城域网

9. 以下（　　）不是移动互联网的特点。

　　A. 专有性　　　　　B. 便捷性　　　　　C. 实时性　　　　　D. 便携性

10. Internet 是网络的网络。在我国，它的正式名称为（　　）。

　　A. 互联网　　　　　B. 互连网　　　　　C. 因特网　　　　　D. 万维网

11. 以下属于物联网的技术是（　　）。

　　A. 射频识别技术（RFID）　　　　　B. 纳米技术和智能技术

　　C. 传感器技术　　　　　　　　　　D. 以上皆是

12. 因特网的基础是 TCP/IP 协议，它是一个（　　　）。
　　A. 单一的协议　　　　B. 两个协议　　　　C. 三个协议　　　　D. 协议集

13. 在因特网的通信中，TCP 协议负责（　　　）。
　　A. 数据传送到目的主机　　　　　　　　B. 寻找数据到达目的地的主机
　　C. 网络连接与数据传输　　　　　　　　D. 打包发送、接收解包，控制传输质量

14. 在因特网的通信中，IP 协议负责（　　　）。
　　A. 数据传送到目的主机
　　B. 寻找数据到达目的地的主机
　　C. 网络连接负责数据传输
　　D. 发送数据打包、接收解包，控制传输质量

15. 在因特网中，IP 协议负责网络的传输，对应于 ISO 网络模型中的（　　　）。
　　A. 应用层　　　　B. 网络接口层　　　　C. 传输层　　　　D. 网络层

16. IP 地址标识连入因特网的计算机，任何一台入网的计算机都需要有（　　　）个 IP 地址。
　　A. 1　　　　B. 2　　　　C. 3　　　　D. 4

17. Web 是因特网中最为丰富的资源，它是一种（　　　）。
　　A. 信息查询方法　　　　　　　　B. 搜索引擎
　　C. 文本信息系统　　　　　　　　D. 综合信息服务系统

18. 根据 IP 协议对因特网网络地址的划分，C 类地址最多能够有（　　　）台主机。
　　A. 253　　　　B. 254　　　　C. 255　　　　D. 256

19. 通过 FTP 进行上传文件到 FTP 服务器，需要使用（　　　）。
　　A. 用户名　　　　B. 匿名　　　　C. 密码　　　　D. 用户名和密码

20. 因特网服务中的实时通信也叫做即时通信，它是指可以在因特网上在线进行（　　　）。
　　A. 语音聊天　　　　B. 视频对话　　　　C. 文字交流　　　　D. 以上都是

21. 搜索引擎被称为因特网服务的服务，使用搜索引擎可以进行分类查询和（　　　）。
　　A. 模糊查询　　　　B. 指定查询　　　　C. 关键字查询　　　　D. 任意方法查询

22. Internet 的基本结构与技术起源于（　　　）。
　　A. DECnet　　　　B. ARPANET　　　　C. NOVELL　　　　D. UNIX

23. 物理层上信息传输的基本单位称为（　　　）。
　　A. 段　　　　B. 位　　　　C. 帧　　　　D. 报文

24. 学校内的一个计算机网络系统，属于（　　　）。
　　A. PAN　　　　B. LAN　　　　C. MAN　　　　D. WAN

25. 下列（　　　）是局域网的特征。
　　A. 传输速率低　　　　　　　　B. 信息误码率高
　　C. 分布在一个宽广的地理范围之内　　　　D. 提供给用户一个带宽高的访问环境

26. IPv6 地址由（　　　）位二进制数值组成。
　　A. 16　　　　B. 32　　　　C. 64　　　　D. 128

27. 下列（　　　）不是电子商务的常见类型。
　　A. B2C　　　　B. O2B　　　　C. C2C　　　　D. B2B

28. 以下（　　　）不是搜索引擎的组成部分。

    A. 搜索器　　　　B. 索引数据库　　　　C. 用户检索界面　　D. 搜索方法

29. 关于"互联网+"，以下说法错误的是（　　　）。

    A. 是一种新的经济形态　　　　　　　B. 是互联网与传统行业相融合

    C. 就是互联网深度发展　　　　　　　D. 是传统产业的升级创新

30. 无人工厂属于（　　　）。

    A. "互联网+"益民服务　　　　　　　B. "互联网+"协同制造

    C. "互联网+"电子商务　　　　　　　D. "互联网+"高效物流

二、填空题

1. 从计算机网络组成的角度看，计算机网络从逻辑功能上可分为＿＿＿＿＿＿＿＿＿和＿＿＿＿＿＿＿＿＿子网。

2. 按网络覆盖范围来分，网络可分为＿＿＿＿＿＿＿、＿＿＿＿＿＿＿和＿＿＿＿＿＿＿。

3. 信息资源由＿＿＿＿＿＿＿、＿＿＿＿＿＿＿和＿＿＿＿＿＿＿三大要素组成。

4. 为进行网络中的数据交换而建立的规则、标准或约定即为＿＿＿＿＿＿＿。

5. 构成现实世界的三大要素，它们是＿＿＿＿＿＿＿、＿＿＿＿＿＿＿和＿＿＿＿＿＿＿。

6. 最基本的网络拓扑结构有 4 种，它们是＿＿＿＿＿＿＿、＿＿＿＿＿＿＿、＿＿＿＿＿＿＿和＿＿＿＿＿＿＿。

7. 一个简要的通信系统由＿＿＿＿＿＿＿、＿＿＿＿＿＿＿、＿＿＿＿＿＿＿和＿＿＿＿＿＿＿组成。

8. 数据通信系统按照传输信号的特征分可以分为＿＿＿＿＿＿＿和＿＿＿＿＿＿＿。

9. 移动通信指通信双方＿＿＿＿＿＿＿或＿＿＿＿＿＿＿处于运动中的通信。

10. 在 Internet 中 URL 的中文名称是＿＿＿＿＿＿＿。

11. WWW 客户机与 WWW 服务器之间的应用层传输协议是＿＿＿＿＿＿＿。

12. Internet 中的用户远程登录，是指用户使用＿＿＿＿＿＿＿命令，使自己的计算机暂时成为远程计算机的一个仿真终端。

13. 在一个网络中负责主机 IP 地址与主机名称之间的转换协议称为＿＿＿＿＿＿＿。

14. FTP 能识别的两种基本的文件格式是＿＿＿＿＿＿＿文件和＿＿＿＿＿＿＿文件。

15. "互联网+"的推动力主要体现在＿＿＿＿＿＿＿、＿＿＿＿＿＿＿和＿＿＿＿＿＿＿三个方面。

三、判断题

1. 信息具有确定性的特点。　　　　　　　　　　　　　　　　　　　（　　　）

2. 信息资源共享主要通过对等方式进行。　　　　　　　　　　　　　（　　　）

3. 一个通信系统在通信过程中的噪声可以抑制。　　　　　　　　　　（　　　）

4. 蓝牙是一种无线网络联接技术。　　　　　　　　　　　　　　　　（　　　）

5. 物联网是一种泛在网络。　　　　　　　　　　　　　　　　　　　（　　　）

6. 移动性是移动通信系统的主要特点。　　　　　　　　　　　　　　（　　　）

7. 使用电子邮件时发送者必须知道收件人的 E-MAIL 地址和姓名。　（　　　）

8. 计算机连入局域网的基本设备是网络适配器。　　　　　　　　　　（　　　）

9. 域名服务器（DNS）是使用 TCP 协议传输数据的。 （　　）

10. 计算机速度越快网络传输速度就越快。 （　　）

11. 计算机网络最主要的功能是资源共享。 （　　）

12. IP 协议不仅能将数据报送到目的主机，也能决定将数据报送给主机中的哪个应用进程。 （　　）

13. IP 地址的主机地址部分不能全为 1。 （　　）

14. 局域网通常使用广播技术来代替存储转发的路由选择。 （　　）

15. 两台使用 SMTP 协议的计算机通过因特网实现连接之后，便可进行邮件交换。 （　　）

16. "互联网+"是未来互联网发展的新趋势。 （　　）

17. "工业 4.0"是互联网+与工业融合的具体体现。 （　　）

18. 京东金融是"互联网+"电子商务的具体体现。 （　　）

19. 无人驾驶飞行是人工智能与飞机驾驶系统的完美结合。 （　　）

20. EI 是科学索引的简称。 （　　）

四、简答题

1. 什么是信息？信息具备哪些特征？

2. 什么是信息资源？信息资源共享的主要方式是什么？

3. 移动通信具有哪些特点？

4. 物联网的主要目标是什么？

5. 什么是计算机网络？计算机网络的基本功能是什么？

6. 什么是拓扑结构？计算机网络拓扑结构有哪些？

7. OSI 的网络互连协议分为哪 7 层？

8. 什么是局域网？它与广域网的主要区别是什么？

9. 什么是 URL？它由哪几部分组成？每部分的作用是什么？

10. 什么是"互联网+"？其主要推动力是什么？

第 7 章　数据库与大数据

本章导读

数据库技术从诞生到现在，在不到半个世纪的时间里，形成了坚实的理论基础、成熟的商业产品和广泛的应用领域，吸引了越来越多的研究者加入，使得数据库成为一个研究者众多且被广泛关注的研究领域。而大数据作为继云计算、物联网后信息技术行业又一颠覆性的技术，也备受关注。大数据对人类社会生产生活已经产生了重大而深远的影响，如今几乎各行各业都已融入大数据的应用。本章对数据库系统以及大数据基础的相关知识进行了介绍。

学习目标

- 了解数据库技术的发展、特点，了解大数据关键技术；
- 掌握数据库的基本知识、体系结构，掌握大数据的主要特征；
- 理解数据库模型和大数据结构类型。

7.1　数据库概述

7.1.1　数据库基本概念

数据、信息和数据处理是与数据库密切相关的三个基本概念。

1. 数据

人们通常使用各种各样的物理符号来表示客观事物的特性和特征，这些符号及其组合就是数据。数据的概念包括两个方面，即数据内容和数据形式。数据内容是指所描述客观事物的具体特性，也就是通常所说的数据的"值"；数据形式则是指数据内容存储在媒体上的具体形式，也就是通常所说的数据的"类型"。数据主要有数字、文字、声音、图形和图像等多种形式。

数据库概述

2. 信息

信息是指数据经过加工处理后获取的有用知识。信息是客观事物属性的反映，是有用的数据。信息无处不在，它存在于人类社会的各个领域，而且不断变化，人们需要不断获取信息、加工信息，运用信息为社会的各个领域服务。

数据和信息是两个相互联系但又相互区别的概念。数据是信息的具体表现形式；信息是数据有意义的表现，是数据的内涵，是对数据语义的解释。

3．数据处理

数据处理也称信息处理，就是将数据转换为信息的过程。数据处理的内容主要包括：数据的收集、整理、存储、加工、分类、维护、排序、检索和传输等。数据处理的目的是从大量的数据中，根据数据自身的规律及其相互联系，通过分析、归纳、推理等科学方法，利用计算机技术、数据库技术等技术手段，提取有效的信息资源，为进一步分析、管理和决策提供依据。

例如，学生各门成绩为原始数据，经过计算得出平均成绩和总成绩等信息，这个计算处理的过程就是数据处理。

7.1.2　数据库发展阶段

计算机数据处理技术与其他技术的发展一样，经历了由低级到高级的发展过程。计算机数据管理随着计算机硬件（主要是外存储器）、软件技术和计算机应用范围的发展而不断发展，管理水平不断提高，管理方式也发生了很大的变化。数据库管理技术的发展主要经历了人工管理阶段、文件管理阶段和数据库管理阶段。

1．人工管理阶段

早期的计算机主要用于科学计算，计算处理的数据量很小，基本上不存在数据管理的问题。20 世纪 50 年代初，计算机开始应用于数据处理。当时的计算机没有专门管理数据的软件，也没有像磁盘这样可随机存取的外围存储设备，对数据的管理也没有一定的格式。数据依附于处理它的应用程序，使数据和应用程序一一对应，互为依赖。

由于数据与应用程序的对应、依赖关系，某应用程序中的数据无法被其他程序利用，程序与程序之间存在着大量重复数据，即数据冗余；同时，由于数据是对应某一应用程序的，使得数据的独立性很差，如果数据的类型、结构、存取方式或输入输出方式发生变化，处理它的程序必须相应改变，数据结构性差，而且数据不能长期保存。

在人工管理阶段存在的主要问题是：

（1）数据不具有独立性，程序和数据一一对应。

（2）数据不保存，包含在程序中。数据在程序运行完后和程序一起释放。

（3）数据需要程序自己管理，没有进行数据管理的软件。

（4）数据不共享，一组数据只能对应一个程序。

人工管理阶段程序与数据的对应关系如图7-1所示。

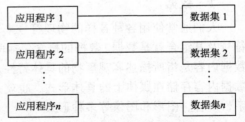

图 7-1　人工管理阶段程序与数据的对应关系

2．文件管理阶段

从 20 世纪 50 年代后期开始至 20 世纪 60 年代末为文件管理阶段。应用程序通过操作系统的文件管理功能来管理数据。由于计算机存储技术的发展和软件系统的进步，如计算机硬件出现了可直接存取的磁盘、磁带及磁鼓等外部存储设备；软件出现了高级语言和操作系统，数据处理应用程序利用操作系统的文件管理功能，将相关数据按一定的规则构成文件，通过文件系统对文件中的数据进行存取、管理，形成数据的文件管理方式。

文件管理阶段中，文件系统为程序与数据之间提供了一个公共接口，使应用程序采用统一的存取方式来存取、操作数据。程序与数据之间不再是直接的对应关系，因此程序和数据有了一定的独立性。但文件系统只是简单地存储数据，数据的存取在很大程度上仍依赖于应用程序，不同程序难于共享同一数据文件。与早期的人工管理阶段相比，利用文件系统管理数据的效率和数量都有很大的提高，但仍存在以下问题：

（1）数据独立性较差，没有完全独立。

（2）存在数据冗余。

（3）数据不能集中管理。

文件管理阶段应用程序与数据之间的关系如图7-2所示。

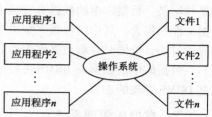

图 7-2　文件管理阶段应用程序与
数据之间的关系

3．数据库管理阶段

数据库管理阶段是 20 世纪 60 年代末在文件管理阶段的基础上发展起来的。随着计算机系统性价比的持续提高，软件技术的不断发展，人们克服了文件系统的不足，开发了一类新的数据管理软件——数据库管理系统（DataBase Management System，DBMS），运用数据库技术进行数据管理，将数据管理技术推向了数据库管理阶段。

数据库技术使数据有了统一的结构，对所有的数据实行统一、集中、独立的管理，以实现数据的共享，保证数据的完整性和安全性，提高了数据管理效率。数据库也是以文件方式存储数据的，但它是数据的一种高级组织形式。在应用程序和数据库之间，由数据库管理软件 DBMS 把所有应用程序中使用的相关数据汇集起来，按统一的数据模型，以记录为单位存储在数据库中，为各个应用程序提供方便、快捷的查询、操纵。

数据库系统与文件系统的区别是：数据库中数据的存储是按同一结构进行的，不同的应用程序都可以直接操作和使用这些数据，应用程序与数据间保持高度的独立性；数据库系统提供了一套有效的管理手段，保持数据的完整性、一致性和安全性，使数据具有充分的共享性；数据库系统还为用户管理、控制数据的操作提供了功能强大的操作命令，用户可以通过直接使用命令或将命令嵌入应用程序中，简单方便地实现数据的管理、控制操作。

数据库管理阶段的主要特点：

（1）实现了数据结构化。

（2）实现了数据共享。

（3）实现了数据的独立。

（4）实现了数据的统一控制。

数据库管理阶段应用程序与数据之间的关系如图 7-3 所示。

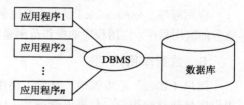

图 7-3　数据库管理阶段应用程序与
数据之间的关系

7.2　数据库系统

7.2.1　数据库系统组成

数据库系统组成

数据库系统（DataBase System，DBS）是一个计算机应用系统，由数据库、数据库管理系统、计算机软件、计算机硬件应用程序和数据库用户等部分组成。

1. 数据库

数据库（DataBase，DB）是指数据库系统中按一定的组织形式存储在一起的相互关联的数据的集合。数据库中的数据也是以文件的形式存储在存储介质上的，它是数据库系统操作的对象和结果。数据库中的数据具有集中性和共享性。所谓集中性是指把数据库看成性质不同的数据文件的集合，其中的数据冗余很小。所谓共享性是指多个不同用户使用不同语言，为了不同应用目的，可同时存取数据库中的数据。

数据库中的数据由 DBMS 进行统一管理和控制，用户对数据库进行的各种数据操作都是通过 DBMS 实现的。

2. 数据库管理系统

数据库管理系统是指负责数据库存取、维护、管理的系统软件。DBMS 提供对数据库中数据资源进行统一管理和控制的功能，将用户应用程序与数据库数据相互隔离。它是数据库系统的核心，其功能的强弱是衡量数据库系统性能优劣的主要指标。它包括的功能有：数据库定义（描述）、数据库操纵、数据库管理、通信。

3. 计算机软件

软件系统包括支持数据库管理系统运行的操作系统（如 Windows 10）、开发应用程序的高级语言及其编译系统等。

4. 计算机硬件

计算机硬件（Hardware）是数据库系统赖以存在的物质基础，是存储数据及运行数据库管理系统 DBMS 的硬件资源，主要包括主机、存储设备、I/O 通道等。大型数据库系统一般都建立在计算机网络环境下。为使数据库系统获得较满意的运行效果，应对计算机的 CPU、内存、磁盘、I/O 通道等技术性能指标，进行较高的配置。

5. 应用程序

应用程序（Application）是在 DBMS 的基础上，由用户根据应用的实际需要所开发的处理特定业务的应用程序。应用程序的操作范围通常只是数据库的一个子集，也即用户所需的那部分数据。

6. 数据库用户

用户（User）是指管理、开发、使用数据库系统的所有人员，通常包括数据库管理员、应用程序员和终端用户。数据库管理员（DataBase Administrator，DBA）负责管理、监督、维护数据库系统的正常运行；应用程序员（Application Programmer）负责分析、设计、开发、维护数据库系统中运行的各类应用程序；终端用户（End-User）是在 DBMS 与应用程序支持下，操作使用数据库系统的普通使用者。不同规模的数据库系统，用户的人员配置可以根据实际情况有所不同，大多数用户都属于终端用户，在小型数据库系统中，特别是在微机上运行的数据库系统中，通常 DBA 由终端用户担任。

7.2.2 关系数据模型

数据模型是现实世界数据特征的抽象，用于描述一组数据的概念和定义，数据模型按应用层次又分为概念模型和逻辑模型。概念模型是面向客观世界和用户的模型，用于数据库设计。

逻辑模型是面向计算机系统，用于数据库管理系统的实现。逻辑模型是用户从数据库所看到的模型，是具体的 DBMS 所支持的数据模型，分为 3 种，即层次模型、网状模型、关系模型。其中，关系模型是使用最广泛的数据模型之一。

人们习惯用表格形式表示一组相关的数据，既简单又直观，如表 7-1 就是一张学生基本情况表（stu）。这种由行与列构成的二维表，在数据库理论中称为关系，用关系表示的数据模型称为关系模型。在关系模型中，实体和实体间的联系都是用关系表示的，也就是说，二维表格中既存放着实体本身的数据，又存放着实体间的联系。关系不但可以表示实体间一对多的联系，通过建立关系间的关联，也可以表示多对多的联系。

表 7-1 学生基本情况表

stuID	stuName	stuSex	stuBirth	stuSchool
20160111001	王小强	男	1997-08-17	飞行技术学院
20160111002	何金品	男	1998-06-12	飞行技术学院
20160211011	李红梅	女	1997-07-19	交通运输学院
20160310022	张志斌	男	1998-07-10	航空工程学院
20160310023	张影	女	1998-01-13	航空工程学院
20160411002	张雪	女	1998-04-12	外国语学院
20160411033	王雪瑞	女	1997-05-17	外国语学院
20160511002	朱严方	男	1997-04-24	计算机学院
20160511011	何家驹	男	1997-09-14	计算机学院
20160511017	张毅	男	1998-02-12	计算机学院
20160611023	张股梅	女	1998-03-14	运输管理学院
20160711027	唐影	女	1997-10-05	空中乘务学院
20160722018	朱宏志	男	1998-06-13	安全工程学院

关系模型是建立在关系代数基础上的，因而具有坚实的理论基础。与层次模型和网状模型相比，关系模型具有数据结构单一、理论严密、使用方便、易学易用的特点，因此，目前绝大多数数据库系统的数据模型，都是采用关系数据模型，它已成为数据库应用的主流。例如 Visual FoxPro 就是一种典型的关系型数据库管理系统。关系模型的主要优点有：

（1）数据结构单一。

（2）关系规范化，并建立在严格的理论基础上。

（3）概念简单，操作方便。

7.2.3 关系数据库

1. 关系的基本概念

关系：一个关系就是一张二维表，通常将一个没有重复行、重复列的二维表看成一个关系，每个关系都有一个关系名。例如，表 11-1 学生基本情况表就代表一个关系，"学生基本情况"为关系名。

（1）元组：二维表的每一行在关系中称为元组。一个元组对应表中一个记录。

（2）属性：二维表的每一列在关系中称为属性，每个属性都有一个属性名，属性值则是各个元组属性的取值。

（3）域：属性的取值范围称为域。域作为属性值的集合，其具体类型与范围由属性的性质及其所表示的意义确定。同一属性只能在相同域中取值。

（4）码（关键字）：关系中能唯一区分、确定不同元组的属性或属性组合，称为该关系的一个关键字。单个属性组成的关键字称为单关键字，多个属性组合的关键字称为组合关键字。需要强调的是，关键字的属性值不能取"空值"，所谓空值就是"不知道"或"不确定"的值，因而无法唯一地区分、确定元组。表 7-1 中"stuID"属性可以作为单关键字，因为学号不允许相同。而"stuName"则不能作为关键字。

（5）候选码（候选关键字）：关系中能够成为关键字的属性或属性组合可能不是惟一的。凡在关系中能够唯一区分、确定不同元组的属性或属性组合，称为候选关键字。如表 11-1 中"学号"属性就是候选关键字。

（6）主码（主关键字）：在候选关键字中选定一个作为关键字，称为该关系的主关键字。关系中主关键字是唯一的。

（7）外部关键字：关系中某个属性或属性组合并非关键字，但却是另一个关系的主关键字，称此属性或属性组合为本关系的外部关键字。关系之间的联系是通过外部关键字实现的。

（8）关系模式：对关系的描述称为关系模式，其格式为：

关系名（属性名 1，属性名 2，…，属性名 n）

关系既可以用二维表格描述，也可以用数学形式的关系模式来描述。一个关系模式对应一个关系的数据结构，即表的数据结构。如表 7-1 对应的关系，其关系模式可以表示为：

学生基本情况（学号，姓名，性别，系列，电话号码）

其中，"学生基本情况"为关系名，括号中各项为该关系所有的属性名。

2．关系的基本特点

在关系模型中，关系具有以下基本特点：

（1）关系必须规范化，属性不可再分割。

（2）在同一关系中不允许出现相同的属性名。

（3）在同一关系中元组及属性的顺序可以任意交换。

（4）任意交换两个元组（或属性）的位置，不会改变关系模式。

3．关系规范化

在关系数据库中，数据表中数据如何组织是非常重要的问题，关系规范化的基本思想就是逐步消除数据依赖关系中不合适的部分，使得依赖于同一数据模型的数据达到有效分离，每个关系具有独立属性，同时又依赖共同关键字。所谓规范化就是每个关系满足一定规范要求，根据满足规范的条件不同，可以分为 6 个等级，分别称为 1NF、2NF、3NF、BCNF、4NF、5NF，一般解决问题时，数据表达到第三范式 3NF 就可以满足需要。

关系规范化的三个范式规范要求如下：

（1）第一范式（1NF）：在一个关系中消除重复字段，且各字段都是不可分割的基本数据项。

（2）第二范式（2NF）：若关系模型属于第一范式，且关系中所有非主属性完全依赖于码。

（3）第三范式（3NF）：若关系模型属于第二范式，且关系中所有非主属性直接依赖于码。

4．关系运算

在关系数据库中查询用户所需数据时，需要对关系进行一定的关系运算。关系运算主要有选择、投影和联接三种。

1）选择（Selection）

选择运算是从关系中查找符合指定条件元组的操作。以逻辑表达式作为选择条件，选择运算将选取使逻辑表达式为真的所有元组。选择运算的结果构成关系的一个子集，是关系中的部分元组，其关系模式不变。选择运算是从二维表格中选取若干行的操作，在数据表中则是选取若干个记录的操作。

2）投影（Projection）

投影运算是从关系中选取若干个属性的操作。从关系中选取若干个属性形成一个新的关系，其关系模式中属性个数比原关系少，或者排列顺序不同，同时也可能减少某些元组。因为排除了一些属性后，特别是排除了原关系中关键字属性后，所选属性可能有相同值，出现相同的元组，而关系中必须排除相同元组，从而有可能减少某些元组。投影是从二维表格中选取若干列的操作，在数据表中则是选取若干个字段。

3）联接（Join）

联接运算是将两个关系模式的若干属性拼接成一个新的关系模式的操作，对应的新关系中，包含满足联接条件的所有元组。联接过程是通过联接条件来控制的，联接条件中将出现两个关系中的公共属性名，或者具有相同语义、可比性的属性。联接是将两个二维表格中的若干列，按同名等值的条件拼接成一个新二维表格的操作。在数据表中则是将两个数据表的若干字段，按指定条件（通常是同名等值）拼接生成一个新表。

5．关系完整性

关系完整性是为保证数据库中数据的正确性和相容性，对关系模型提出的某种约束条件或规则。完整性通常包括实体完整性、域完整性、参照完整性和用户定义完整性，其中实体完整性、域完整性和参照完整性，是关系模型必须满足的完整性约束条件。

1）实体完整性

实体完整性（Entity integrity）是指关系的主关键字不能重复也不能取空值。一个关系对应现实世界中一个实体集。现实世界中的实体是可以相互区分、识别的，在关系模式中主关键字作为唯一性标识不能取空值，否则，关系模式中存在着不可标识的实体，这样的实体就不是一个完整实体。

2）域完整性

域完整性（Domain Integrity）是保证数据库字段取值的合理性。属性值应是域中的值，这是关系模式规定了的，域完整性约束是最简单、最基本的约束。

3）参照完整性

参照完整性（Referential Integrity）是定义建立关系之间联系的主关键字与外部关键字引用的约束条件。关系数据库中通常都包含多个存在相互联系的关系，关系与关系之间的联系是通过公共属性来实现的。公共属性是一个关系 A 的主关键字，同时又是另一关系 B 的外部关键字，参照关系 B 中外部关键字的取值，与被参照关系 A 中某元组主关键字的值相同或取空值，则两个关系符合参照完整性规则要求。

7.3　大数据概述

大数据概述

大数据（Big data）又称海量数据，大数据没有较统一的定义，其中具有代表性的定义为：麦肯锡全球研究所认为大数据是一种规模大到在获取、存储、管理、分析方面大大超出传统数据库软件工具能力范围的数据集合，百度百科认为大数据是指无法在一定时间范围内用常规软件工具进行捕捉、管理和处理的数据集合，而维基百科认为大数据指的是传统数据处理应用软件不足以处理的大或者复杂的数据集。

由此可见，大数据一般可以指任何体量或复杂性超出常规数据处理方法的能力的数据，而这些数据本身可以以结构化、半结构化甚至是非结构化的形式存在。此外，从狭义上讲，大数据主要是指海量数据的获取、存储、管理、计算分析、挖掘与应用等一套技术体系；从广义上讲，大数据包括大数据技术、大数据工程、大数据科学和大数据应用等与大数据相关的几个领域。

7.3.1　大数据结构类型

大数据中的数据结构类型通常分为结构化数据和非结构化数据。

1）结构化数据

结构化数据是指用二维表结构进行逻辑表达和实现的数据，结构化数据严格地遵循数据格式与长度规范，主要通过关系型数据库进行存储和管理。结构化数据也称行数据，如图7-4所示，其特点是数据以行为单位，一行数据表示一个实体的信息。

stuID	stuName	stuSex	stuBirth	stuSchool
20160111001	王小强	男	1997-08-17	飞行技术学院
20160111002	何金品	男	1998-06-12	飞行技术学院
20160211011	李红梅	女	1997-07-19	交通运输学院
20160310022	张志斌	男	1998-07-10	航空工程学院
20160310023	张影	女	1998-01-13	航空工程学院
20160411002	张雪	女	1998-04-12	外国语学院

图 7-4　结构化数据示例图

2）非结构化数据

非结构化数据是指数据结构不规则或不完整，没有预定义的数据模型，不方便用数据库二维逻辑表来表现的数据。非结构化数据包括所有格式的办公文档、文本、HTML、各类报表、音频视频信息、卫星影像、科学探测数据、监控影像等。非结构化数据存储在非关系数据库中，如 NoSQL、MongoDb、HBase 等。据统计，超过 80% 的商业相关信息都是以非结构化格式存在，但相对于结构化数据较为成熟的分析工具，非结构化数据分析工具还处于发展阶段。

除了结构化数据和非结构化数据，还有半结构化数据。半结构化数据是结构化数据的一种形式，虽不符合关系型数据库或其他数据表的形式关联起来的数据模型结构，但其包含相关标记，用来分隔语义元素以及对记录和字段进行分层。

7.3.2　大数据主要特征

IBM 公司使用 4V 来描述大数据的主要特征，即体量大（Volume）、类型多（Variety）、速度快（Velocity）以及价值密度低（Value）。

1）体量大

当今世界上 25%~30%的设备是联网的，未来各种交通工具、家用电器、机器设备等也会通过一定的方式进行互联。随着物联网（Internet of Things，IoT）的不断推广和日益普及，各种传感器设备每时每刻都在产生大量数据。根据著名咨询机构互联网数据中心（Internet Data Center，IDC）做出的估测，人类社会产生的数据一直都在以每年 50%的速度增长，即每两年就增加一倍，这被称为"大数据摩尔定律"。预计到 2025 年，全球将总共拥有 175 ZB 数据。表 7-2 所示为数据存储单位换算关系。

表 7-2　数据存储单位换算关系

单　位	换算关系	单　位	换算关系
B（Byte，字节）	1 B=8 bit	TB（Terabyte，太字节）	1 TB=1 024 GB
KB（Kilobyte，千字节）	1 KB=1 024 B	PB（Petabyte，拍字节）	1 PB=1 024 TB
MB（Megabyte，兆字节）	1 MB=1 024 KB	EB（Exabyte，艾字节）	1 EB=1 024 PB
GB（Gigabyte，吉字节）	1 GB=1 024 MB	ZB（Zettabyte，泽字节）	1 ZB=1 024 EB

2）类型多

大数据的来源众多，生物大数据、交通大数据、医疗大数据、电信大数据、电力大数据、金融大数据等，所涉及的数量十分巨大，已经从 TB 级别跃升到 PB 级别。大数据的数据类型丰富，包括结构化数据和非结构化数据，其中，前者占 10%左右，主要是指存储在关系数据库中的数据，后者占 90%左右，主要包括邮件、音频、视频、微信、微博、位置信息、链接信息、手机呼叫信息、网络日志等。如此类型繁多的异构数据，对数据处理和分析技术提出了新的挑战，也带来了新的机遇。

3）速度快

大数据产生速度非常快，并且很多应用领域都需要实时数据分析结果。据统计在 1 min 内，新浪可以产生 2 万条微博，淘宝可以卖出 6 万件商品，百度可以产生 90 万次搜索查询；大型强子对撞机大约每秒产生 6 亿次的碰撞，每秒生成约 700 MB 的数据；谷歌公司的 Dremel 交互式的实时查询系统，能做到几秒内完成对万亿张表的聚合查询，系统可以扩展到成千上万的 CPU 上，满足谷歌上万用户操作 PB 级数据的需求，并且可以在 2~3 s 内完成 PB 级别数据的查询。

4）价值密度低

大数据价值密度要远远低于传统关系数据库中已经有的那些数据，大数据中很多有价值的信息往往都是分散在海量数据之中。例如，机场运行的视频监控设备，当没有危险情况发生时，连续不断记录的视频监控数据都是没有价值的，一旦有危险情况发生，也只有记录了危险过程的那一段视频是有价值的，但是为了能够获得发生危险情况时的那一段视频数据，就必须投入大量资金购买相关视频监控设备，以及用来传送和保存这些视频监控数据的网络设备和存储设备。

7.3.3　大数据当前发展

大数据是我国"十三五"规划期间的重要发展战略之一。中国产业信息网 2018 年中国大数据行业市场需求及发展前景分析中指出：我国各地对于发展大数据的积极性较高，在政策、技术、产业、应用等多个层面取得了显著进展，行业应用得到快速推广，市场规模增速明显，推动我国加快建设数据强国步伐，中国大数据产业市场在未来仍将保持较快增长。如图 7-5 所示，2015～2020 年均复合增长率达到 29.25%。

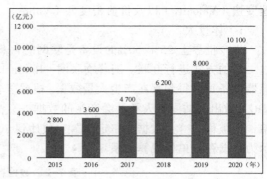

图 7-5　2015～2020 年我国大数据市场产值图

大数据在发展过程中也面临着诸多挑战，随着大数据产业的快速发展，大数据产业的各种不足之处开始显现，企业无法及时、准确地为业务提供正确的信息，企业数据架构无法适应数据量和复杂性增长的需求，数据过于复杂、数据无效等问题突出。其中一个最显著的问题则是 59% 的数据是无效数据，70%~85% 的数据过于复杂，85% 的企业数据架构无法适应数据量和复杂性增长的需求，98% 的企业无法及时准确地为业务提供正确的信息。不过随着技术的不断发展，这些挑战也将变为机遇。大数据技术的发展可以概述为以下几个方向。

1）大数据采集与预处理方向

该方向最常见的问题是数据的多源和多样性，导致数据的质量存在差异，严重影响到数据的可用性。针对这些问题，目前很多公司已经推出了多种数据清洗和质量控制工具。

2）大数据存储与管理方向

该方向最常见的挑战是存储规模大，存储管理复杂，需要兼顾结构化、非结构化和半结构化的数据。分布式文件系统和分布式数据库相关技术的发展正在有效地解决这些方面的问题。在大数据存储和管理方向，尤其值得关注的是大数据索引和查询技术、实时及流式大数据存储与处理的发展。

3）大数据计算模式方向

由于大数据处理多样性的需求，目前出现了多种典型的计算模式，包括大数据查询分析计算（如 Hive）、批处理计算（如 Hadoop MapReduce）、流式计算（如 Storm）、迭代计算（如 HaLoop）、图计算（如 Pregel）和内存计算（如 HANA），而这些计算模式的混合计算模式将成为满足多样性大数据处理和应用需求的有效手段。

4）大数据分析与挖掘方向

在数据量迅速膨胀的同时，还要进行深度的数据深度分析和挖掘，并且对自动化分析要求越来越高，越来越多的大数据数据分析工具和产品应运而生，如用于大数据挖掘的 RHadoop 版、基于 MapReduce 开发的数据挖掘算法等。

5）大数据可视化分析方向

通过可视化方式来帮助人们探索和解释复杂的数据，有利于决策者挖掘数据的商业价值，进而有助于大数据的发展。很多公司也在开展相应的研究，试图把可视化引入其不同的数据分析和展示的产品中，各种可能相关的商品也将不断出现。

6）大数据安全方向

大数据的安全一直是企业和学术界非常关注的研究方向。通过文件访问控制来限制呈现对数据的操作、基础设施加密、匿名化保护技术和加密保护等技术正在最大程度地保护数据安全。

7.3.4　大数据处理关键技术

大数据处理关键技术一般包括大数据的采集、预处理、存储与管理、分析与挖掘等。

1．大数据采集技术

数据采集是大数据生命周期的第一个环节，它通过 RFID 射频数据、传感器数据、社交网络数据、移动互联网数据等方式获得各种类型的结构化、半结构化及非结构化的海量数据。由于可能有成千上万的用户同时进行并访问和操作，因此，必须采用专门针对大数据的采集方法，其主要方法包括以下三种。

1）数据库采集

一些企业会使用传统的关系型数据库 MySQL 和 Oracle 等来存储数据。使用比较多的工具有 Sqoop 和结构化数据库间的 ETL 工具，当前开源的 Kettle 和 Talend 本身也集成了大数据集成内容，可以实现和 HDFS、HBase 及主流 NoSQL 数据库之间的数据同步和集成。

2）网络数据采集

网络数据采集主要是借助网络爬虫或网站公开 API 等方式，从网站上获取数据信息的过程。通过这种途径可将网络上的非结构化数据、半结构化数据从网页中提取出来，并以结构化的方式将其存储为统一的本地数据文件。

3）文件采集

对于文件的采集，用得较多的是 Flume，可进行实时的文件采集和处理。如果是仅仅是做日志的采集和分析，那么用 ELK（ElasTIcsearch、Logstash、Kibana 三者的组合）解决方案就完全够用的。

2．大数据预处理技术

现实世界中的数据是庞大而复杂的，想要获得高质量的分析挖掘结果，就必须在数据准备阶段提高数据的质量。大数据预处理可以对采集到的原始数据进行清洗、填补、平滑、合并、规格化以及检查一致性等，将那些杂乱无章的数据转化为相对单一且便于处理的构型，为后期的数据分析奠定基础。数据预处理主要包括：数据清理、数据集成、数据转换以及数据规约四个部分。

1）数据清理

数据清理主要包含遗漏值处理（缺少感兴趣的属性）、噪声数据处理（数据中存在着错误或偏离期望值的数据）、不一致数据处理。主要的清洗工具是 Potter's Wheel 和数据仓库技术（Extrac-Transforma-Load，ETL）。遗漏数据可用全局常量、属性均值、可能值填充或者直接忽略该数据等方法处理，噪声数据可用分箱（对原始数据进行分组，然后对每一组内的数据进行平滑处理）、聚类、计算机人工检查和回归等方法去除噪声，对于不一致数据则可进行手动更正。

2）数据集成

数据集成是指将多个数据源中的数据合并存放到一个一致的数据存储库中。这一过程着重要解决三个问题：模式匹配、数据冗余、数据值冲突检测与处理。来自多个数据集合的数据会因为命名的差异导致对应的实体名称不同，通常涉及实体识别需要利用元数据来进行区分，对来源不同的实体进行匹配。数据冗余可能来源于数据属性命名的不一致，数据值冲突问题主要表现为来源不同的统一实体具有不同的数据值。

3）数据转换

数据转换就是处理抽取上来的数据中存在的不一致的过程。数据转换一般包括两类：第一类，数据名称及格式的统一，即数据粒度转换、商务规则计算以及统一的命名、数据格式、计量单位等；第二类，数据仓库中存在源数据库中可能不存在的数据，因此需要进行字段的组合、分割或计算。数据转换实际上还包含了数据清洗的工作，需要根据业务规则对异常数据进行清洗，保证后续分析结果的准确性。

4）数据规约

数据规约是指在尽可能保持数据原貌的前提下，最大限度地精简数据量，主要包括：数据方聚集、维规约、数据压缩、数值规约和概念分层等。数据规约技术可以用来得到数据集的规约表示，使得数据集变小，但同时仍然近于保持原数据的完整性。也就是说，在规约后的数据集上进行挖掘，依然能够得到与使用原数据集近乎相同的分析结果。

3．大数据存储与管理技术

大数据存储与管理要用存储器把采集到的数据存储起来，建立相应的数据库，以便管理和调用。大数据存储技术最典型的路线共有三种。

1）MPP 架构的新型数据库集群

采用 MPP 架构的新型数据库集群，重点面向行业大数据，采用 Shared Nothing 架构，通过列存储、粗粒度索引等多项大数据处理技术，再结合 MPP 架构高效的分布式计算模式，完成对分析类应用的支撑，运行环境多为低成本 PC Server，具有高性能和高扩展性的特点，在企业分析类应用领域获得极其广泛的应用。这类 MPP 产品可以有效支撑 PB 级别的结构化数据分析，这是传统数据库技术无法胜任的。对于企业新一代的数据仓库和结构化数据分析，目前最佳选择是 MPP 数据库。

2）基于 Hadoop 的技术扩展和封装

围绕 Hadoop 衍生出相关的大数据技术，应对传统关系型数据库较难处理的数据和场景。例如，针对非结构化数据的存储和计算等，充分利用 Hadoop 开源的优势，伴随相关技术的不断进步，其应用场景也将逐步扩大，目前最为典型的应用场景就是通过扩展和封装 Hadoop 来实现对互联网大数据存储、分析的支撑。Hadoop 平台更擅长处理非结构化、半结构化数据，复杂的 ETL 流程以及复杂的数据挖掘和计算模型。

3）大数据一体机

这是一种专为大数据的分析处理而设计的软、硬件结合的产品，由一组集成的服务器、存储设备、操作系统、数据库管理系统以及为数据查询、处理、分析用途而预先安装及优化的软件组成，高性能大数据一体机具有良好的稳定性和纵向扩展性。

4．大数据分析挖掘

数据的分析与挖掘主要目的是把隐藏在一大批看来杂乱无章的数据中的信息集中起来，进行萃取、提炼，以找出潜在有用的信息和所研究对象的内在规律。主要从可视化分析、数据挖掘算法、预测性分析、语义引擎以及数据质量管理五个方面进行着重分析。

1）可视化分析

数据可视化主要是借助图形化手段，清晰有效地传达与沟通信息。主要应用于海量数据关联分析，由于涉及的信息比较分散、数据结构有可能不统一，借助功能强大的可视化数据分析平台，可辅助人工操作将数据进行关联分析，并做出完整的分析图表，简单明了、清晰直观，更易于接受。

2）数据挖掘算法

数据挖掘算法是根据数据创建数据挖掘模型的一组试探法和计算。为了创建该模型，算法将首先分析用户提供的数据，针对特定类型的模式和趋势进行查找。并使用分析结果定义用于创建挖掘模型的最佳参数，将这些参数应用于整个数据集，以便提取可行模式和详细统计信息。大数据分析的理论核心就是数据挖掘算法，数据挖掘的算法多种多样，不同的算法基于不同的数据类型和格式会呈现出数据所具备的不同特点。各类统计方法都能深入数据内部，挖掘出数据的价值。

3）预测性分析

大数据分析最重要的应用领域之一就是预测性分析，预测性分析结合了多种高级分析功能，包括特别统计分析、预测建模、数据挖掘、文本分析、实体分析、优化、实时评分、机器学习等，从而对未来，或其他不确定的事件进行预测。它可以从纷繁的数据中挖掘出其特点，帮助用户了解目前的状况以及确定下一步的行动方案，从依靠猜测进行决策转变为依靠预测进行决策。它可以帮助分析用户的结构化和非结构化数据中的趋势、模式和关系，运用这些指标来洞察预测将来的事件，并做出相应的措施。

4）语义引擎

语义引擎是把已有的数据加上语义，可以把它想象成在现有结构化或者非结构化的数据库上的一个语义叠加层。该技术最直接的应用，可以将人们从烦琐的搜索条目中解放出来，让用户更快、更准确、更全面地获得所需信息，提高用户的互联网体验。

5）数据质量管理

数据质量管理是指对数据从计划、获取、存储、共享、维护、应用、消亡生命周期的每个阶段里可能引发的各类数据质量问题，进行识别、度量、监控、预警等一系列管理活动，并通过改善和提高组织的管理水平使得数据质量获得进一步提高。对大数据进行有效分析的前提是必须要保证数据的质量，高质量的数据和有效的数据管理无论是在学术研究还是在商业应用领域都极其重要，各个领域都需要保证分析结果的真实性和价值性。

7.3.5　大数据应用领域

大数据应用领域几乎覆盖了社会生产生活的各个方面，涉及金融、地产、零售、医疗、广告、物流、农业、智慧城市等诸多主流行业。

1. 金融行业大数据应用

金融行业拥有丰富的数据，并且数据维度和数据质量也很好，自身的数据就是最好的数据，可以开发出很多应用场景。典型的案例有花旗银行利用 IBM 沃森计算机为财富管理客户推荐产品，并预测未来计算机推荐理财的市场将超过银行专业理财师。摩根大通银行利用决策树技术降低了不良贷款率，转化了提前还款客户，一年为摩根大通银行增加了 6 亿美元的利润。VISA 公司利用 Hadoop 平台将 730 亿交易处理时间从一个月缩短到 13 分钟。

2. 地产行业大数据应用

一些地产公司和大数据公司正在寻找大数据在地产行业的应用场景，并且已经取得了阶段性成果。大数据技术在资源配置和客户分析等方面发挥了过去想象不到的作用，移动大数据正在帮助房地产公司实施数字化运营，获得新的业务收入。例如，TalkingData 作为一个领先的移动大数据公司，在土地规划、客户经营、打通 O2O 等方面帮助很多房地产商实现数字化经营，并取得了一些成绩。数据商业应用给地产商带来了过去不存在的商业价值，移动大数据技术在商业地产的应用，正成为很多房地产公司重点关注的领域。

3．零售行业大数据应用

零售行业可以通过客户购买记录了解客户关联产品的购买喜好，从而将相关的产品放到一起，力求增加产品销售额。例如，将洗衣服相关的化工产品，如洗衣粉、消毒液、衣领净等放到一起进行销售。根据客户相关产品购买记录而重新摆放的货物将会给零售企业增加 30% 以上的产品销售额。零售行业还可以记录客户购买习惯，将一些日常需要的生活必备用品，在客户即将用完之前，通过精准广告的方式提醒客户进行购买，或者定期通过网上商城送货，既帮助客户解决了问题，又提高了客户体验。

4．医疗行业大数据应用

医疗行业拥有大量病例、病理报告、医疗方案、药物报告等。IBM 花了 10 亿美元收购了一家公司，获得了这家公司的 10 万份病人档案，IBM 的沃森超级计算机已经学习了这些医疗档案，依据过去的数据和诊断建立了疾病诊断模型，并向医生推荐治疗方案。IBM 的沃森超级计算机背后支撑的系统是 DeepQA，专注文本分析、基于概率大规模并行分析系统，可以帮助医生进行诊断和提出治疗方案。美国的 MD 安德森癌症医疗中心正在使用 IBM 的沃森超级计算机帮助医生进行诊断和制定治疗方案。

5．移动互联网广告大数据应用

大数据技术可以将客户在互联网上的行为记录下来，对客户的行为进行分析，打上标签并进行用户画像。特别是进入移动互联网时代之后，客户主要的访问方式转向了智能手机和平板电脑，移动互联网的数据包含了个人行为数据，可以用于 360° 用户画像，更加接近真实人群。移动大数据的用户画像可以帮助广告主进行精准营销，将广告直接投放到用户的移动设备，其广告的目标客户覆盖率可以大幅度提高。一般情况下提升的效果在 30% 以上，广告品牌曝光费用下降，用较少的数据投入费用获得了较高的曝光率。

6．农业领域大数据应用

农产品不容易保存，合理种植和养殖农产品对农民非常重要。借助大数据提供的消费能力和趋势报告，政府将为农牧业生产进行合理引导，依据需求进行生产，避免产能过剩，造成不必要的资源和社会财富浪费。Climate 公司利用政府开放的气象站的数据和土地数据建立了模型，建议农民可以在哪些土地上耕种，哪些土地今天需要喷雾并完成耕种，哪些正处于生长期的土地需要施肥，哪些土地需要 5 天后才可以耕种，大数据技术可以帮助农业创造巨大的商业价值。

7．物流行业大数据应用

中国的物流产业规模约为 5 万亿，物流行业的整体净利润从过去的 30% 以上降低到了 20% 左右，并且下降的趋势明显。物流行业借助大数据，可以建立全国物流网络，了解各个节点的运货需求和运力，合理配置资源，降低货车的返程空载率，降低超载率，减少重复路线运输，降低小规模运输比例。通过大数据技术，及时了解各个路线的货物运送需求，同时建立基于地理位置和产业链的物流港口，实现货物和运力的实时配比，提高物流行业的运输效率。借助大数据技术进行优化资源配置，至少可以增加物流行业 10%左右的收入。

8. 智慧城市大数据应用

大数据作为其中的一项技术可以有效地帮助政府实现资源科学配置，精细化运营城市，打造智慧城市。利用大数据技术实施的城市交通智能规划，至少能够提高 30%左右的道路运输能力，并能够降低交通事故率。在美国，政府依据某一路段的交通事故信息来增设信号灯，降低了 50%以上的交通事故率。机场的航班起降依靠大数据将会提高航班管理的效率，航空公司利用大数据可以提高上座率，降低运行成本。铁路利用大数据可以有效安排客运和货运列车，提高效率、降低成本。

7.4　民航大数据案例分析

7.4.1　机场运营数据分析

国内大部分民航机场在各自的相关运营管理方面已建设了各类业务信息系统，这些系统基本能满足机场运行和管理层面的业务需求。利用大数据技术、机器学习以及数据挖掘等技术为机场综合运营管理数据库建设提供技术支撑，可以更好地整合和利用这些系统运行多年产生的各类历史业务数据并发掘其潜在价值，进而为机场管理改进决策，提高服务质量，增加机场运营收益。

以下为 VariFlight（https://data.variflight.com）提供的有关民航机场运营和各主要航空公司通过大数据分析相关数据后，在出港准点率、到港准点率等方面的部分报告内容。

1. 2019 年上半年国内 3 000 万级以上机场出港准点率

2019 年上半年，国内 3 000 万级以上机场出港准点率排名中，西安咸阳机场凭借 80.59%的出港准点率成为上半年出港最准点的机场，成都双流机场、重庆江北机场分列第 2、3 位，出港准点率如图 7-6 所示。

排名	三字码	机场	实际出港航班量	出港准点率	同比提升	起飞平均延误时长（分钟）
1	XIY	西安咸阳	82733	80.59%	-1.86%	25.59
2	CTU	成都双流	88252	80.10%	3.93%	26.24
3	CKG	重庆江北	76769	79.60%	-1.73%	24.30
4	KMG	昆明长水	88400	77.42%	0.75%	27.15
5	SHA	上海虹桥	65984	77.10%	-1.73%	27.22
6	CAN	广州白云	114378	75.34%	6.62%	30.09
7	PVG	上海浦东	116276	73.01%	-0.07%	28.69
8	SZX	深圳宝安	84200	70.43%	-4.17%	36.97
9	PEK	北京首都	141158	70.41%	2.87%	31.30
10	HGH	杭州萧山	65373	64.18%	-6.93%	39.42

图 7-6　2019 年上半年国内 3 000 万级以上机场出港准点率排名

2. 2019 年上半年国内十大客运航空公司到港率

2019 年上半年，国内十大主要客运公司的到港率最高的是山东航空，其到港准点率为 88.39%，上海航空和四川航空分列第 2、3 位，出港准点率排名如图 7-7 所示。

排名	二字码	主要客运航司	实际到港航班量	到港准点率	同比提升	到达平均延误时长（分钟）
1	SC	山东航空	99956	88.39%	5.79%	12.20
2	FM	上海航空	64537	86.74%	1.51%	13.51
3	3U	四川航空	106949	85.89%	1.13%	15.32
4	MU	东方航空	386296	85.86%	0.27%	14.89
5	CZ	南方航空	380809	85.83%	0.36%	16.71
6	CA	中国国际航空	240589	85.13%	-0.14%	16.43
7	GS	天津航空	65202	83.80%	-0.98%	19.04
8	HU	海南航空	139000	83.66%	0.88%	18.16
9	MF	厦门航空	114605	78.60%	-0.55%	20.70
10	ZH	深圳航空	128877	77.67%	-3.35%	23.78

图 7-7　2019 年上半年国内主要航空客运公司到港率排名

3．2019 年上半年国内千万级机场竞争力指数

2019 年上半年，国内千万级机场在竞争力指数最终得分上，如图 7-8 所示，北京首都机场以 9.78 分取得综合竞争力指数第一位，上海浦东以 9.03 分位居第二名。北上广三座机场竞争力相对其他机场拉开明显差距。

竞争力排名	机场	机场名称	竞争力指数	时刻载客指数	枢纽通达性指数	时刻票价指数	运行效率指数
1	PEK	北京首都	9.78	10.00	9.83	9.74	9.54
2	PVG	上海浦东	9.03	9.52	10.00	8.22	8.38
3	CAN	广州白云	8.40	9.04	6.54	8.40	9.63
4	CTU	成都双流	7.78	9.06	3.46	8.59	10.00
5	SHA	上海虹桥	7.50	9.68	2.05	10.00	8.27
6	XIY	西安咸阳	7.33	8.05	4.71	7.00	9.56
7	KMG	昆明长水	7.10	7.89	4.23	7.22	9.06
8	SZX	深圳宝安	7.08	8.75	2.65	8.33	8.60
9	CKG	重庆江北	7.04	8.31	2.78	7.42	9.65
10	WUH	武汉天河	6.52	8.20	2.01	7.98	7.88

图 7-8　2019 年上半年国内千万级机场竞争力指数排名 Top10

4．2019 年上半年国内机场机场枢纽通达性指数

北上广是国内机场通达性最高的三座机场，其中上海浦东、北京首都两大机场整体通达性指数显著高于其他机场；西安咸阳、昆明长水分别位于第 4、第 5 位；西安咸阳机场国内—国内通达性指数最高，其次为北京首都机场、昆明长水机场；北京首都机场国内—国际/地区通达性指数最高，其次为上海浦东、广州白云；上海浦东机场国际/地区—国际/地区通达性指数显著高于国内其他机场，国际/地区中转航班衔接性最强。2019 上半年国内机场机场枢纽通达性指数排名如图 7-9 所示。

排名	机场	机场名称	整体通达性	国内-国内通达性	国内-国际/地区通达性	国际/地区-国际/地区通达性
1	PVG	上海浦东	14958	3558	5873	5528
2	PEK	北京首都	14708	6380	6034	2294
3	CAN	广州白云	9777	4422	4276	1079
4	XIY	西安咸阳	7039	6547	460	33
5	KMG	昆明长水	6322	5033	1210	78
6	CTU	成都双流	5174	3997	1071	106
7	CKG	重庆江北	4154	3624	486	43
8	SZX	深圳宝安	3960	2515	1274	171
9	HGH	杭州萧山	3082	2358	633	91
10	SHA	上海虹桥	3070	2634	403	33

图 7-9　2019 年上半年国内机场枢纽通达性指数排名 Top10

5．2019 年上半年国内机场运行效率指数

2019 年上半年，北京首都机场产投比最高，其次为成都双流、广州白云，产投比均超过 90%，

成都双流机场以产投比第 2 位、平均放行正常率第 4 位，获得综合运行效率指数第一名。此外，运行效率指数超过 80% 的还有重庆江北、广州白云、西安咸阳等 4 座机场，如图 7-10 所示。

排名	机场	机场名称	运行效率指数	产投比	平均放行正常率
1	CTU	成都双流	84.98%	93.71%	90.68%
2	CKG	重庆江北	81.99%	89.84%	91.26%
3	CAN	广州白云	81.80%	91.83%	89.08%
4	XIY	西安咸阳	81.27%	87.56%	92.82%

图 7-10　2019 年上半年国内机场运行效率指数排名 Top4

7.4.2　飞行器预测与健康管理

任何飞行器本身都是一个高度集成的系统，综合了空气动力学、发动机技术、材料结构和电子控制等众多组件，任何一个组件出了问题，都有可能引起链式反应，导致整个飞行器出现故障，无法顺利完成飞行任务。因此，随着科学技术尤其是信息技术和数据科学技术的发展，飞行器预测与健康管理（Prognostics and Health Management，PHM）技术应运而生。最初，美国为了避免在执行"阿波罗计划"之后发生的一系列因设备故障导致的灾难，于 1967 年正式成立了机械故障预防小组（Machinery Fault Prevention Group），这标志着现代故障诊断技术的诞生。在之后的 50 多年里，从最初的以确定健康状态为目标的状态监测和故障诊断技术，逐步发展为以根据监测、诊断和预测结果确定应对措施为目标的健康管理技术。

所谓健康管理，是根据对系统的监测信息，对已经存在或可能出现的故障进行诊断和预测，再结合具体使用需求以及外部的各种可用资源，对系统的维护工作做出指导性决策，确保系统的安全运行，并促使系统发挥最大效能。故障预测是健康管理的重要内涵，其主要目的是降低使用与保障费用、提高设备系统安全性、完好性和任务成功性，实现基于状态的维修和自主式保障。

作为飞机健康管理系统的一部分，波音公司每天分析 4 000 架飞机上的 200 万种情况。这种智能包括机械分析、飞行测量和车间调查结果，有助于波音公司规划维护和分配。该系统可以预测故障，每年为公司节省 30 万美元的服务延误和维修费用。

现代飞机机队中使用了物联网传感器。例如，普惠 PW1000G 引擎约有 5 000 个传感器，每秒产生高达 10 GB 数据。一架平均飞行时间为 12 h 的双引擎飞机可以产生多达 844 TB 的数据，一旦出现故障，就可以利用这些数据进行检测。

学者 Lu Yang 对基于大数据的飞行预测与健康管理框架进行了研究。在该研究框架中，PHM 中心从飞机上获取飞行数据，从机场获取航空运行数据，收集备件仓库提供的备件供应信息，从维修厂、维修培训点、检修基地获取维修信息。此后，PHM 中心综合分析信息，挖掘数据相关性得到故障率和与故障有关的经验知识。PHM 中心根据分析结果，可以提供飞机状态监测与故障预测，机场健康状况及运营建议，备件库配置建议，故障修理厂的诊断和维护建议，检修基地、人员培训建议，以及维修培训、航空事故应急事故救援响应方案。例如，PHM 中心可以使机场直接获得飞机的健康状态，合理地确定和分配飞机的飞行任务以提高飞机利用率，也可以使根据健康状况选择修理或检修飞机，还可以通知备件库在飞机到达前准备材料，以便缩短维修期以及派遣安全可用飞机及时返回机场，从而实现信息的有效利用，实现飞行器健康管理和提升航空产业链运行效率。

小　结

本章主要介绍了数据库的基本概念以及数据库系统的组成和关系数据模型，此外还对大数据的结构类型、主要特征以及大数据的关键技术和应用领域进行了描述，最后通过机场运营数据分析与飞行器健康管理对民航大数据案例进行了分析。

习　题

一、选择题

1. 数据是信息的载体，信息是数据的（　　　　）。
   A. 符号化表示　　　B. 载体　　　　　　　C. 内涵　　　　　　D. 抽象
2. 数据模型是将概念模型中的实体及实体间的联系表示成便于计算机处理的一种形式。数据模型一般有关系模型、层次模型和（　　　　）。
   A. 网络模型　　　　B. E-R 模型　　　　　C. 网状模型　　　　D. 实体模型
3. 在有关数据管理的概念中，数据模型是指（　　　　）。
   A. 文件的集合　　　　　　　　　　　　　B. 记录的集合
   C. 记录及其联系的集合　　　　　　　　　D. 网状层次型数据库管理系统
4. 在关系运算中，查找满足一定条件的元组的运算称为（　　　　）。
   A. 复制　　　　　　B. 选择　　　　　　　C. 投影　　　　　　D. 关联
5. 数据表是相关数据的集合，它不仅包括数据本身，而且包括（　　　　）。
   A. 数据之间的联系　B. 数据定义　　　　　C. 数据控制　　　　D. 数据字典
6. 在有关数据库的概念中，若干记录的集合称为（　　　　）。
   A. 字段　　　　　　B. 文件　　　　　　　C. 数据项　　　　　D. 数据表
7. 如果一个关系中的一个属性或属性组能够唯一地标识一个元组，那么称该属性或属性组为（　　　　）。
   A. 外关键字　　　　B. 候选关键字　　　　C. 主关键字　　　　D. 关系
8. 数据库、数据库系统、数据库关系系统这三者之间的关系是（　　　　）。
   A. 数据库系统包含数据库和数据库管理系统
   B. 数据库管理系统包含数据库和数据库系统
   C. 数据库包含数据库系统和数据库管理系统
   D. 数据库系统就是数据库，也就是数据库管理系统
9. 一个关系相当于一张二维表，二维表中的各列相当于该关系的（　　　　）。
   A. 数据项　　　　　B. 元组　　　　　　　C. 结构　　　　　　D. 属性
10. MySQL 是一个（　　　）关系型数据库。
    A. 中小型　　　　　B. 大中型　　　　　　C. 巨型　　　　　　D. 面向对象型
11. 衡量数据库系统性能优劣的主要指标是（　　　　）功能的强弱。
    A. DBMS　　　　　B. DBS　　　　　　　C. DB　　　　　　　D. DBAS

12. 一个关系就是一张二维表，表中每一列的取值范围称为（　　）。

    A. 元组　　　　　　B. 属性　　　　　　C. 关系　　　　　　D. 域

13. 下列关于关系模型的说法正确的是（　　）。

    A. 关系必须规范化，属性可以再分割

    B. 在同一关系中不允许出现相同的属性名

    C. 在同一关系中元组及属性的顺序不能任意交换

    D. 交换两个元组（或属性）的位置，关系模式跟着改变

14. 数据库应用系统简称为（　　）。

    A. DBMS　　　　　B. DBS　　　　　　C. DB　　　　　　D. DBAS

15. 数据库人工管理阶段与文件管理阶段的主要区别是文件系统（　　）。

    A. 数据共享性强　　　　　　　　　B. 数据可长期保存

    C. 采用一定的数据结构　　　　　　D. 数据独立性好

16. 下列关于关系数据模型的术语中，与二维表中的"行"的概念最接近的是（　　）。

    A. 属性　　　　　　B. 关系　　　　　　C. 关键字　　　　　D. 元组

17. 关系数据模型由 3 部分组成，分别是（　　）。

    A. 数据结构，数据通信，关系操作

    B. 数据结构，数据通信，数据完整性约束

    C. 数据通信，数据操作，数据完整性约束

    D. 数据结构，数据操作，数据完整性约束

18. 数据库系统和文件系统的区别是（　　）。

    A. 数据库系统复杂，文件系统简单

    B. 文件系统管理的数据量小，而数据库系统管理的数据量大

    C. 文件系统只能管理程序文件，而数据库系统能管理各种文件

    D. 文件系统不能解决数据冗余和数据独立性问题，而数据库系统能解决此问题

19. 具有数据冗余度小，数据共享以及较高数据独立性等特征的系统是（　　）。

    A. 管理系统　　　　　　　　　　　B. 高级程序

    C. 文件系统　　　　　　　　　　　D. 数据库系统

20. 下列（　　）运算不是专门的关系运算。

    A. 选择　　　　　　B. 笛卡儿积　　　　C. 投影　　　　　　D. 连接

21. 数据库中（　　）是指数据的正确性和相容性。

    A. 并发性　　　　　B. 完整性　　　　　C. 安全性　　　　　D. 恢复性

22. 数据独立性是指（　　）。

    A. 数据库系统　　　　　　　　　　B. 数据依赖于程序

    C. 数据不依赖于程序　　　　　　　D. 数据库管理系统

23. 在下面的两个关系中，学号和班级号分别为学生关系和班级关系的主键（或称主码），则外键是（　　）。

    学生（学号，姓名，班级号，成绩）

    班级（班级号，班级名，班级人数，平均成绩）

    A. 学生关系的"班级号"　　　　　　B. 班级关系的"班级号"

    C. 学生关系的"学号"　　　　　　　D. 班级关系的"班级名"

24. 在一个关系中，如果有这样一个属性组存在，其值可以唯一地标识该关系中的一个元组，则该属性组称为（　　　）。

    A. 主属性　　　　　B. 候选码　　　　　C. 数据项　　　　　D. 主属性值

25. 图书馆使用的图书管理系统属于（　　　）。

    A. DBAS　　　　　B. DBS　　　　　C. DB　　　　　D. DBMS

26. 数据、信息和（　　　）是与数据库密切相关的三个基本概念。

    A. 数据处理　　　　　B. 关系　　　　　C. 存储　　　　　D. 数据管理

27. 下列对数据库管理阶段的主要特点描述中不正确的是（　　　）。

    A. 实现了数据结构化　　　　　　　　　B. 实现了数据分析

    C. 实现了数据的独立　　　　　　　　　D. 实现了数据的统一控制

28. 一年级学生和大学计算机基础课程之间的关系为（　　　）。

    A. 一对多　　　　　B. 一对一　　　　　C. 多对多　　　　　D. 点对点

29. 下列不是非结构化的数据是（　　　）。

    A. 办公文档　　　　　B. 文本　　　　　C. HTML　　　　　D. 行数据

30. 下列不属于非结构化数据库的是（　　　）。

    A. NoSQL　　　　　B. MongoDB　　　　　C. HBase　　　　　D. SQL

31. 在数据存储关系中，与 1 PB 等同的正确换算关系是（　　　）。

    A. 1 024 TB　　　　　B. 1 024 GB　　　　　C. 1 024 MB　　　　　D. 1 024 EB

32. 数据采集是大数据生命周期的（　　　）环节。

    A. 第四　　　　　B. 第三　　　　　C. 第二　　　　　D. 第一

二、填空题

1. 数据库系统的核心是＿＿＿＿＿＿＿＿＿。

2. 关系型数据库的标准操作语言是＿＿＿＿＿＿＿。

3. 数据库管理系统常见的数据模型有层次、网状和＿＿＿＿＿＿＿ 3 种。

4. 在关系中，每一行称为＿＿＿＿＿＿＿，用于表示一组数据项。

5. 对关系进行选择、投影、连接运算后，运算的结果仍然是一个＿＿＿＿＿＿＿。

6. 数据库系统由＿＿＿＿＿＿＿、数据库管理系统、计算机硬件、计算机软件和用户等部分组成。

7. 数据库管理系统的主要功能包括：数据库定义功能、＿＿＿＿＿＿＿、数据库管理功能、通信功能。

8. 数据管理的发展经历了人工管理阶段、文件系统阶段和＿＿＿＿＿＿＿阶段。

9. 数据库系统的三级模式中，＿＿＿＿＿＿＿是用来定义数据库的全局逻辑结构的。

10. 数据模型描述的是数据库中数据与数据之间的＿＿＿＿＿＿＿。

11. 数据存储时存在着大量重复数据的现象称为＿＿＿＿＿＿＿。

12. 按一定的组织形式存储在一起的相互关联的数据的集合称为＿＿＿＿＿＿＿。

13. 数据库中的数据由＿＿＿＿＿＿＿进行统一管理和控制。

14. 大数据本身可以以结构化、半结构化甚至是＿＿＿＿＿＿＿的形式存在。

15. 结构化数据是指用＿＿＿＿＿＿＿结构进行逻辑表达和实现的数据。

16. 大数据的主要特征有体量大、类型多、速度快以及＿＿＿＿＿＿＿。

17. Hadoop 是大数据处理中较为典型的_____计算。

18. 数据预处理主要包括数据清理、_____、数据转换以及数据规约。

三、判断题

1. 在关系模型中，交换任意两行的位置不影响数据的实际含义。　　　　　　（　　）
2. 数据库系统也称为数据库管理系统。　　　　　　　　　　　　　　　　（　　）
3. 关系模型中，一个关键字至多由一个属性组成。　　　　　　　　　　　（　　）
4. 使用数据库系统可以避免数据的冗余。　　　　　　　　　　　　　　　（　　）
5. 数据库系统是为数据库的建立、使用和维护而配置的软件。　　　　　　（　　）
6. 人工管理阶段存在大量数据冗余。　　　　　　　　　　　　　　　　　（　　）
7. 数据库只包括描述事物的数据本身。　　　　　　　　　　　　　　　　（　　）
8. 数据库系统的核心是数据库管理员。　　　　　　　　　　　　　　　　（　　）
9. 人工管理阶段数据已经具有独立性，且程序和数据一一对应。　　　　　（　　）
10. 数据库系统是一个完整的计算机系统。　　　　　　　　　　　　　　　（　　）
11. 开发应用程序时要先开发程序，后设计数据库。　　　　　　　　　　　（　　）
12. 层次数据模型中除根结点以外的其他结点都有且仅有一个父结点。　　　（　　）
13. 关系中能够成为关键字的属性或属性组合可能不是唯一的。　　　　　　（　　）
14. 关系中同一属性可以在不同域中取值。　　　　　　　　　　　　　　　（　　）
15. 在数据库的设计过程中规范化是必不可少的。　　　　　　　　　　　　（　　）
16. 大数据是可以在一定时间范围内用常规软件工具进行捕捉、管理。　　　（　　）
17. 结构化数据是以列为单位，一列数据表示一个实体的信息。　　　　　　（　　）
18. 数据可视化有利于决策者挖掘数据的商业价值。　　　　　　　　　　　（　　）
19. 数据挖掘算法是根据数据创建数据挖掘模型的一组试探法和计算。　　　（　　）
20. 大数据分析最重要的应用领域之一就是预测性分析。　　　　　　　　　（　　）

第8章　人工智能应用基础

本章导读

　　人工智能（Artificial Intelligence，AI）是当前社会各界高度关注的热点话题。各国政府将人工智能上升到国家战略，各大科技巨头纷纷加大对人工智能的科研投入。从 AlphaGo 到智能诊断，从自动驾驶到无人零售，从语音识别到机器翻译，人工智能早已经融入我们生活中的方方面面，并带来了一系列巨大变化。可以说，人类正在迈入"智能时代"。作为当代大学生，有必要对人工智能的内涵和应用有所了解和掌握。本章将分别论述人工智能的基本概念和发展简史、人工智能的主要应用和典型算法。

　　学习目标

- 了解人工智能的发展简史和未来发展趋势；
- 掌握人工智能的基本概念和主要行业应用；
- 理解机器学习的典型算法。

8.1　人工智能概述

　　自 20 世纪中叶第一台电子计算机诞生以来，人类一直期望让机器拥有智慧，能说会听、能想会做。实际上，人工智能就是一个对智能本质不断探索的学科，以制造出具有像人脑一样思考的智能机器。经过 70 年的飞速发展，人工智能技术在各行各业中广泛普及，引发了深刻的社会变革，但是离真正的高级智慧还有较大差距。因此，我们需要客观、准确地认识人工智能技术。

8.1.1　人工智能的概念

　　当前学术界对人工智能并没有统一的定义。部分学者的定义如下：

　　人工智能是那些与人的思维活动相关的活动，诸如决策、问题求解和学习等的自动化（Bellman，1978）。

　　人工智能是一种计算机能够思维，使机器具有智力的激动人心的新尝试（Haugeland，1985）。

　　人工智能是研究如何让计算机做现阶段只有人才能做得好的事情（Rich Knight，1991）。

　　人工智能是那些使知觉、推理和行为成为可能的计算机的研究（Winston，1992）。

　　人工智能是关于人造物的智能行为，而智能行为包括知觉、推理、学习、交流和在复杂环境中的行为（Nilsson，1998）。

　　简单来说，人工智能是能够和人一样进行感知、认知、决策、执行的人工程序或系统。这是一门综合了计算机科学、生理学、心理学、哲学的交叉学科。

当然，人工智能只是人类创造出的一种技术和工具，虽然其表现出超乎常人的实力，但我们不必恐慌，因为人工智能与人类智慧存在着本质上的差距。

8.1.2　人工智能简史

1．图灵测试与第一次 AI 热潮（1956—1974 年）

1950 年，被誉为人工智能之父的艾伦·图灵（Alan Turing），在他的论文《计算机器与智能》（*Computing Machinery and Intelligence*）提出了一种用于判断机器是否智能的实验，即图灵测试（Turing Test），如图 8-1 所示。

人工智能的发展历程

假如有一台宣称自己是智慧的计算机，人们应该如何辨别它说得对不对呢？一个好的方法是：在后台安排一个人和一台计算机，然后让测试者通过键盘和屏幕同时与他们对话。如果有超过 30%的测试者无法判断自己的交流对象到底是人还是计算机，那么这台计算机就通过了测试，并表现出与人相当的智慧，如图 8-1 所示。

图灵测试

测试者与被测试者（一个人和一台机器）隔开的情况下，通过一些装置（如键盘）向被测试者随意提问，多次测试后，如果有超过30%的测试者不能确定出测试者是人还是机器，那么这台机器就通过了测试，并被认为具有人类智能。

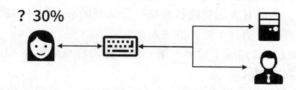

图 8-1　图灵测试（Turing Test）

近年来很多人工智能对话程序都已经能够通过图灵测试。图灵测试在过去数十年一直被广泛认为是测试机器智能的重要标准，对人工智能的发展产生了极为深远的影响。

1951 年，普林斯顿大学数学系的 24 岁研究生马文·闵斯基（Marvin Minsky，见图 8-2）建立了世界上第一个神经网络机器 SNARC（Stochastic Neural Analog Reinforcement Calculator）。通过 40 个神经元组建的小网络，人类第一次模拟了神经信号的传递。这项开创性的工作为人工智能奠定了深远的基础，并在 1969 年获得了计算机科学的最高奖图灵奖（Turing Award）。

图 8-2　马文·闵斯基（Marvin Minsky）

1956 年，闵斯基、约翰·麦卡锡（John McCarthy）、克劳德·香农（Claude Shannon）和纳撒尼尔·罗切斯特（Nathan Rochester）等科学家，在美国达特茅斯学院组织了一场讨论会，称为达特茅斯会议（见图 8-3）。后来，参会者中产生了四名图灵奖得主、信息论创始人和一名诺贝尔奖得主。

图 8-3　1956 年达特茅斯会议（Dartmouth Conference）

这次会议将机器模拟人类智能的新学科定义为——人工智能（Artificial Intelligence，AI），一直沿用至今，所以此次会议被公认为人工智能诞生元年。

达特茅斯会议之后，人们对人工智能普遍持过分乐观的态度，各国政府向人工智能领域投入大量资金，人工智能迎来了第一个高速发展时期。

麻省理工学院在 1966 年，建成了世界上第一个自然语言对话程序 ELIZA，它可以通过简单的模式匹配和对话规则与人聊天。

早稻田大学在 1972 年发明了世界上第一个人形机器人，不仅能够对话，还能够在室内走动和抓取物体。

然而，从 20 世纪 70 年代开始，人工智能的缺陷逐渐显露出来：第一，有限的计算能力无法满足快速增长的计算需求；第二，视觉和自然语言中的可变性和模糊性无法解决。人工智能开始进入第一个低潮期。

2. 专家系统与第二次 AI 热潮（1980—1987 年）

20 世纪 80 年代，随着专家系统（Expert System）和人工神经网络（Artificial Neural Network）等新技术的发展，人工智能开始进入第二个热潮期。

斯坦福大学研发了 MYCIN 专家系统，基于人工编写的规则来诊断血液中的感染。卡耐基梅隆大学开发了 XCON 专家系统，可以根据客户需求自动选择计算机部件的组合。

最为显著的就是语音识别的突破。最早的语音识别模型是让机器认识每个音节音素，然后通过音节音素去分辨字和单词。但是这样的模型，只是用人类的思维去要求机器，机器无法学懂，不仅只能认知很少范围的字节，而且不能分辨每个人的发音和说话方式。后来，语音识别引入了统计学模型，建立大型的基于语音数据的语料库，并在统计学的基础上使计算机自我运算和输出，大大提高了识别准确率。但是受限于计算机能力和数据的不足，语音识别的结果还不够好，远没有达到沟通自如的状态。

然而，当时人工智能的发展还存在两个方面的严重制约：

（1）计算机运算速度严重不足。要用计算机模拟人类视网膜视觉至少需要执行 10 亿次指令，而当时普通计算机的计算速度还不到一百万次。

（2）缺乏大量常识性数据。即使一个三岁婴儿的智能水平，也是观看过数亿张图像之后才形成的。由于当时计算机和互联网都没有普及，获取如此庞大的数据是不可能的任务。

因此，人们发现人工智能系统的建设成本巨大，而商业价值有限。人工智能技术在第二次浪潮以后，又进入了一段时间的低潮期。

3．深度学习与第三次 AI 热潮（2006 年至今）

进入新世纪，随着深度学习技术的成熟，加上计算机运算能力的大幅增长，以及互联网时代累积起来的海量数据，"大数据+深度学习"的模式掀起了人工智能的第三次复兴之路。这一次 AI 热潮的蓬勃发展，离不开三个主要因素：深度学习、大规模计算和大数据。

深度学习是一种让计算机"自我学习"的方法，即用算法自主解析数据，不断学习，并对外界的事物和指令进行总结和判断。通过大量数据和实践的训练，计算机在某些情况下可以自主进行判断和决策。2006 年，杰弗里·辛顿（Geoffrey Hinton）发表了《一种深度置信网络的快速学习算法》及其他几篇重要论文，在基础理论方面取得了重大突破，使深度学习迈入了高速发展时期。

就深度学习而言，越多的数据量意味着更好的算法效果。随着全球互联网产业的蓬勃发展，搜索引擎、电子商务、新媒体等平台汇集了数以亿计的海量数据，全球范围内的电子数据呈爆炸性增长。人类已经迈入了"大数据"时代。

与此同时，计算机硬件产业的发展，带来了计算性能和处理能力的高速增长。一块 NVIDIA Tesla 图形处理器可以达到 10 万亿次/秒浮点运算，性能早已超过了 2001 年全球最快的超级计算机。同时，分布式计算技术可以使成千上万台计算机组成大规模计算集群，使人类处理数据的能力呈指数级别提升。

2014 年，在图像识别算法 ImageNet 竞赛（ILSVRC）中，基于深度学习的计算机识别人、动物、车辆等日常事物的图片，已经超过了普通人类的肉眼识别准确率。2017 年英国 DeepMind 公司通过深度学习训练的阿尔法狗（AlphaGo），战胜了当时世界排名第一的围棋职业棋手柯洁，引发了全球轰动。学术界认为，AlphaGo 已经达到了人类棋手无法达到的境界，无人可与之竞争。

一系列令人震惊的成就引发了人工智能的再一次热潮，世界各国政府和商业公司都纷纷把人工智能列为未来发展战略的重要组成部分。这一次人工智能热潮下的产品打破了人们的预期，真正做到了比人类更智能、更高效，是真正"有用"的东西。所以，第三次人工智能浪潮，将真正掀起时代的大革命。

8.1.3　人工智能在各行业的应用

1．智能制造

智能制造（工业 4.0）是一种全新的生产模式，是信息技术与制造技术的深度融合与集成，把工业 4.0 的"智能工厂""智能生产""智能物流"进一步扩展到"智能消费""智能服务"等全过程的智能化中去。人工智能在制造业的应用主要有三个方面：首先是智能装备，包括自动识别设备、人机交互系统、工业机器人以及数控机床等具体设备。其次是智能工厂，包括智能设计、智能生产、智能管理以及集成优化等具体内容。最后是智能服务，包括大规模个性化定制、远程运维以及预测性维护等具体服务模式。例如，德国西门子公司 EWA 智能工厂，3/4 的工作都由机器和计算机自主处理，仅有 1/4 的工作需要人完成。EWA 工厂平均每一秒就能生产一个产品，合格率高达 99.9985%。未来，人工智能与制造业的进一步结合，将带来全新的第四次工业革命，如图 8-4 所示。

2. 智能金融

针对金融业数据密集、资本密集和高额盈利等特征，人工智能为人们的金融生活带了更多的便捷，让投资更安全、理财更科学、服务更细致。人工智能在金融领域的应用主要包括：智能获客、身份识别、大数据风控、智能投顾、智能客服、金融云等。例如，英国 Money on Toast 公司推出的智能金融顾问，依靠人工智能算法，结合客户自身经济能力和理财目标，为客户量身打造最佳的投资方案。人工智能促进了金融机构服务主动性、智慧性，有效提升了金融服务效率，而且提高了金融机构风险管控能力，给金融产业的创新发展带来了积极影响，如图 8-5 所示。

图 8-4 智能制造

图 8-5 智能金融

3. 智能交通

当前人工智能在交通中的最大应用，莫过于自动驾驶。现在的自动驾驶汽车通过多种传感器组合，包括激光雷达、视频摄像机、GPS 以及惯性传感器，对周围环境进行实时感知。所有的传感器数据汇总到智能驾驶系统，再结合路牌标志、交通信号和地图信息加以综合分析，以实时规划出行驶路线，并控制汽车自动运行。同时，汽车与汽车之间通过"车联网"，多部自动驾驶汽车在道路上形成密集编队，高速行驶，而不用担心追尾的风险。目前谷歌（Google）公司的 Waymo 和特斯拉（Tesla）公司的 Autopilot 是行业领先的自动驾驶系统。也许未来的汽车都不需要驾驶室了，智能汽车自己就可以应付一切路况，自动驾驶技术将是最安全、最高效的，人类将重新定义交通工具，如图 8-6 所示。

4. 智能医疗

当下人工智能在医疗领域应用广泛，从最开始的药物研发到操刀做手术，利用人工智能都可以做到。当下，医疗领域人工智能初创公司按领域可划分为八个主要方向，包括医学影像与诊断、医学研究、医疗风险分析、药物挖掘、虚拟护士助理、健康管理监控、精神健康以及营养学。其中，协助诊断及预测患者的疾病已经逐渐成为人工智能技术在医疗领域的主流应用方向。人工智能可以自动找到医学影像中的重点部位，为医生诊断提供有价值的参考信息，从而有效减少误诊或漏诊。例如，IBM 公司的 Watson 系统可以在 10 分钟之内阅读 2 000 万份医学文献和病理材料，为白血病患者找到基因突变点，并提供有效的治疗方案，如图 8-7 所示。

图 8-6　自动驾驶

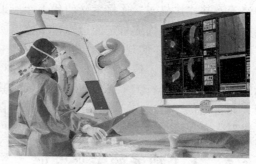

图 8-7　智能医疗

5．智能安防

基于人工智能技术的新一代安防系统，通过多传感器探测技术、视频图像分析技术、生物特征识别技术等手段，构建智能安防监测平台，以全面采集社会数据，形成实时、动态的感知网络，从而实现网格化预防、智能化预警、大数据预测。目前主要的智能安防技术包括人脸识别、车辆识别、行人识别、事件识别等。例如，旷视（Megvii）公司的智能安防系统部署在车站、机场等人流密集场所，不但能够通过人脸识别技术拦获在逃人员，而且能够通过红外相机筛查体温异常者，从而大大提升了公共场所的安全性，如图 8-8 所示。

图 8-8　智能安防

8.1.4　人工智能的流派

人工智能是广泛而抽象的概念。人工智能要想成为现实，需要科学家采用一定的技术路线将其实现。不同的流派给出了不同的研究路线。人工智能的三个主要流派有：符号主义、连接主义和行为主义。

（1）符号主义：也称为逻辑主义，其原理主要为根据符号和规则来创造智能。该学派认为，人工智能源于数理逻辑。人类知识和思维的基本单元是符号，而认知过程就是在符号表示上的一种运算。因此，人类可以通过逻辑推理来模拟人的认知行为。符号主义曾长期作为人工智能的主流学派，为专家系统的发展做出了重要贡献。但符号主义难以表达不确定的模糊事物，因此也受到其他学派的批评与否定。

（2）连接主义：源于仿生学的人脑模型研究，认为大脑是一切智能的基础，主要关注大脑神经元及其连接机制。连接主义的代表性成果是人工神经网络，即将人工神经元通过不同的链接方式构成网络，构成特定的运算模型，以实现模式识别、自动控制等。目前，连接主义是最广泛、最主流的 AI 实现路线。AlphaGo 战胜柯洁所采用的深度学习技术，就属于连接主义。

（3）行为主义：假设智能取决于感知和行动，不需要知识、表示和推理，只需要将智能行为表现出来就好。行为主义源于控制理论，其工作重点是模拟人在控制过程中的智能行为和作用，如自寻优、自适应、自校正、自组织和自学习等。其代表性成果是各种智能控制系统和智能机器人，如波士顿动力公司的机器狗，就可以做后空翻、攀爬等高难度动作。

8.1.5　人工智能的未来发展

当前人工智能热潮所引发的全球经济和社会变革，已经可以与人类历史上的蒸汽革命、电气革命相媲美。随着无数人工智能技术的普遍应用，人类生产效率大幅提高，创新速度不断加快，生活方式更加便利，一个"新智能时代"正在到来。人类未来生活将发生难以想象的巨变。

超强的计算能力、与日俱增的海量数据以及不断涌现的优秀算法三者结合，驱动人工智能加速发展，逐渐"脱虚向实"。未来人工智能将会像水、电一样无所不在，颠覆和变革医疗、金融、运输、制造、服务、体育和军事等各个行业。世界各国已经清晰地认识到，谁能够更好地利用人工智能，谁能够掌握人工智能的核心技术，谁就能够在新一轮的国际竞争中脱颖而出。

然而，当前人工智能技术还存在数据、能耗、泛化、可解释性、可靠性、安全性等诸多瓶颈，离真正的"很好用"有很大差距，创新发展空间巨大。也许在不久的将来，自动驾驶技术可以取代司机；机器翻译和语音识别技术可以取代翻译员；智能机器人可以取代售货员和建筑工人；智慧医疗可以取代医生；智能教育可以取代教师……人类在充分享受人工智能生产力红利的同时，难免会自问：人工智能越来越先进，人类会被取代吗？面对人工智能带来的冲击，我们如何适应新的社会体系？

人们对人工智能的关注，也是对人类自身的关注。虽然人工智能的持续进步和广泛应用带来的好处是巨大的，但是，为了让人工智能真正有益于人类社会，许多现实问题必须被关注。首先是失业问题，大量的就业岗位被人工智能取代，普通的劳动者可能很难找到胜任的工作；其次是隐私问题，人工智能系统离不开大数据学习，这可能会导致很多敏感的隐私数据被泄露出去；然后是道德问题，自动驾驶和智能机器人对人类造成的人身伤害，应该由谁来承担法律责任？最后是机器人的权利，如果机器人越来越智能化，它们在法律上是什么角色？我们毁灭它们会犯法吗？这些问题都是值得我们深思的。

我们必须清醒地认识到，人工智能技术不仅带来了高效的生产力，更要让社会变得更和谐。人类在未来需要同时享有经济繁荣与精神富足。我们必须在人工智能和人类情感之间建立新的协同，并利用人工智能让社会变得更有爱和公平。

8.2　机　器　学　习

8.2.1　机器学习的定义

我们在买西瓜的时候，如何挑选出皮薄肉厚瓤甜的好瓜呢？根据经验，色泽青绿、根蒂蜷缩、敲声浊响的就是好瓜。而之所以如此，是因为人们通过长期实践和不断总结，形成了有效的经验积累，自然可以做出明智决策。机器学习的基本原理也是如此：将已知数据（data）作为学习素材，让计算机从数据中学习其蕴含的规律或者规则，并把学到的规则应用到未来新的数据上，从而做出判断或者预测。作为人工智能的核心研究领域之一，机器学习的应用广泛，如大家所熟知的语音识别、搜索引擎、智能诊断等。

机器学习，即机器本身的学习，是研究如何通过计算的手段，利用经验改善系统自身的性能，其根本任务是数据的智能分析与建模，进而从数据里面挖掘出有用的价值。机器学习面向数据分析与处理，以有监督学习、无监督学习、半监督学习和强化学习为主要研究问题。下一节我们将详细介绍这几种不同的学习方式。

8.2.2　机器学习的分类

1. 基本概念和术语

为了更好地理解不同类型的机器学习方法，我们首先要掌握一些基本概念和术语。

机器学习的分类

要进行机器学习，首先要有数据。这些数据往往以集合的形式呈现，称为"数据集（Data Set）"，其中包含了多条"记录（Instance）"。其中每一条记录是关于对象的一个描述，称为"样本（Sample）"。一般情况下，每一个样本包含多个"属性（Attribute）"或"特征（Feature）"，这些特征反映了数据对象在某个方面的表现或性质。因此，一个样本也称为一个"特征向量（Feature Vector）"。特征所构成的空间称为"样本空间（Sample Space）"。

机器学习的目的是从数据中挖掘出一些有价值的规律或规则，即"模型（Model）"或"学习器（Learner）"。从数据中学到模型的过程，称为"学习（Learning）"或者"训练（Training）"。用于训练的数据集称为"训练集（Training set）"。

获得了模型以后，当然是希望以此做出一些判断或者预测（Prediction）。而我们要预测的事物，就是"标签（Label）"，预测的过程称为"测试（Testing）"，被测试的样本称为"测试样本（Testing Sample）"。如果我们要预测的是离散值，如"好坏、涨跌、等级"，此类任务称为"分类（Classification）"；如果我要预测的是连续值，如"温度、价格、高度"，此类任务称为"回归（Regression）"。如果根据样本之间的空间分布关系（如哪些样本靠得近，哪些样本离得远），让数据集自动划分为若干组，则每一组称为一个"簇"，此类任务称为"聚类（Clustering）"。

2. 有监督学习

监督学习（Supervised Learning）是指从标注数据中学习预测模型的机器学习问题。简单来说，就是在训练开始前，先给所有训练数据都打上标签（已知类别）；然后将这些带标签的样本进行训练，找到样本和标签之间的对应关系，从而得到一个模型；当给模型输入新样本就能预测出对应的结果。

例如，想让计算机区分猫和狗。一开始，我们先将一些猫的图片和狗的图片（带标签）一起进行训练，学习模型不断捕捉这些图片特征与标签间的联系，并不断地自我调整和完善，然后我们输入一些不带标签的新图片，计算机就能正确识别这些图片是猫还是狗。

有监督学习的经典算法有：K-近邻算法、决策树、朴素贝叶斯、支持向量机。

3．无监督学习

无监督学习（Unsupervised Learning）是指从无标注数据中学习预测模型的机器学习问题。一般来说，机器学习的训练数据集都十分庞大。要想给每个样本打上标签，需要耗费大量的时间和人力，代价非常高昂。为克服这个困难，无监督学习可以在无标签的数据集上进行学习。

无监督学习的本质是学习数据中的统计规律或潜在结构。机器会主动学习数据的特征，并将它们分为若干类别，相当于形成"未知的标签"。相对于有监督学习，无监督学习使用的是无标签数据，因而构建训练集要容易得多，但是在算法实施的过程中，要比有监督学习困难得多。

例如，婴儿刚开始接触世界的时候，父母会拿着猫的照片告诉他，这是"猫"。以后孩子在遇到各种猫的时候，虽然父母不会一直告诉他这是"猫"，但是孩子会不断地自我发现、自我调整，最终形成对"猫"的认识。

无监督学习的经典算法有：K-均值聚类、层次聚类、Mean Shift 算法。

4．半监督学习

半监督学习（Semi-Supervised Learning）又称弱监督学习，介于监督学习与无监督学习之间，小部分训练样本有标签，大部分训练样本无标签。半监督学习算法首先试图对无标签数据进行建模，在此基础上再对数据进行预测。因此，半监督学习可以最大限度地发挥数据的价值，使机器学习模型从体量巨大、结构繁多的数据中挖掘出隐藏在背后的规律。

例如，在丰收的季节，农民在田里随手摘几个西瓜尝一尝，就知道哪一片地的西瓜成熟了，可以采摘，哪一片地的西瓜还需要再长几天。很显然，农民没法把田里的每个西瓜都尝试一遍，但只需要标记少量测试样本，就可以对大量样本做出预测和判断。

半监督的经典算法有：半监督支持向量机、图半监督学习。

5．强化学习

强化学习是在没有任何标签的情况下，通过设置合适的奖励，引导机器学习模型自主学习相应的策略。简单来说，就是让计算机先尝试做出一些行为得到一个结果，错了就扣分，对了就加分。然后根据对错的反馈，调整之前的行为，就这样不断地调整，计算机就能学习到在什么样的情况下选择什么样的行为可以得到最好的结果。

例如，我们可以用食物来训练宠物，表现好的时候用美味食物奖励它，表现不好的时候减少食物惩罚它。久而久之，宠物就知道应该做什么，不应该做什么了。从宠物的角度来看，它就是通过不断尝试来学会如何适应这个环境的。

强化学习的经典算法有：Q-learning 算法，SARSA 算法，DQN 算法。

8.2.3　典型的机器学习算法

1．朴素贝叶斯分类

贝叶斯方法是以贝叶斯原理为基础，基于事物发生的条件概率而构建的一种判定方法。通俗来说："若要预见未来，必须回归过往。"即我们预测未来某件事情的发生概率，可以通过计算它过去发生的频率来估计。例如，我们收到了一封邮件，通过贝叶斯计算，该邮件中的一些词汇在典型垃圾邮件中的出现率较高，那么我们有较大把握认为这是一封垃圾邮件。这就是贝叶斯方法中基于先验概率来判断条件概率，从而进行分类的基本原理。由于贝叶斯方法有着坚实的数学基础，所以误判率是很低的，特别是在数据量较大的情况下，有较高的准确率，同时算法本身也比较简单。

朴素贝叶斯方法是在贝叶斯算法的基础上进行了相应的简化。所谓"朴素"，即假定给定目标值时特征之间相互条件独立。换言之，假设每个特征独立地对分类结果产生影响。虽然这个简化方式在一定程度上降低了贝叶斯分类算法的分类效果，但是在实际的应用场景中，极大地简化了贝叶斯方法的复杂性。

贝叶斯公式

$$P(x|y) = \frac{P(y)P(x|y)}{P(x)}$$

可改写为

$$P(类别|特征) = \frac{P(类别)P(特征|类别)}{P(特征)}$$

例如，有一位同学即将参加期末考试。这位同学平时学习有四个特点：不预习、不复习、上课走神、不做作业。请判断这位同学能不能及格？

$$P\big[不及格|(不预习、不复习、上课走神、不做作业)\big]$$

$$= \frac{P(不及格) \times P\big[(不预习、不复习、上课走神、不做作业)|不及格\big]}{P(不预习、不复习、上课走神、不做作业)}$$

$$= \frac{P(不及格) \times P(不预习|不及格) \times P(不复习|不及格) \times P(上课走神|不及格) \times P(不做作业|不及格)}{P(不预习) \times P(不复习) \times P(上课走神) \times P(不做作业)}$$

优点：朴素贝叶斯算法假设了数据集属性之间是相互独立的，因此算法的逻辑性十分简单，并且算法较为稳定。对于不同类型的数据集，不会呈现出太大的差异性。当数据集属性之间的关系相对比较独立时，朴素贝叶斯分类算法会有较好的效果。

缺点：朴素贝叶斯的假设前提太强。数据集属性的独立性在很多情况下是很难满足的，因为数据集的属性之间往往都存在着相互关联。如果在分类过程中出现这种问题，会导致分类的效果大大降低。

2．K-近邻算法

K-近邻（K-Nearest Neighbor，KNN）算法是最简单的分类算法之一。所谓 K 近邻，就是 K 个最近的邻居，即每个样本都可以用它相邻的 K 个邻居来表示。KNN 算法的核心思想是：计算待测样本和训练样本中的所有数据点的距离，将距离由小到大取前 K 个。哪个类别在前 K 个数据点中的数量最多，则该样本也属于这个类别，并具有这个类别上样本的特性。该方法在确定分类决策上只依据最邻近的一个或者几个样本的类别来决定待分样本所属的类别。通俗来说，就是"近朱者赤，近墨者黑"。

如图 8-9 所示，要确定图中圆点属于哪个类别（三角形或者正方形），首先是选出距离目标点最近的 K 个点，看这 K 个点大多数是什么形状。当 K 取 3 时，可以看出距离最近的三个点，分别是三角形、三角形、正方形，因此判断目标点属于三角形。

KNN 算法不仅可以用于分类，还可以用于回归。通过找出一个样本的 K 个最近邻居，将这些邻居的属性的平均值赋给该样本，就可以得到该样本的属性。更优的方法是将不同距离的邻居对该样本产生的影响给予不同的权值（Weight），如权值与距离成反比。

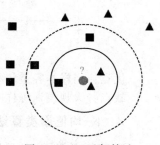

图 8-9　K-近邻算法

优点：简单，易于理解，易于实现，无须估计参数，无需训练；适合对稀有事件进行分类；特别适合于多分类问题。

缺点：计算量较大；对参数的选择很敏感，选取不同参数 K 时，可能会得到完全不同的结果。

3. 支持向量机算法

支持向量机（Support Vector Machine，SVM）算法是一种常见的分类算法，它将特征向量空间通过非线性变换的方式，映射到高维特征空间，并在这个高维空间中找出最优线性分界超平面。简单来说，SVM 算法的核心在于寻找到一个最优超平面（Hyper Plane），不但能将两类数据区分开，而且边际（Margin）最大。

例如，要把图 8-10 中的两类样本分开，可行的超平面[图 8-10（a）和图 8-10（b）的方案]都可以做出很好的划分。然而，由于图 8-10（b）中的超平面离两类样本点的距离都最远，也就是间隔最大，所以它是最优超平面。

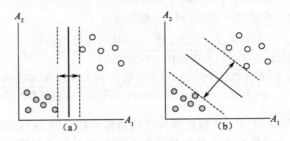

图 8-10　支持向量机 SVM 算法

然而在大多数的现实任务中，我们可能无法直接用一条直线来正确划分两类数据，如图 8-11（a）所示。这就需要将数据从原始空间映射到一个更高维的特征空间，使之在高维空间中是可分的。因此，我们需要选择一个合适的核函数（Kernel）实现由低维到高维的映射，如图 8-11（b）所示。常见的核函数有：线性核函数、高斯径向基核函数、多项式核函数、S 形核函数等。

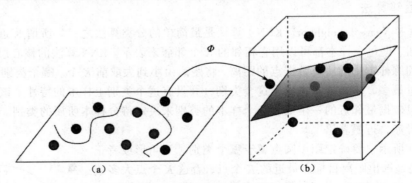

图 8-11　核函数实现高维映射

优点：当样本容量较小时，SVM 算法具有较为高效的分类性能；鲁棒性较好。

缺点：大规模训练样本可能会导致 SVM 难以实现；一般只能解决二分类问题。

4. K-均值聚类算法

K-均值聚类算法（K-Means Clustering Algorithm）是一种典型的简单聚类算法，属于无监督学习。该算法不断地取距离种子点的最近均值来实现聚类，将样本点划分为若干类，属于同一类的样本点非常相似，不同类的样本点不相似。需要说明的是，K 均值聚类的过程是自动的，人们在聚类之前并不清楚结果会分为几类。

　　该算法首先随机选取 K 个样本作为初始的质心（聚类中心），然后计算每个样本与各个质心之间的距离，把每个样本分配给距离它最近的聚类中心。质心以及分配给它们的样本就代表一个聚类。每分配一个样本，聚类的质心根据该类中现有的样本被重新计算。这个过程将不断重复直到满足某个终止条件，如图 8-12 所示。具体步骤如下：

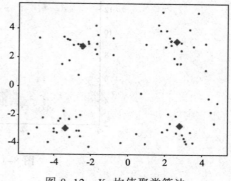

图 8-12　K-均值聚类算法

　　第 1 步：随机选择 K 个样本作为初始质心（聚类中心）。

　　第 2 步：将每个样本划分给距离最近的质心，衡量两个样本点的距离有多种不同的方法，最常用的是欧氏距离。

　　第 3 步：重新计算每个簇的质心作为新的聚类中心，使其总的平方距离达到最小。

　　第 4 步：重复第 2 步和第 3 步，直到收敛。

　　优点：简单、高效；对于类内紧密、类间远离的样本，聚类效果较好。

　　缺点：K 的取值需要根据经验，没有可借鉴性；对异常偏离的数据非常敏感。

5．GMM 高斯混合模型

　　高斯混合模型（Gaussian Mixture Model，GMM）是一种基于概率的聚类方法，它假设每个簇的数据都是符合高斯分布（又称正态分布）。所谓"混合"，即所有样本数据的分布由各个簇的高斯分布叠加在一起的结果。

　　例如，图 8-13 是数据样本的分布。如果只用一个高斯分布来拟合，图 8-13（a）中的椭圆即为高斯分布（二倍标准差）。直观来说，图中的数据明显有两簇，因此只用一个高斯分布来拟和就不太合理，需要用多个高斯分布的叠加来拟合。图 8-13（b）是用两个高斯分布的叠加来拟合的结果，相比于第一张图更合理。理论上，高斯混合模型可以拟合出任意类型的分布。

　　优点：可理解、速度快，理论上可以实现对任意数据分布的聚类。

　　缺点：只能实现局部最优，无法实现全局最优。

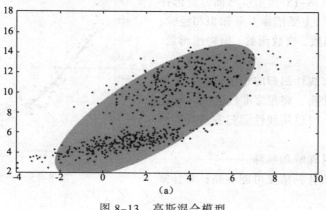

(a)

图 8-13　高斯混合模型

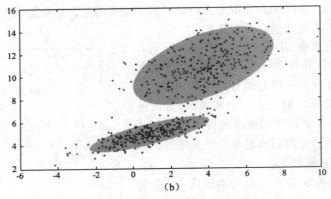

图 8-13 高斯混合模型（续）

6. 线性回归

线性回归（Linear Regression）就是用一条直线较为精确地描述两类变量之间的关系，使得预测值与真实值之间的误差最小化。简单来说，就是要找到一条最"合理的"直线，尽可能地让所有的散点与它的距离"最近"，如图 8-14 所示。当我们有了这条直线以后，在出现新数据的时候，就能够由一个变量去预测另一个变量。

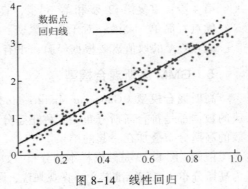

例如，英国的著名生物学家弗朗西斯·高尔顿（Francis Galton）通过搜集 1 078 对父子的身高数据，发现了这些散点图大致呈直线关系，并用了直线 $y = 33.73 + 0.516x$（英寸）来拟合，从而发现了遗传身高的回归关系。

优点：结果具有很好的可解释性，计算不复杂。

缺点：对非线性数据拟合不好，对异常值很敏感。

图 8-14 线性回归

7. 非线性回归

在日常生活中，许多数据之间的关系并不能单纯地用一条直线来拟合，而是在图形上表现为形态各异的各种曲线，称为非线性回归，这更符合真实情况，如图 8-15 所示。然而，要选择合适的曲线并非易事，主要依靠专业知识和经验，常用的曲线有：幂函数、指数函数、抛物线函数、对数函数和 S 函数。

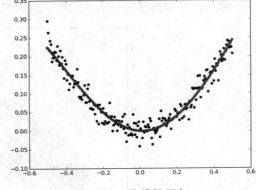

事实上，求解非线性回归的难度较大。一般的办法是通过变量代换，将很多非线性回归转化为线性回归。因而，可以用线性回归方法解决非线性回归预测问题。

优点：结果容易理解和解释。

缺点：容易欠拟合，精度可能不高；对异常数值敏感。

图 8-15 非线性回归

8.3　人工神经网络与深度学习

8.3.1　人工神经网络

人工神经网络（Artificial Neural Network，ANN）是在仿生学技术的基础上，基于模拟生物大脑结构和功能的信息处理系统。ANN 不但能够处理数值数据，还具有学习和记忆的能力。简单来说，ANN 通过人工构造的方式模拟人类大脑的结构和功能，以神经网络的方式实现数据处理。ANN 由大量简单的神经元（Neuron）为基本元素，按照一定的层次结构互联构成了神经网络。大多数情况下，人工神经网络能在外界信息的基础上改变内部结构，是一种自适应系统。

人工神经网络以层次化的结构组成，如图 8-16 所示。最前面一层称为输入层，最后面一层称为输出层，中间的层次称为隐藏层。在每一层中有很多神经元节点。节点之间有边相连的，每条边都有一个权重（Weight）。每个神经元根据其连接情况进行特定运算，并在一定阈值（Threshold）条件下，将计算结果输出到下一层。

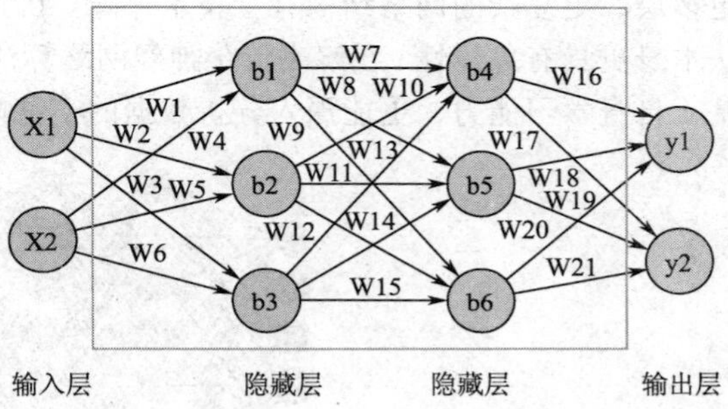

图 8-16　人工神经网络

人工神经网络按照神经元连接方式的不同，可以分为前馈型神经网络、反馈型神经网络和自组织神经网络。

在前馈型神经网络中，数据处理方向是单向的，从输入层到各隐藏层再到输出层。各层处理的信息只向前传送，不会相互反馈。

在反馈型神经网络中，每个神经元节点既可以从上一层接收数据，也可以向上一层反馈数据。例如，输出层就可以向输入层和隐层反馈信息。

自组织神经网络则是通过寻找样本中的内在规律和本质属性，以自组织、自适应的方式来改变网络参数与结构。

人工神经网络具有类似人脑的学习能力，表现出很好的智能特性，在图像识别、语音识别、机器视觉、自然语言理解等领域取得了成功应用，解决了人工智能领域很多年没有进展的棘手问题。

优点：具有强大的自学习能力，即使训练数据有少量损坏，也能正常工作；可以学习新的概念和知识；具有比传统机器学习方法更好的识别效果。

缺点：无法给出合理的推理过程；计算量太大，运算成本高；需要的数据量很大，如果数据太少就无法工作；其理论还有很多地方尚待完善。

8.3.2　深度学习

深度学习（Deep Learning）是当前人工智能领域最炙手可热的明星词汇，引发了人们的广泛关注。2016 年和 2017 年，AlphaGo 先后战胜了围棋世界冠军李世石和柯洁，其技术基础就是深度学习。不仅如此，深度学习在自动搜索、数据挖掘、自动驾驶、机器翻译、智慧医疗等多个领域都取得了突破性成果。深度学习使机器模仿视听和思考等人类的活动，解决了很多复杂的模式识别难题，使得人工智能取得了很大进步。以深度学习为代表的人工智能技术，已经在一定程度上颠覆了人类对未来社会发展的传统认识。

2006 年，加拿大多伦多大学的杰弗里·辛顿（Geoffrey Hinton）教授发表了论文《一种深度置信网络的快速学习算法》，宣告了深度学习时代的到来。此后，杰弗里·辛顿、杨立昆（Yann LeCun）和约书亚·本吉奥（Yoshua Bengio）共同推动了深度学习的快速发展。他们三人获得了 2018 年度图灵奖，被誉为"深度学习三巨头"。

深度学习源于人工神经网络，在其网络结构上也采用了与神经网络相似的分层结构，包括输入层、隐藏层和输出层。但是深度学习包含了更多的隐藏层，网络结构更加复杂，从而产生了大量的网络参数，如图 8-17 所示。为此，深度学习采用了"逐层初始化"的规则来设定网络参数，采用无监督学习（不依赖于输出目标变量）方法分层训练，将上一层输出作为下一层的输入，从而得到各层参数的初始值。随着大数据与高性能计算的发展，使得训练海量数据与更多层、更复杂的网络结构有了技术保障。因此，深度学习突出了特征学习的重要性，使得算法本身更具有鲁棒性，在解决传统神经网络算法局限性的同时，又充分利用大数据来学习特征，基于自身学习能力，更能深入分析数据的丰富内在信息。

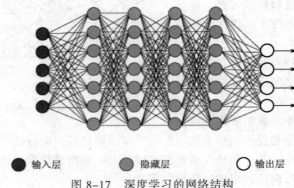

图 8-17　深度学习的网络结构

目前，深度学习常见的学习架构有：卷积神经网络、前馈网络、递归神经网络等。由于深度学习本身构成了一套成熟且庞杂的理论体系，需要读者长时间地反复学习与积累才能有所收获。

8.4　人工智能技术的应用

8.4.1　识别身边正在播放的任何音乐——Shazam

有时候你听到别人播放的歌曲很好听，并不知道叫什么歌名，在不问别人的情况下如何快速知道呢？这款软件可以找到你周围的人群正在播放的音乐和视频。Shazam 可以通过手机的麦克风采样，大概只要采取十几秒的音源（歌曲样本），然后通过网络将音源数据发送到 Shazam 公司的服务器内，经过快速分析识别，将得到这个音乐的相关信息，如曲名，主唱，专辑名，发行商等数据，传回手机的 Shazam 软件内显示出来。Shazam 的歌曲识别率相当高，如果在宿舍里，对角的同学笔记本中等音量放粤语歌，另外两个舍友在打电话，Shazam 也能准确无误地识别出来。Shazam 软件除了识别音乐外，还可以根据歌曲信息在亚马逊购物网自动搜索出相关产品，也可以直接到 YouTube 上搜索相关视频，其界面如图 8-18 所示。

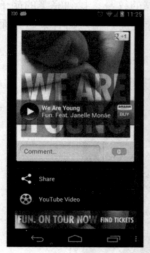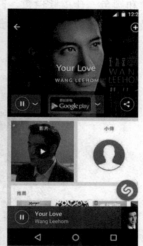

图 8-18　Shazam

8.4.2　拍照就能识别植物的名字——形色

当你在路边看到了各种花花草草，却不知道到底是什么名字、有什么特质或者是什么花语，实在是件很遗憾的事情。智能识别植物的形色 App 是一款识别花卉、分享附近花卉的应用软件。可以一秒识别植物，支持识别 4 000 种植物，准确率高达 82%，还可以生成有花语、有诗词的植物美图，晒到朋友圈。APP 也有园艺专家交流养花心得。地图上更有特色植物景点攻略，其界面如图 8-19 所示。

图 8-19　形色

8.4.3　体验完全不一样的自己——FaceApp

FaceApp（见图 8-20）是一款非常有趣的智能人像处理软件，内含各种滤镜，让用户体验不一样的自己。你想看看自己变老了是什么样子吗?年轻的自己又是什么样呢？如果性别换了又会变成什么样子？FaceApp 内置神经肖像编辑 AI 技术，只需点击几下，AI 技术就能帮助你找到最搭配的发型和颜色，让皮肤白皙，改变年龄或性格，添加炫酷的纹身，找到完美的胡子样式，并自动搭配最合适的照片风格。当然最重要的，FaceApp 即刻让任何自拍照拥有杂志封面的质量。

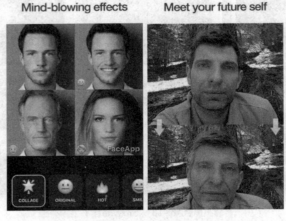

图 8-20　FaceApp

8.4.4　可以识别方言的语音输入法——讯飞输入法

讯飞输入法是一款集语音、手写、拼音、笔画、双拼等多种输入方式于一体的输入法，具有强大的语音识别效果，语音识别率超过 95%，不仅支持粤语、英语、普通话识别，还支持客家话、四川话、河南话、东北话、天津话、湖南（长沙）话、山东（济南）话、湖北（武汉）话、安徽（合肥）话、江西（南昌）话、闽南语、陕西（西安）话、江苏（南京）话、山西（太原）话、上海话等方言识别，支持中英文混合输入，通过首字母输入就能自动识别出常用词组和英文单词。此外，App 还拥有智能 OCR 文字扫描，拍照取字，语音翻译，说中文秒变外语等特色功能，其界面如图 8-21 所示。

图 8-21　讯飞输入法

8.4.5 识别图片找同款相似款——拍立淘

拍立淘是一款功能非常强大的智能导购软件。比如，我们在国外旅游，看到一个特别不错的东西，但以前从没见到过，甚至连名字都不知道。此时用拍立淘对着这个物品拍摄，很快便会在阿里系的购物网站获得该物品的信息，不仅有英汉名，连使用方法、功能都一应俱全。而且，用拍立淘对准衣服、皮包拍照，可以自动识别出款式，并推荐同款和相似款，用户能够马上下单购买。目前拍立淘的适用商品基本覆盖了消费者的所有需求，包括男女装、鞋包、配饰、日用品、化妆品等，其界面如图8-22所示。

图 8-22 拍立淘

8.4.6 拍照识别饭菜的热量和营养——Bitesnap

Bitesnap是一款聪明的饮食助手，基于照片的食物识别AI，可用于控制热量摄入。只需要拍下每餐的照片，Bitesnap 就可以算出照片中食物的卡路里、微量元素以及营养，而不需手动输入食物的名称。只要你拍下了吃掉的每餐，Bitesnap 都会为你记录照片流，并包含其营养情况，因此均衡膳食营养将变得更加容易。Bitesnap 能够增强你的自律，帮助你合理规划每天摄入的食物量。无论你尝试减肥，还是想要吃得更健康，它都能帮你衡量热量，跟踪营养素。目前这款应用备受减肥人士的关注，其界面如图8-23所示。

图 8-23 Bitesnap

8.4.7　优秀的翻译软件——谷歌翻译

谷歌翻译 App 是一款采用人工智能技术的实时翻译软件，功能强大、翻译精准。只需输入文字，即可在 103 种语言之间互译。当用户复制了任何应用程序中的文字，App 都会弹出相应翻译。即使没有连接到互联网，App 也能翻译 59 种语言，这在外出旅行或网速很慢的环境中特别实用。此外，照片翻译能将照片中的文字即时翻译成 38 种语言，拍到哪里就能翻译哪里，让用户出国在外可以轻松阅读各种标识上的文字。相较于相机翻译，实时相机翻译仅需把手机镜头对准想要翻译的文本，翻译结果即可在屏幕实时显示，排版字型也将以最贴近原文的方式呈现，看路标、认菜名等常见的需求都能快速完成。而实时对话模式，可以支持 32 种语言的即时语音互译，让用户与外国朋友的交流毫无障碍。手写功能更能够支持 93 种语言的手写输入，而无须使用键盘输入。总地来说，谷歌翻译 App 体量轻、翻译准、功能全，是一款十分优秀的翻译软件，其界面如图 8-24 所示。

图 8-24　谷歌翻译

小　结

人工智能是研究如何用机器来模拟人类认知能力的学科。计算机通过人工定义或者从数据中学习的方式获得了预测和决策的能力。经过几十年的发展，人工智能技术已经取得了长足进步，并且在多个行业得到了成功的应用。人工智能正在掀起新一轮的科技浪潮，已经深刻地改变了我们的世界，影响了我们的生活。而机器学习是目前人工智能技术研究的核心领域之一，经过近 20 年与统计学、仿生学的交叉，机器学习为我们带来了高效的网络搜索，使用的机器翻译、高精度的图像识别，对人工智能的发展起到了巨大的推动作用。

本章讲述了人工智能的基础理论和发展历程，人工智能的典型行业应用，机器学习的基本概念，主流的机器学习算法以及优缺点。由于篇幅所限，本章内容只能介绍人工智能领域的一些最基本的概念和方法，读者可根据个人兴趣，查找相关图书或文献资料，进行深入的了解和学习。

人工智能作为当前最热门的研究领域之一，相关的学习资料非常丰富。读者可以根据自身需求，充分利用公开课程、网络资料以及科研论文，掌握人工智能的最新进展。相信在不远的将来，人工智能必将更加深刻地改变我们的生活。

习　　题

一、选择题

1. AI 的英文缩写是（　　　）。
　　A．Automatic Intelligence　　　　　　　B．Artificial Intelligence
　　C．Automatic Information　　　　　　　D．Artificial Information

2. 被誉为"人工智能之父"的科学家是（　　　）。
　　A．明斯基　　　　　　B．图灵　　　　　　C．麦卡锡　　　　　　D．冯·诺依曼

3. 以下不属于人工智能研究的基本内容是（　　　）。
　　A．机器感知　　　　　B．机器学习　　　　C．自动化　　　　　　D．机器思维

4. 在人工智能领域，主要研究计算机如何自动获取知识和技能，实现自我完善的分支学科称为（　　　）。
　　A．专家系统　　　　　B．机器学习　　　　C．神经网络　　　　　D．模式识别

5. 以下（　　　）不是人工智能研究的内容。
　　A．机器学习　　　　　B．模式识别　　　　C．编译原理　　　　　D．知识图谱

6. 以下（　　　）不是典型的分类算法。
　　A．遗传算法　　　　　B．K-近邻算法　　　C．朴素贝叶斯算法　D．SVM 算法

7. 机器学习的分类，不包括以下（　　　）。
　　A．有监督的学习　　　B．无监督的学习　　C．强化学习　　　　　D．弱化学习

8. 典型的人工神经网络由很多层构成，但不包括（　　　）。
　　A．输入层　　　　　　B．反馈层　　　　　C．隐藏层　　　　　　D．输出层

9. SVM 算法的核心在于寻找区分类别的（　　　）。
　　A．数据点　　　　　　B．边际　　　　　　C．超平面　　　　　　D．核函数

10. 高斯混合模型在理论上可以实现对任意分布数据的聚类，其拟合结果是（　　　）。
　　A．局部最优　　　　　B．近似最优　　　　C．全局最优　　　　　D．相对最优

二、填空题

1. 1956 年，闵斯基、麦卡锡、香农和罗切斯特等科学家组织了一场讨论会，首次正式提出了＿＿＿＿＿＿一词，一直被沿用至今，史称＿＿＿＿＿＿。

2. 人工智能的三大学派分别是＿＿＿＿＿＿、＿＿＿＿＿＿和＿＿＿＿＿＿。

3. 人工智能的远期目标是＿＿＿＿＿＿，近期目标是＿＿＿＿＿＿。

4. 人工智能包括了＿＿＿＿＿＿、＿＿＿＿＿＿和＿＿＿＿＿＿三个主要发展阶段。

5. ＿＿＿＿＿＿是专门研究计算机怎样模拟或实现人类的学习行为，以获取新的知识或技能，是对能通过经验自动改进的计算机算法的研究。

6. ＿＿＿＿＿＿是相对浅层学习而言的，是机器学习研究中一个新的领域，其动机在于建立、模拟人脑进行分析学习的神经网络。

7. ＿＿＿＿＿＿是指从标注数据中学习预测模型的机器学习问题，＿＿＿＿＿＿是指从无标注数据中学习预测模型的机器学习问题。

8. ＿＿＿＿＿＿是在没有任何标签的情况下，通过先尝试做出一些行为得到一个结果，

通过这个结果是对还是错的反馈进行不断调整，从而学习在什么样的情况下选择什么样的行为可以得到最好的结果。

9. 贝叶斯方法使用_____的知识对样本数据集进行分类。朴素贝叶斯方法是在贝叶斯算法的基础上进行了相应的简化，假设了数据集属性之间是_____的。

10. SVM算法的核心在于寻找区分两类的_____，使_____最大。

三、判断题

1. 卷积神经网络是一种常用来处理具有网格结构拓扑数据的神经网络，如处理时序数据和图像数据等，广泛应用于人脸识别、物品识别等领域。　　　　　　　　（　　　）

2. 目前，学术界对人工智能已经形成了统一标准的概念。　　　　　　（　　　）

3. 神经网络的训练过程不需要人工标记的样本数据集。　　　　　　（　　　）

4. K-近邻算法的目标是从大量的数据中通过算法搜索隐藏于其中的知识。（　　　）

5. 回归算法按照自变量与因变量之间的函数表达式是线性还是非线性，分为线性回归和非线性回归。　　　　　　　　　　　　　　　　　　　　　　　（　　　）

6. 如果数据集的属性之间存在相互关联，可能会导致贝叶斯分类的效果大大降低。

（　　　）

7. 在半监督学习方式下，输入数据没有被标识，这种学习模型可用来进行建模和预测。

（　　　）

8. 1951年，马文·闵斯基建立了世界上第一个神经网络机器SNARC，模拟了神经信号的传递。这项开创性的工作为人工智能奠定了深远的基础。　　　　　（　　　）

9. 非线性回归的目的是找到一条直线或者一个平面或者更高维的超平面，使得预测值与真实值之间的误差最小化。　　　　　　　　　　　　　　　　　　　（　　　）

10. 神经网络是一种模仿生物神经网络结构和功能的数学模型或计算模型，由大量的人工神经元联结进行计算。　　　　　　　　　　　　　　　　　　　　　（　　　）

参 考 文 献

[1] 何元清，付茂洺，刘期建. 大学计算机基础[M]. 北京：中国铁道出版社，2013.

[2] 周元哲. Python 程序设计基础[M]. 北京：清华大学出版社，2015.

[3] 战德臣. 大学计算机：理解和运用计算思维[M]. 北京：人民邮电出版社，2018.

[4] 宋长龙，曹成志. 大学计算机[M]. 4 版. 北京：高等教育出版社，2019.

[5] 储昭辉. 图像压缩编码方法综述[J]. 电脑知识与技术，2009，5(18): 4785–4787，4790.

[6] 刘相滨，刘艳松. Office 高级应用[M]. 北京：电子工业出版社，2016.

[7] 杨阳. Word/Excel/PPT 办公应用从入门到精通[M]. 天津：天津科学技术出版社，2017.

[8] 崔立超. Word/Excel/PPT 2010 办公技巧[M]. 北京：人民邮电出版社，2014.

[9] 何元清，魏哲. MySQL 数据库程序设计[M]. 北京：中国铁道出版社，2018.

[10] 潘虎. 云计算理论与实践[M]. 北京：电子工业出版社，2016.

[11] 程克非，罗江华，兰文富，等. 云计算基础教程[M]. 北京：人民邮电出版社，2018.

[12] 李德毅，于剑. 人工智能导论[M]. 北京：中国科学技术出版社，2018.

[13] 周志华. 机器学习[M]. 北京：清华大学出版社，2016.

[14] 李航. 统计学习方法[M]. 2 版. 北京：清华大学出版社，2019.

[15] 李凤霞，陈宇峰，史树敏. 大学计算机[M]. 北京：高等教育出版社，2014.

[16] 林子雨. 大数据技术原理与应用[M]. 2 版. 北京：人民邮电出版社，2017.

[17] 范彬. 面向飞行器关键部件健康管理的故障预测方法研究[D]. 长沙：国防科技大学，2015.